高等院校信息技术规划教材

Java Web编程技术

郭路生 杨选辉 主编

清华大学出版社
北京

内 容 简 介

本书详细地介绍了实现一个 Java Web 项目所必需的技术,主要包括前端技术、后端技术和架构技术。全书共 9 章分为 5 个部分,第 1 部分概括性地介绍 Java Web 项目所需技术、架构和集成化编程环境;第 2 部分介绍 HTML、CSS、JavaScript、JQuery 等前端编程技术;第 3 部分介绍控制器 Servlet 技术、动态网页 JSP 技术、组件 JavaBean 技术、数据库访问 JDBC 技术、持久化框架 Hibernate 等后端技术;第 4 部分介绍 Java Web 的分层架构、设计模式和 MVC 框架技术 Struts 2;第 5 部分详细描述了一个完整的基于 MVC 的电子商务系统的项目案例。本书附有实验指导及习题,并提供配套的例题、案例、项目源码、PPT 和演示视频等电子资料。

全书围绕"项目"主线组织内容,将理论和实践有机结合,充分体现了"项目驱动、案例教学、理论实践一体化"的教学方法。书中的教学案例和章后的实验指导的设计按照层层递进、逐步深入的方式推进,最后形成了两个独立的 Web 项目。

本书可作为计算机、软件工程、信息管理等相关专业的教材,也适合作为 Java Web 编程技术的培训教材。

本书封面贴有清华大学出版社防伪标签,无标签者不得销售。
版权所有,侵权必究。举报:010-62782989,beiqinquan@tup.tsinghua.edu.cn。

图书在版编目(CIP)数据

Java Web 编程技术/郭路生,杨选辉主编. —北京:清华大学出版社,2016(2024.2重印)
(高等院校信息技术规划教材)
ISBN 978-7-302-45966-8

Ⅰ.①J… Ⅱ.①郭… ②杨… Ⅲ.①JAVA 语言-程序设计-高等学校-教材 Ⅳ.①TP312

中国版本图书馆 CIP 数据核字(2016)第 298197 号

责任编辑:焦 虹
封面设计:常雪影
责任校对:徐俊伟
责任印制:刘海龙

出版发行:清华大学出版社
网　　址:https://www.tup.com.cn,https://www.wqxuetang.com
地　　址:北京清华大学学研大厦 A 座　　　　邮　编:100084
社 总 机:010-83470000　　　　　　　　　　邮　购:010-62786544
投稿与读者服务:010-62776969,c-service@tup.tsinghua.edu.cn
质量反馈:010-62772015,zhiliang@tup.tsinghua.edu.cn
课件下载:https://www.tup.com.cn,010-83470236

印 装 者:三河市龙大印装有限公司
经　　销:全国新华书店
开　　本:185mm×260mm　　印　张:23.5　　字　数:558 千字
版　　次:2016 年 12 月第 1 版　　　　　　　印　次:2024 年 2 月第 7 次印刷
定　　价:59.00 元

产品编号:071038-03

前言

1. 本书背景

党的二十大报告提出"实施科教兴国战略,强化现代化建设人才支撑"。深入实施人才强国战略,培养造就大批德才兼备的高素质人才,是国家和民族长远发展的大计。为贯彻落实党的二十大精神,筑牢政治思想之魂,编者在牢牢把握这个原则的基础上编写了本书。

Java Web 编程技术是目前最流行的编程技术,也是计算机、软件工程、信息管理等专业的专业核心课程之一。Web 应用开发又称为互联网应用开发,可分为前端开发、后端开发和数据库开发,涉及的技术比较多。前端开发技术主要有 HTML、CSS、JavaScript、JQuery、JSON 等,后端开发技术主要有控制器 Servlet 技术、动态网页 JSP 技术、组件 JavaBean 技术、数据库访问 JDBC 技术、持久化框架 Hibernate 等。在企业级 Java Web 开发中还涉及到架构的设计、设计模式等知识,MVC 设计模式已成为工程事实标准,Struts 2 框架是 MVC 最流行的框架技术。完成一个 Web 项目需要多门课程的知识,如 Java 语言程序设计、信息系统分析与设计、软件工程、数据库原理、网站设计等,因此 Web 程序设计是一门综合性、实践性非常强的课程,充分体现了编程能力、创新能力和综合知识运用能力,是毕业设计、就业、创新创业的重要利器。市场上关于 Web 程序设计的书籍很多,但真正能突出实践和实用性的不多,为此,我们在多年教学实践和教学改革的基础上编写了本教材。

2. 本书指导思想及特色

本书采用"面向就业、项目驱动、案例教学、理论与实践融为一体"的原则对内容进行了合理编排,重点突出了课程的综合性和实践性。全书以实现 Java 工程师、Web 工程师、前端开发工程师、Java 后端开发工程师等岗位的要求为培养目标,以基于 MVC 的 Web 项目为主线,贴近工程、注重实践,融"教、学、做"为一体。本书介绍的内容均是主流的技术、框架、思想和工具,可与实际工程无缝对接。

本书采用项目驱动和案例教学方式,通过三个独立的项目完成主要知识体系的学习,主要特点如下:

(1) 教学知识体系围绕用户管理系统展开,从项目的搭建,前端静态网页设计(HTML、CSS),表单 JS 验证,登录权限系统(Servlet),动态网页设计(JSP),用户实体 Bean 和用户管理业务 Bean 的编写,用户管理的增、删、改、查等数据库操作(JDBC 和 Hibernate)和 MVC 架构设计(MVC 和 Struts 2)等方面来介绍所需的知识和演示操作。

(2) 实验指导环节围绕新闻/信息发布系统来展开,包括编程环境搭建,前台三个静态模板编写(主页模板、栏目模板、内容模板),登录权限控制,动态网页设计(静态模板改动态网页+信息发布页面),登录控制器的映射,新闻/信息实体 Bean,新闻/信息业务 Bean,动态验证码,上传下载功能,信息/新闻管理的增、删、改、查数据库操作,MVC 架构等,最终完成一个完整的信息/新闻发布系统。

(3) 最后一章通过一个完整的"诚信电子商务系统"的分析与设计过程,再次让读者加深课程知识的学习和灵活运用,为课程设计、毕业设计提供参考。

本书每章的项目实践和实验环节的模板是一脉相承的递进关系,学完本书将可以独立完成一个 Web 项目。本书所有案例和项目均来自工程实践,并附有源代码等电子资料,便于教学,也适合读者自行研读。

3. 本书内容

全书共 9 章分为 5 个部分。第一部分:第1、2 章,第二部分:第 3 章,第三部分:第 4~7 章,第四部分:第 8 章,第五部分:第 9 章。

第 1 章 Web 编程技术概述。 首先介绍当前编程的两种体系:C/S 和 B/S 体系。Web 编程属 B/S 体系,是主流的编程体系;然后介绍 Web 编程前端和后端的常用技术;最后介绍 Web 编程的常用架构和设计模式,旨在使读者从最初就要重视软件分层和采用合适的设计模式(如 MVC),理解这一点对后继的学习有很大帮助。

第 2 章 Web 开发环境。 本章主要介绍 Web 项目涉及到的开发工具或软件以及开发流程,包括 JDK 的安装和配置、Web 服务器 Tomcat 的安装与配置、数据库 MySQL 的安装与配置、集成开发环境 MyEclipse 的安装与配置。着重介绍 Java Web 项目的开发流程,包括网页、Java 源码的存放位置、分包原则、部署、服务器的启动和网页浏览等步骤。

第 3 章 Web 编程基础。 本章介绍 Web 前端编程的 HTML、CSS、JavaScript 和 JQuery 技术,在 MVC 中属于视图(View)技术。HTML 是前端开发基础,HTML 5 是最新版本,在移动端开发极具优势。CSS 是层叠样式表,是 W3C 推荐的技术,DIV+CSS 布局是网站布局的主流技术。JavaScript 是 Web 前端编程主要语言,是实现用户交互、提高用户体验的主要技术。JQuery 是 JavaScript 主要框架,可简化 JS 的开发。

第 4 章 Servlet 编程技术。 Servlet 技术是 Sun 公司最早推出的 Web 技术,是 JSP 技术的基础,在 MVC 中属控制器(Controller)技术。本章介绍 Servlet 的生命周期、体系结构,常用接口 HttpRequest、HttpResponse 和 HttpSession,会话跟踪,基于 Session 的

登录权限控制系统。

第 5 章 JSP 编程技术。JSP 本质仍是 Servlet，但在网页的设计上有重大改进，在 MVC 中属视图(View)技术。本章介绍 JSP 页面结构、JSP 的编译指令、动作标记和脚本元素；还介绍了 JSP 的内置对象 out、request、response、session、application 和 cookie 对象。

第 6 章 JavaBean 编程技术。为了提高软件的可重用性，一般采用组件技术，Java 主要是 JavaBean 和 EJB 技术，在 MVC 中属模型(Model)技术。本章介绍 JavaBean 的特点和规范；介绍 JSP 的 JavaBean 标记、JavaBean 的使用和映射技术；以及实体 Bean、业务 Bean、工具 Bean 的编写以及常用第三方 JavaBean 的使用。

第 7 章 JDBC 数据库编程与 Hibernate 技术。Web 编程必然涉及到数据库访问，JDBC 是 Java 数据库访问技术，在 MVC 中属模型技术。本章介绍 JDBC 访问数据库的常用类和接口：Connection、Statement 和 ResultSet，JDBC 访问数据库的一般流程和步骤，常用的数据库增、删、改、查操作案例、分页技术、事务处理流程、连接池技术等。本章还介绍持久化的概念、ORM 的概念和原理、Hibernate 的开发过程和操作数据库(增、删、改、查)实例。

第 8 章 Web 编程架构与 Struts 2 框架。Web 编程是一个典型的分布式系统，有必要了解分布式计算的体系结构、Web 编程的软件分层架构、Web 编程的设计模式。本章介绍分布式的体系结构、软件分层架构和 Web 设计模式，重点介绍模式 1 和模式 2，以及实现模式 2(MVC)的两种方法，同时还介绍最流行的 Struts 2 框架技术。

第 9 章 诚信电子商务系统。本章详细介绍一个基于 MVC 的电子商务系统的实现过程，包括需求分析、架构设计、总体设计、数据库设计、前台设计与实现、后台功能设计与实现等。

4．本书编写情况说明

本书由郭路生、杨选辉拟订大纲并担任主编。第 1、2 章由刘春年编写，第 4～7 章由郭路生编写，第 3、8、9 章由杨选辉、魏莺编写。本书的出版得到了南昌大学教学改革立项项目的资助。

由于作者水平有限，书中难免有不足和错误之处，敬请读者批评指正。

作　者
2016 年 10 月

目录 contents

第 1 章　Web 编程技术概述 ……………………………… 1

1.1　编程体系简介 …………………………………………… 1
　　1.1.1　C/S 架构 ………………………………………… 1
　　1.1.2　B/S 架构 ………………………………………… 2
1.2　浏览器端编程技术 ……………………………………… 3
　　1.2.1　HTML …………………………………………… 3
　　1.2.2　CSS ……………………………………………… 4
　　1.2.3　JavaScript ………………………………………… 4
1.3　服务器端编程技术 ……………………………………… 5
　　1.3.1　JSP 技术 ………………………………………… 5
　　1.3.2　Servlet 技术 ……………………………………… 7
　　1.3.3　JavaBean 和 EJB 技术 …………………………… 8
　　1.3.4　JDBC 数据库访问技术 …………………………… 9
1.4　Web 编程架构 ………………………………………… 10
　　1.4.1　企业级应用的开发架构 ………………………… 10
　　1.4.2　Web 编程设计模式 …………………………… 11
习题 …………………………………………………………… 16

第 2 章　Web 开发环境 …………………………………… 17

2.1　JDK 开发工具包 ……………………………………… 17
　　2.1.1　JDK 的安装 …………………………………… 17
　　2.1.2　JDK 的配置 …………………………………… 17
2.2　Tomcat Web 服务器 ………………………………… 19
　　2.2.1　下载和安装 Tomcat …………………………… 19
　　2.2.2　Tomcat 的目录结构 …………………………… 22
　　2.2.3　第一个 JSP 页面 ……………………………… 23
　　2.2.4　配置 Tomcat …………………………………… 24

2.3 集成开发环境介绍 ………………………………………………………………… 26
　　2.3.1 Eclipse 简介 …………………………………………………………… 26
　　2.3.2 安装 MyEclipse 集成环境 ……………………………………………… 27
　　2.3.3 配置 MyEclipse 9.0 的 JDK 和 Tomcat 环境 ………………………… 29
　　2.3.4 MyEclipse 开发视图介绍 ……………………………………………… 30
　　2.3.5 项目实践——开发 Web 应用程序 …………………………………… 32
2.4 安装和配置数据库 …………………………………………………………………… 36
2.5 实验指导 ……………………………………………………………………………… 39
习题 ………………………………………………………………………………………… 41

第 3 章　Web 编程基础　42

3.1 HTML 标记语言 ……………………………………………………………………… 42
　　3.1.1 HTML 简介 …………………………………………………………… 42
　　3.1.2 HTML 的基本概念 …………………………………………………… 44
　　3.1.3 HTML 的常用标记 …………………………………………………… 47
3.2 HTML 的框架标记 …………………………………………………………………… 58
3.3 CSS 样式表 …………………………………………………………………………… 61
　　3.3.1 CSS 概念 ……………………………………………………………… 61
　　3.3.2 CSS 基本规则 ………………………………………………………… 62
　　3.3.3 CSS 的创建 …………………………………………………………… 64
　　3.3.4 选择符 ………………………………………………………………… 66
　　3.3.5 CSS 样式 ……………………………………………………………… 72
　　3.3.6 框模型 ………………………………………………………………… 77
　　3.3.7 定位与浮动 …………………………………………………………… 79
　　3.3.8 DIV＋CSS 网页布局 …………………………………………………… 83
　　3.3.9 项目实战——诚信电子商务网店的页面布局 ………………………… 85
3.4 JavaScript 编程 ………………………………………………………………………… 89
　　3.4.1 概述 …………………………………………………………………… 89
　　3.4.2 在网页中引入 JavaScript ……………………………………………… 90
　　3.4.3 JavaScript 基本语法 …………………………………………………… 91
　　3.4.4 JavaScript 对象 ………………………………………………………… 93
　　3.4.5 浏览器内部对象与 DOM 模型 ………………………………………… 95
　　3.4.6 JavaScript 事件 ………………………………………………………… 102
　　3.4.7 JavaScript 框架(库)——jQuery ……………………………………… 104
　　3.4.8 JavaScript 的典型应用 ………………………………………………… 106
3.5 实验指导 ……………………………………………………………………………… 112
习题 ………………………………………………………………………………………… 117

第 4 章 Servlet 编程技术 ……………………………………………………… 118

4.1 Servlet 概述 ……………………………………………………… 118
4.1.1 Servlet 的基本概念 ……………………………………………… 118
4.1.2 Servlet 的功能 …………………………………………………… 119
4.1.3 Servlet 技术的特点 ……………………………………………… 119
4,1,4 Servlet 的生命周期 ……………………………………………… 120
4.2 Servlet 的创建、配置和调用 …………………………………… 121
4.2.1 Servlet 的创建 …………………………………………………… 121
4.2.2 Servlet 的文件框架 ……………………………………………… 122
4.2.3 Servlet 的配置 …………………………………………………… 124
4.2.4 Servelt 的运行 …………………………………………………… 126
4.3 Servlet 的常用接口及使用 ……………………………………… 126
4.3.1 Servlet 的体系 …………………………………………………… 126
4.3.2 Servlet 请求和响应接口 ………………………………………… 127
4.3.3 Servlet 环境 API 接口 …………………………………………… 133
4.3.4 Servlet 的请求转发接口 ………………………………………… 138
4.3.5 Servlet 会话跟踪接口 …………………………………………… 142
4.4 项目实战——登录与权限系统 ………………………………… 144
4.5 实验指导 ………………………………………………………… 148
习题 …………………………………………………………………… 149

第 5 章 JSP 编程技术 ………………………………………………………… 150

5.1 JSP 概述 ………………………………………………………… 150
5.1.1 JSP 简介 ………………………………………………………… 150
5.1.2 理解 JSP 程序的执行 …………………………………………… 151
5.2 JSP 页面元素 …………………………………………………… 152
5.2.1 JSP 页面的基本结构 …………………………………………… 152
5.2.2 JSP 的脚本元素 ………………………………………………… 153
5.2.3 JSP 的注释 ……………………………………………………… 156
5.2.4 JSP 的指令 ……………………………………………………… 157
5.2.5 JSP 的动作标记 ………………………………………………… 164
5.3 JSP 内置对象 …………………………………………………… 171
5.3.1 内置对象的作用范围 …………………………………………… 171
5.3.2 out 对象 ………………………………………………………… 174
5.3.3 request 对象 …………………………………………………… 175
5.3.4 response 对象 ………………………………………………… 182

5.3.5　session 对象 ……………………………………………… 184
　　5.3.6　application 对象 …………………………………………… 184
　　5.3.7　其他内置对象 ……………………………………………… 186
　　5.3.8　Cookie 对象 ……………………………………………… 188
5.4　项目实战——基于 Cookie 的权限控制模块 ……………………… 189
5.5　实验指导 ……………………………………………………………… 193
习题 ………………………………………………………………………… 198

第 6 章　JavaBean 技术　199

6.1　JavaBean 概述 ………………………………………………………… 199
　　6.1.1　组件技术与 JavaBean ………………………………………… 199
　　6.1.2　JavaBean 的分类与特点 ……………………………………… 200
　　6.1.3　JavaBean 规范 ………………………………………………… 200
6.2　JavaBean 编程 ………………………………………………………… 201
　　6.2.1　编写 JavaBean ………………………………………………… 201
　　6.2.2　使用 JavaBean ………………………………………………… 202
　　6.2.3　封装业务逻辑的 JavaBean …………………………………… 210
6.3　实用的第三方 JavaBean 组件 ………………………………………… 216
　　6.3.1　使用 JspSmartUpload 实现文件上传与下载 ………………… 216
　　6.3.2　使用 java Mail 组件发送邮件 ………………………………… 222
　　6.3.3　使用 POI 组件生成 Excel 报表 ……………………………… 230
6.4　实验指导 ……………………………………………………………… 231
习题 ………………………………………………………………………… 234

第 7 章　JDBC 数据库编程与 Hibernate 技术　235

7.1　JDBC 概述 …………………………………………………………… 235
　　7.1.1　JDBC 简介 …………………………………………………… 235
　　7.1.2　JDBC 驱动程序的类型 ……………………………………… 236
7.2　JDBC 连接数据库常用类 …………………………………………… 237
　　7.2.1　JDBC API 所在的包 ………………………………………… 237
　　7.2.2　JDBC 核心类的结构及操作流程 …………………………… 237
　　7.2.3　驱动程序管理类：DriverManager ………………………… 238
　　7.2.4　数据库连接类：Connection ………………………………… 242
　　7.2.5　SQL 声明类：Statement 类 ………………………………… 243
　　7.2.6　查询结果集：ResultSet …………………………………… 249
7.3　JDBC 操作数据库实例 ……………………………………………… 250
　　7.3.1　新建数据库 ………………………………………………… 250

7.3.2　数据 Bean 和业务逻辑 Bean ……………………………………… 251
　　7.3.3　插入数据——注册 ………………………………………………… 254
　　7.3.4　显示数据 …………………………………………………………… 256
　　7.3.5　分页显示数据 ……………………………………………………… 258
　　7.3.6　修改数据 …………………………………………………………… 261
　　7.3.7　删除数据 …………………………………………………………… 264
7.4　事务处理 ……………………………………………………………………… 265
　　7.4.1　事务及处理事务的方法 …………………………………………… 265
　　7.4.2　事务处理的流程 …………………………………………………… 266
7.5　数据库连接池 ………………………………………………………………… 267
　　7.5.1　概述 …………………………………………………………………… 267
　　7.5.2　通过 Tomcat 连接池连接数据库 …………………………………… 268
7.6　Hibernate 操作数据库 ………………………………………………………… 271
　　7.6.1　基本概念 …………………………………………………………… 271
　　7.6.2　Hibernate 的映射机制 ……………………………………………… 272
　　7.6.3　Hibernate 的开发过程 ……………………………………………… 273
　　7.6.4　使用 Hibernate 操作数据库 ………………………………………… 278
7.7　实验指导 ……………………………………………………………………… 286
习题 ……………………………………………………………………………………… 294

第 8 章　Web 编程架构与 Struts 2 框架 …………………………………………… 295

8.1　分布式计算的体系结构 ……………………………………………………… 295
　　8.1.1　单级结构 …………………………………………………………… 295
　　8.1.2　两级结构 …………………………………………………………… 296
　　8.1.3　三级结构 …………………………………………………………… 296
　　8.1.4　N 级结构 …………………………………………………………… 297
8.2　软件逻辑分层结构 …………………………………………………………… 297
　　8.2.1　两层结构 …………………………………………………………… 298
　　8.2.2　三层结构 …………………………………………………………… 298
8.3　JSP 设计模式 ………………………………………………………………… 300
　　8.3.1　模式 1：JSP＋JavaBean 实现 ……………………………………… 300
　　8.3.2　模式 2：基于 MVC 模式的实现 …………………………………… 304
8.4　Struts 2 框架技术 ……………………………………………………………… 308
　　8.4.1　Struts 2 体系结构 …………………………………………………… 308
　　8.4.2　Struts 2 配置 ………………………………………………………… 310
　　8.4.3　Action 的编写 ……………………………………………………… 312
　　8.4.4　Struts 2 应用实例 …………………………………………………… 315
8.5　实验指导 ……………………………………………………………………… 316

习题 ……………………………………………………………………………………… 317

第 9 章　诚信电子商务系统 …………………………………………………………… 318

9.1　系统概述 ……………………………………………………………………… 318
9.2　系统分析 ……………………………………………………………………… 318
9.2.1　需求分析 ………………………………………………………………… 318
9.2.2　业务实体说明 …………………………………………………………… 319
9.3　总体设计 ……………………………………………………………………… 320
9.3.1　项目规划 ………………………………………………………………… 320
9.3.2　系统功能结构图 ………………………………………………………… 320
9.3.3　系统架构设计 …………………………………………………………… 320
9.4　数据库逻辑结构设计 ………………………………………………………… 321
9.5　公共模块设计 ………………………………………………………………… 324
9.5.1　编程工具 ………………………………………………………………… 324
9.5.2　通用数据库操作类 ……………………………………………………… 325
9.5.3　实用工具类 ……………………………………………………………… 325
9.6　系统前台主要功能模块设计 ………………………………………………… 327
9.6.1　系统前台公共页面 ……………………………………………………… 327
9.6.2　商品展示模块设计 ……………………………………………………… 329
9.6.3　会员注册与登录模块设计 ……………………………………………… 337
9.6.4　购物车模块设计 ………………………………………………………… 342
9.6.5　订单模块设计 …………………………………………………………… 346
9.7　系统后台设计 ………………………………………………………………… 351
9.7.1　系统管理员登录模块设计 ……………………………………………… 352
9.7.2　商品管理及商品分类管理模块 ………………………………………… 353
9.7.3　订单管理模块设计 ……………………………………………………… 357
9.7.4　留言管理模块设计 ……………………………………………………… 358
9.7.5　公告管理模块设计 ……………………………………………………… 359
9.7.6　会员管理模块设计 ……………………………………………………… 359
　　习题 ……………………………………………………………………………… 360

参考文献 ………………………………………………………………………………… 361

第1章

Web 编程技术概述

Web 编程属于 B/S(Browser/Server，浏览器/服务器)结构，包括浏览端编程和服务器端编程，本章将对 Web 编程的相关技术、编程体系结构和设计模式进行概要性的介绍。

1.1 编程体系简介

随着网络技术的不断发展，单机版软件已经难以满足网络计算的要求，因此，基于网络的软件架构应运而生。目前，基于网络的软件编程结构主要分为两种：一种是基于浏览器的 B/S 结构，另一种是 C/S(Client/Server，客户端/服务器)结构。应用程序开发体系如图 1-1 所示。

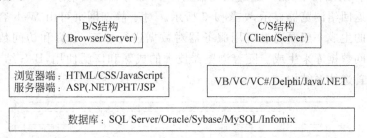

图 1-1 应用程序开发体系

开发基于 B/S 结构的项目，目前主要有三种服务器语言：ASP(Active Server Page)、PHP(Personal Home Page)和 JSP(Java Server Page)。三种语言构成三大基本应用开发体系：ASP+SQL Server 体系、PHP+MySQL 体系和 JSP+Oracle 体系。

1.1.1 C/S 架构

C/S 结构把数据库内容放在远程的服务器上，在客户机上需安装相应的软件。C/S 软件一般采用两层结构，其分布结构如图 1-2 所示。它由两部分构成：前端是客户机，通常是安装了相应的客户端软件的 PC，接受用户的请求，并

图 1-2 C/S 架构

向数据库服务器提出请求;后端是服务器,进行数据管理,根据客户的请求将数据返回给客户端,客户端对返回的数据进行计算并将最终结果呈现给用户;客户端软件还要提供完善的安全保护及对数据的完整性处理等操作,并允许多个客户同时访问同一个数据库。在这种结构中,客户端功能强大,承担了绝大部分的计算功能,是一种"胖"客户端,因此客户端的硬件必须具有足够的处理能力。

C/S 结构在技术上已经很成熟,它的主要特点是交互性强,具有安全的存取模式,网络通信量低,响应速度快,利于处理大量数据。但是该结构的程序是针对性开发,变更不够灵活,维护和管理的难度较大。另外,由于该结构的每台客户机都需要安装相应的客户端程序,分布式功能弱且兼容性差,不能实现快速部署和配置,因此缺少通用性,具有较大的局限性。C/S 结构在 2000 年前占主流,随着 B/S 结构的发展,目前其主流地位已被 B/S 结构所取代。

1.1.2　B/S 架构

B/S 结构随着 Internet 技术的兴起而产生,是对 C/S 结构的变化和改进。在这种结构中,客户端采用通用的浏览器(Browser)来运行,所有的软件或程序都安装和运行在服务器(Server)上。这种结构利用了不断成熟的 WWW 浏览器技术,是一种全新的软件系统构造技术。

1. B/S 架构图

在 B/S 体系结构中,用户通过浏览器向 Web 服务器发出请求,Web 服务器把用户所请求的网页返回给浏览器显示,如图 1-3 所示。对于静态网页可由 Web 容器直接返回,而动态网页的生成一般要通过应用服务器对数据进行加工、运算和访问数据库,当然也可以直接访问数据库来生成。随着浏览器技术的成熟和广泛使用,B/S 结构已成为当今应用软件的首选体系结构。

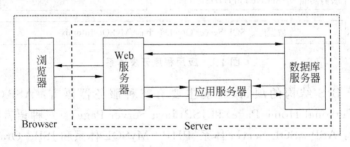

图 1-3　B/S 架构

2. B/S 架构的优点

B/S 结构的应用程序相对于传统的 C/S 结构的应用程序来讲无疑是一个巨大的进步。主要优点如下。

1) 开发、维护成本较低

C/S 模式的软件,当客户端的软件要升级时,所有的客户端都必须进行升级安装或重新安装,而 B/S 模式的软件只需在服务器端发布,客户端浏览器无须维护,因而极大地降低了开发和维护成本。

2) 可移植性高

C/S 模式的软件,用不同的开发工具开发的程序一般情况下互不兼容,而且主要运行在局域网中,移植困难。而 B/S 模式的软件运行的互联网上,提供了异种网、异种机、异种应用服务的联机、联网的服务基础,客户端安装的是通用的浏览器,不存在移植的问题。

3) 用户界面统一

C/S 模式的软件的客户端界面由所安装的客户端软件所决定,因此不同的软件客户端界面是不同的,而 B/S 模式的软件都是通过浏览器来使用的,操作界面基本统一。

3. B/S 结构的编程技术

B/S 结构编程语言分为浏览器端(前端)编程语言和服务器端(后端)编程语言。

所谓浏览器端编程语言是指这些语言都是被浏览器解释执行的。浏览器端编程语言包括 HTML、CSS、JavaScript 和 VBScript 语言。HTML 和 CSS 是由浏览器解释的,JavaScript 语言和 VBScript 语言也是在浏览器上执行的。

为了实现一些复杂的操作,如连接数据库、操作文件等,需要使用服务器编程语言,目前主要是 3P(ASP、JSP 和 PHP)技术。PHP 是免费的开源软件,小巧灵活,占用的资源少,主要在个人、中小企业中采用;ASP 是微软.NET 阵营中的一员,与 C♯语言配合,在微软的产品应用广泛;JSP 是 Java 阵营的一员,继承了 Java 语言的跨平台、跨系统的特点,应用最为广泛,特别是大型企业和对安全性要求较高的部门,如银行、电商等。

数据库支持是必需的,目前应用领域的数据库系统主要采用关系型数据库。在企业级开发领域中,主要采用三大厂商的数据库系统:微软公司的 SQL Server、甲骨文公司的 Oracle 和 IBM 公司的 DB2。在中小企业中,MySQL 数据库使用最为广泛。

1.2 浏览器端编程技术

浏览器端(前端)编程语言包括 HTML、CSS、JavaScript 和 VBScript 语言,这些语言都是被浏览器解释执行的。下面分别简单介绍这些语言。

1.2.1 HTML

要把信息发布到全球,就必须使用能够被大众接受的语言,也就是使用一种大多数计算机能够识别的语言,在 Internet 上,通常使用的发布语言是 HTML(Hypertext Markup Language,超文本标记语言)。

HTML 是描述网页的标记语言,与一般的文本处理器不同的地方在于,它具有超文本、超链接、超媒体的特性,通过 HTTP 网络通讯协议便能在万维网(WWW)中进行数据交互。所谓的"超文本"和一般传统文件最大的不同就是,传统文本只能按照顺序进行阅读,而超文本借助于一些特殊的标签(例如超链接标签)可以以树状甚至网状结构来组织文本内容。由于超文本技术能够实现不同文本之间的自由转换,相对于纯文本,它就像是一个"超级文本",故简称为超文本。实际上,超文本是通过超链接来实现不同文本之间的自由转换。超链接不仅可以把简单的文本链接在一起,也可以把文字、图形、动画和声音等多媒体信息链接在一起,这样就形成了超媒体。

HTML 语言由大量 HTML 标记组成的。目前 HTML 标记大约有 100 多个,这些标记描述 HTML 文档中数据的显示格式,它们可以定义文本、图形、表格的格式,指向其他页面的链接,以及提交数据的表单等。HTML 网页就是由这样的 HTML 标记语言描述的文本文件。HTML 文件由 Web 服务器发送给客户端浏览器,浏览器按 HTML 描述的格式将其显示在浏览器窗口内,呈现给读者多姿多彩的页面。HTML 的结构包括头部(Head)、主体(Body)两大部分,其中头部描述浏览器所需的信息,而主体则包含所要说明的具体内容。

HTML 文件是纯文本文件格式,可以用文本编辑器进行编辑制作,如记事本、Editplus 等,也可以使用专业的网页编辑工具(如 Dreamweaver)来完成。

1.2.2 CSS

CSS 是英语 Cascading Style Sheets(层叠样式表)的缩写,它是一种用来表现 HTML 或 XML 等文件式样的计算机语言。

简单说,CSS 就是用来控制一个文档中的某一区域外观的一组格式属性。CSS 有上百个控制属性,例如 background-color、font 等,通过对网页元素的 CSS 样式属性赋予不同的值来控制网页的外观。

CSS 目前最新版本为 CSS3,是能够真正做到网页表现与内容分离的一种样式设计语言。相对于传统 HTML 的表现而言,CSS 能够对网页中的对象的位置排版进行像素级的精确控制,支持几乎所有的字体、字号和样式,拥有对网页对象按盒模型处理的能力,并能够进行初步交互设计,是目前基于文本展示最优秀的表现设计语言。CSS 所提供的网页结构内容与表现形式分离的机制极大地简化了网站的管理,提高了开发网站的工作效率。

1.2.3 JavaScript

JavaScript 是由 Netscape 公司开发的一种面向对象(Object)和事件驱动(Event Driven)的,并具有安全性能的脚本语言,或称为描述语言,主要用于 Internet 的客户端。

用户将 JavaScript 代码嵌入普通的 HTML 网页里,一起由浏览器解释执行。JavaScript 通过操作客户端的对象,可以实现用户和 Web 客户的交互作用,实现实时动态的效果,也可以开发客户端的应用程序等。JavaScript 的出现,使得信息和用户之间不仅只是一种显示和浏览的关系,而是实现了一种实时的、动态的、可交互的表达能力,从而使基于 CGI 静态的 HTML 页面已被提供动态实时信息,并对客户操作进行反应的 Web 页面所取代。

1.3 服务器端编程技术

所谓服务器端编程语言是指这些语言都是被服务器执行的,服务器端程序运行产生的输出(HTML 代码)通过 Http 协议传输到客户端的浏览器里进行显示。也就是说,程序运行在服务器端,程序的输出形式是 HTML,最终显示在浏览器端。

服务器端的编程技术主要为 3P 技术。本书主要讲解 JSP 系列,严格来说应该是 J2EE 技术 13 种核心技术中的几种。在 J2EE 技术中涉及 Web 编程的技术主要有 JSP 技术、Servlet 技术、JavaBean 组件技术、EJB 技术和 JDBC 数据库访问技术。下面简单介绍这些技术。

1.3.1 JSP 技术

1. JSP 简介

JSP(Java Server Pages)是由 Sun Microsystems 公司倡导、许多公司参与建立的一种动态网页技术标准。JSP 技术有点类似 ASP 技术,它在传统的网页 HTML 文件(*.htm,*.html)中插入 Java 程序段(Scriptlet)和 JSP 标记(tag),从而形成 JSP 文件(*.jsp)。这些 Java 程序段(Scriptlets)和 JSP 标记(tags)可以封装产生动态网页的处理逻辑,还能访问存在于服务端的资源、应用逻辑和数据库,可实现动态网页所需的所有功能。

Web 服务器在遇到访问 JSP 网页的请求时,首先执行其中的程序段,然后将执行结果连同 JSP 文件中的 HTML 代码一起返回给客户。由于 JSP 页面可调用 Java 语言编写的应用逻辑或组件,业务逻辑可由 JavaBean 或 EJB 来完成,JSP 页面主要负责网页界面的设计,这样可以实现业务逻辑与网页设计及显示的分离,使基于 Web 的应用程序的开发变得迅速和容易。

JSP 技术是在 Java Servlet 技术的基础上产生的,其本质仍是 Servlet,但同时吸收了 ASP 等动态网页的特点,自 1999 年推出后,就受到众多大公司(如 IBM、Oracle 等)的推崇,成为最受欢迎的服务器端语言,目前最新的版本是 JSP 的 2.4 规范。

2. JSP 的优势

在开发 JSP 规范的过程中,Sun 公司与许多主要的 Web 服务器、应用服务器和开发工具供应商积极进行合作,不断完善 JSP 技术。从这些年的发展来看,JSP 已经获得巨大成功,它通过和 EJB 等 J2EE 组件进行集成,可以编写出具有处理可伸缩性、高负载的企业级应用程序,它在多个方面加速了动态 Web 页面的开发。

JSP 基于强大的 Java 语言,具有良好的伸缩性,与 Java Enterprise API 紧密地集成在一起,在网络数据库应用开发领域具有得天独厚的优势。JSP 在跨平台、执行速度等特性上具有很大的技术优势,主要体现在以下几个方面。

1) 跨平台性

由于 JSP 的脚本语言是 Java 语言,因此具有 Java 语言的一切特性。同时,JSP 也支持现在的大部分平台,有"一次编写,到处运行"的特点。

2) 执行效率高

当 JSP 首次被请求时,JSP 页面转换成 Servlet,然后被编译成 *.class 文件,以后再有客户请求该 JSP 页面时,JSP 页面不用重新编译,而是直接执行已编译好的 *.class 文件,因此执行效率高。

3) 可重用性

可重用的、跨平台的 JavaBeans 和 EJB(Enterprise JavaBeans)组件为 JSP 程序的开发提供了方便。例如,用户可以将复杂的处理程序封装到组件中,在开发中可以多次调用这些组件,提高了可重用性。

4) 内容的生成和显示进行分离

使用 JSP 技术,Web 页面开发人员可以使用 HTML 或 XML 标志来设计和格式化最终页面。生成动态内容的程序代码封装在 JavaBean 组件、EJB 组件或 JSP 脚本段中,在最终页面中使用 JSP 标记或脚本将 JavaBean 组件中的动态内容引入。这样,可以有效地将内容生成和页面显示分离,使页面的设计人员和编程人员可以同步进行工作,也可以保护程序的关键代码。

3. JSP 与 ASP、PHP、ASP.NET 的比较

ASP 是 Active Server Pages 的英文缩写,是微软在早期推出的动态网页制作技术,包含在 IIS(Internet 信息服务)中,是一种服务器端的脚本语言。使用它可以创建和运行动态的、交互的 Web 服务器应用程序。在动态网页技术发展的早期,ASP 是绝对的主流技术,但是也存在着许多缺陷:由于 ASP 的核心是脚本语言,决定了它的先天不足,无法进行像传统编程语言那样进行底层操作;由于 ASP 通过解释执行代码,因此运行效率较低;脚本代码与 HTML 代码混在一起,不便于开发人员进行维护管理。随着技术的发展,ASP 的辉煌已经成为过去,微软也不再对 ASP 提供技术更新和支持,ASP 技术目前处于被淘汰的边缘。

PHP 从语法和编写方式上来看与 ASP 类似,是完全免费的,最早是一个开放源码的软件,随着越来越多的人意识到它的实用性而逐渐发展起来。Rasmus Lerdorf 在 1994 年发布了 PHP 的第一个版本。从那时起它就飞速发展,在原始发行版上经过无数次改进和完善,现在已经发展到 7.0 版。PHP+MySQL+Linux 的组合是最常见的,因为它们都可以免费获得。但是 PHP 的弱点也是很明显的,例如 PHP 不支持真正意义上的面向对象编程,接口支持不统一,缺乏正规支持,不支持多层机构和分布式计算等。

ASP.NET 是微软在 ASP 后推出的全新动态网页制作技术,目前最新版本是.NET4.6。在性能上,ASP.NET 比 ASP 强很多,与 PHP 相比也有明显优势。ASP.NET 可以使用 C♯(读作 C sharp)、VB.NET、Visual J♯等语言来开发,程序开发人员可以选择自己习惯或熟悉的语言。ASP.NET 依托.NET 平台先进而强大的功能,极大地简化了编程人员的工作量,使得 Web 应用程序的开发更加方便、快捷,同时也使得程序的功能更加强大,因此它是 JSP 技术的有力竞争对手。

一种技术的功能越强大,其复杂性就越高,JSP 技术也不例外。在使用 JSP 技术成功编写高效、安全的 Web 网站的同时,也面临着 JSP 入门比较困难的问题。网页开发技术(JSP、ASP、PHP)各有特点,其详细信息如表 1-1 所示。

表 1-1　JSP 与 ASP、PHP 的比较

开发技术 参数	JSP	ASP	PHP
运行速度	快	较快	较快
运行耗损	较小	较大	较大
难易程度	容易掌握	简单	简单
运行平台	绝大部分平台均可	Windows 平台	Windows/UNIX 平台
扩展性	好	较好	较差
安全性	好	较差	好
函数支持	多	较少	多
数据库支持	多	多	多
厂商支持	多	较少	较多
对 XML 的支持	支持	不支持	支持
对组件的支持	支持	支持	不支持
对分布式处理的支持	支持	支持	不支持
应用程序	较广	较广	较广

其中 JSP 应该是未来的发展趋势。世界上一些大的电子商务解决方案提供商都采用 JSP/Servlet。比如 IBM 的 E-business,其核心是 JSP/Servlet 的 Web Sphere,它推出的 Enfinity 就是采用 JSP/Servlet 的电子商务 Application Server。

1.3.2　Servlet 技术

　　Servlet 是 Java 对 CGI 进行编程的一种技术。与传统的 CGI 和许多其他类似 CGI 的技术相比,Servlet 具有更高的效率,更容易使用,功能更强大,具有更好的可移植性,也更节省投资。

　　Servlet 是一种运行在支持 Java 的 Web 服务器(如 Tomcat)中、能够自动产生 HTML 网页的 Java 技术。Servlet 是对支持 Java 的服务器的一种扩充,它常见的用途是扩展 Web 服务器,提供非常安全的、可移植的、易于使用的 CGI 替代产品。它是一种动态加载模块,为来自 Web 服务器的请求提供服务,完全运行在 Java 虚拟机上。由于它在服务器端运行,因此不依赖于浏览器的兼容性。

　　可以将 Servlet 看作基于 Java 的 Web 组件,由 Servlet 容器(Tomcat 服务器等)管理,用于生成动态内容。Servlet 是平台独立的 Java 类。编写一个 Servlet 实际上就是按照规范编写一个 Java 类。Servlet 被编译为平台独立的字节码,可以被动态加载到 Java 技术的 Web 服务器中运行。

JSP 是作为一种简化 Servlet 开发的替代技术出现的，因此，人们往往会形成一种误解——JSP 是一种比 Servlet 更加优秀并可以完全替代 Servlet 的技术。首先必须承认，在实现网页逻辑和表示分离方面 JSP 确实比 Servlet 优秀，另外，理论上 JSP 和 Servlet 也是可以相互替代的。但是随着学习的深入以及在具体项目中应用经验的积累，人们会发现不能这样简单地比较这两种技术，它们都有各自的优势和适应性。

JSP 与 Servlet 之间的主要差异在于，JSP 提供了一套简单的标签，和 HTML 融合得比较好，即使不了解 Servlet 的用户也可以通过 JSP 制作动态网页。因此，很多对 Java 语言不太熟悉的用户觉得 JSP 开发比较方便。Servlet 则是纯 Java 实现的，继承了 Java 良好的体系结构，在开发复杂的控制逻辑的 Web 应用时，使用 Servlet 可以非常清晰和方便地封装这些逻辑。事实上很多 Web 层框架（如 Struts 框架）就是采用 Servlet 来实现控制逻辑的。因此 Servlet 在处理控制逻辑或业务逻辑时更具优势，JSP 在处理页面表现上更具优势。

1.3.3　JavaBean 和 EJB 技术

1. JavaBean 技术

JavaBean 是可以重用的软件组件，在 JavaBean 容器中运行，对外提供具体的业务逻辑功能。JavaBean 作为一个组件，具有重用性、封装性和独立性等特点。它可以在应用程序中使用，也可以提供给其他应用程序使用，能构成复合组件、小程序、应用程序或 Servlet。

JavaBean 可以看成一个黑盒子，作为使用人员只需要知道其功能而不必关心其内部结构，类似于电脑 CPU、内存等组件。从用户的观点来看，一个组件可以是独立功能的模块，也可以是一个与你交互的按钮或是一个当你按下按钮便可开始的小计算程序。从一个开发者的观点来看，按钮组件和计算器组件是分别被创建的，可以一起使用或在不同的应用程序中和不同的组件产生不同的组合。

JavaBean 的任务就是"Write once, run anywhere, reuse everywhere"，即"一次性编写，可以到处运行和重用"。一个开发良好的软件组件应该是一次性编写，而不需要重新编译代码来增强或完善其功能。因此，JavaBean 的目标是提供一个实际的方法来增强现有代码的利用率，而不需要在原有代码上重新进行编程。

- JavaBean 组件在任意地方运行是指组件可以在任何环境和平台上使用，这可以满足各种交互式平台的需求。由于 JavaBean 是基于 Java 的，所以它可以很容易地得到交互式平台的支持。
- JavaBean 组件在任意地方执行不仅指组件可以在不同的操作平台上运行，还包括在分布式网络环境中运行。
- JavaBean 组件在任意地方重用是指它能够被应用程序、其他组件、文档、Web 站点和应用程序构造器重用。这也许是 JavaBean 组件最为重要的任务，因为这正是它区别于 Java 程序的特点之一。Java 程序的任务就是 JavaBean 组件所具有的前两个任务，而第 3 个任务是 JavaBean 组件独有的。

JavaBean必须用Sun的Java编程语言来写程序,并且要遵循一定软件规范,这种规范就叫JavaBean规范。比如该类必须声明为public类,其构造函数必须声明为public类型且无参数。JavaBean规范在将在后面的章节中深入学习。

一般来说JavaBean被分为两类:可视化Bean和不可视化Bean。可视化Bean可以表示简单的GUI组件,如按钮组件、菜单等,可以使用JavaBean来实现。不可视化Bean在后台完成业务逻辑处理功能,例如访问数据库执行查询操作的JavaBean,这些JavaBean在运行时不需要任何可视界面,在JSP或Servlet程序中所用的JavaBean一般以不可视的组件为主,可视的JavaBean 一般用于编写Applet程序或Java应用程序。

2. EJB技术

EJB(Enterprise Java Bean)即企业级JavaBean,是J2EE体系中的核心技术,提供了一个框架来开发分布式业务逻辑,显著地简化了具有可伸缩性和高度复杂的企业级应用的开发。

EJB规范与JavaBean具有共同的目标:通过标准的设计模式推广Java程序代码,提升开发效率和开发工具之间的重用性和可携性,但是这两种规范所要解决的问题却不同。定义于JavaBean组件模型中的标准规范用来产生可重用的组件,而这些组件通常被用于IDE开发工具,并且通常是可视化的。EJB规范所定义的组件模型是用来开发服务端的Java程序。由于EJB可能执行在不同的服务器平台上,包括无图形的大型主机,所以EJB无法使用类似AWT或Swing的图形。EJB主要用于复杂的企业级应用开发,在一些简单的应用中可被JavaBean替代。

1.3.4 JDBC数据库访问技术

JDBC(Java Data Base Connectivity,Java数据库连接技术)是Java与数据库连接的一种标准。它是由Sun定义的技术规范,是Sun及其Java合作伙伴开发的与平台无关的数据库访问接口。

JDBC为数据库应用开发人员、数据库前台工具开发人员提供了一种标准的Java API,使开发人员可以用纯Java语言编写完整的数据库应用程序。

通过使用JDBC,开发人员可以很方便地将SQL语句传送给几乎任何一种数据库。用JDBC编写的程序能够自动地将SQL语句传送给相应的数据库管理系统。不仅如此,使用JDBC编写的应用程序可以在任何支持Java的平台上运行,不必在不同的平台上编写不同的应用程序。Java和JDBC的结合可以让开发人员在开发数据库应用时真正实现一次编写,到处运行(Write Once,Run Everywhere)。

简单地说,JDBC能够完成下列三件事:
- 与一个数据库建立连接(Connection)。
- 向数据库发送SQL语句(Statement)。
- 处理数据库返回的结果(Resultset)。

1.4 Web编程架构

1.4.1 企业级应用的开发架构

在构建企业级 Web 应用和电子商务网站的时候,通常需要大量的代码,为了能够使这些代码分布在不同的计算机上,通常采用了分层架构的思想。在企业中,常用的架构通常分为两层、三层或者是 N 层架构。

1. 两层架构

传统的两层架构(2-tier application)通常包括用户接口和后台程序,如图 1-4 所示。后台程序通常只是一个数据库,可接受用户端的 SQL 请求;用户接口层几乎承担了所有工作,既展示用户界面,接受输入和输出;又要处理业务,还可通过网络与数据库直接进行对话。

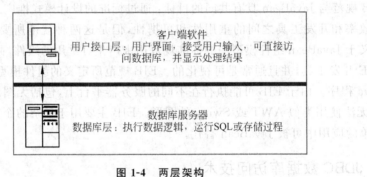

图 1-4 两层架构

2. 三层架构

三层架构(3-tier application)通常将整个业务应用划分为三层:表现层(UI)、业务逻辑层(BLL)、数据访问层(DAL),如图 1-5 所示。划分层次的目的是为了实现"高内聚,

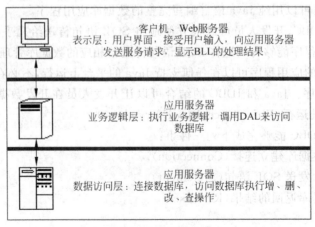

图 1-5 三层架构

低耦合"的思想。

（1）表现层（UI）：通俗讲就是展现给用户的界面，即用户在使用一个系统的时候其所见所得。

（2）业务逻辑层（BLL）：针对具体问题完成不同的业务逻辑处理，调用 DAL 层来访问数据库。

（3）数据访问层（DAL）：该层所做事务就是直接操作数据库，包括对数据的增、删、改、查等操作。

B/S 体系结构一般采用这种三层架构。三个层次是从逻辑上划分的，具体的物理分法可以有多种组合。表现层指各种网页，既包括浏览器中的显示网页，也包括 Web 服务器中的网页；业务逻辑层一般运行在应用服务器上，采用 JavaBean 或 EJB 等组件技术来实现，是应用程序最核心的部分。数据访问层负责对象的持久化和查询等操作，一般也采用 JavaBean 等组件技术来实现。这种三层架构在层与层之间相互独立，任何一层的改变不会影响其他层的功能。

3. N 层架构

在三层架构中，可以对某一层进行细化，比如业务逻辑层可进一步细化为会话层（Session）、实体层（Entity）和业务层（Business）等。当一个应用具有三个以上的代码层时，通常把这个应用叫作 N 层应用。

4. 开发架构比较

两层架构的优点是开发过程比较简单，客户端的程序可直接访问数据库，部署起来比较方便；缺点是程序代码维护起来比较困难，程序执行的效率比较低，用户容量比较小。

三层架构在两层架构的基础上，将显示层和业务逻辑层区分开来，降低了层与层之间的依赖性，从而使得开发人员可以只关注整个应用中的某一层，后台开发人员和前台界面设计人员可以同时工作，只要接口不变，一层的变化不会影响另一层的工作。三层架构有利于实现软件标准化，提高软件的可复用性，加快软件开发进度，但是部署起来相对比较困难。

根据实际的需要，可能会进一步细化每一层，或者添加一些层，形成 N 层架构。和三层架构一样，组件化的设计使维护相对容易，但是部署更加困难。

1.4.2　Web 编程设计模式

Web 编程属于 B/S 体系结构，所以一般采用三层架构，有时根据实际的需要，会进一步细化每一层，形成所谓的多层（N 层）结构。在具体的实现上，采用不同的技术或技术组合形成了不同的设计模式和实现的框架。如 MVC（Model、View、Controller）设计模式，该模式为开发者提供了全套开发框架。

以 JSP 技术为主的 Java Web 技术在 Web 应用开发中得到了广泛应用，已成为最流行 Web 开发技术，尤其是在电子商务、金融等大型企业应用开发方面。在开发 Web 应用时,通过借助多种 Java Web 技术,如常见的 JavaBean、Servlet、JSP 和 JDBC 等。同时,越来越多的 Web 开发采用 MVC 设计模式,也出现了一些开发框架,比如 Struts 框架、Spring 框架、JSF 框架等。

Java Web 技术的大量产生导致实现 Java Web 应用的设计模式多种多样。开发一个 Java Web 应用有多种设计模式可以选择,分别为纯粹 JSP 技术实现、JSP+JavaBean 实现、MVC 模式实现、J2EE 实现等。

1. 纯粹 JSP 技术实现

使用纯粹 JSP 技术实现动态网站开发,是 JSP 初学者经常使用的技术。在这种开发模式中,所有的代码都在同一个 JSP 页面中,如 HTML 标记、CSS 标记、JavaScript 标记、逻辑处理、数据库处理代码等。这么多代码混合在一个页面中,容易出现错误,且不容易查找和调试。用这种模式设计出的网站,不管采用 JSP 技术还是 ASP 技术都没有什么大的差别。其实现原理如图 1-6 所示。

图 1-6　纯粹 JSP 技术实现原理

2. JSP+JavaBean 实现

Sun 公司提出了两种用以 JSP 为核心的 Java Web 技术构建 Web 应用程序的设计模式:JSP+JavaBean 模式和 MVC 模式,分别称为 JSP Model1(模式 1)和 JSP Model2(模式 2)。

JSP+JavaBean 模式的实现原理如图 1-7 所示。

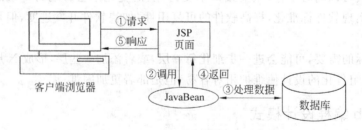

图 1-7　JSP+JavaBean 模式的实现原理

在该模式中,JSP 页面响应请求并将请求转交给 JavaBean 处理,最后将结果返回给客户。这里的 JavaBean 包括业务逻辑 Bean 和数据访问 Bean。这种模式属于前面所讲的三层架构。表现层和业务逻辑层分开,所有业务逻辑通过 JavaBean 来处理,而 JSP 实现页面的显示。在这种技术中,使用 JSP 技术中的 HTML、CSS 等可以非常容易地构建数据显示页面,而对于数据处理则交给 JavaBean 技术,如连接数据库的代码,查询数据库的代码。将执行特定功能的代码封装到 JavaBean 中可以实现代码重用的目的,如显示当前时间的 JavaBean,不仅可以用在当前页面,还可以用在其他的页面。

这种设计模式已经显示出 JSP 技术的优势,但并不充分。在 JSP 文件中,既含有负责页面显示的 HTML 和 CSS 代码,也含有调用业务逻辑及调用准备的 Java 代码,还含有控制显示逻辑的 Java 代码,当需要处理的业务逻辑很复杂时,会导致页面被嵌入大量的脚本语言或者是 Java 代码,整个页面显得很混乱,不利于维护。因此,该模式不能够满足大型应用的需求,尤其是大型项目,但是可以很好地满足中小型 Web 应用的需求。

3. 基于 MVC 模式的实现

MVC 是一种软件设计模式,可以促进业务逻辑和数据显示的分离。MVC 模式的结构如图 1-8 所示。

（1）视图(View)

视图是用户看到并与之交互的界面。在 Web 应用中,视图就是浏览器中显示的网页,这些网页通常由 HTML、CSS、JavaScript 等代码组成,用户可以在页面中提交请求,也可以看到服务器响应的结果。在动态网站中,视图还包括动态页面,如 JSP 页面、ASP 页面。

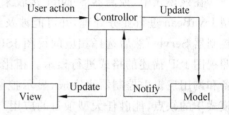

图 1-8 MVC 模式的结构

当然,作为视图 JSP 页面一般只负责界面的显示,不涉及业务逻辑实现,业务逻辑由模型层来处理。在 MVC 中,同样的模型(业务逻辑)可以对应不同的视图。比如,银行的存取款业务逻辑模型,可以有柜台业务员视图、ATM 视图、网络银行视图,还可以是手机银行视图。

（2）模型(Model)

模型表示企业数据和业务规则。在 MVC 的三个部件中,模型拥有最多的处理任务。例如它可能用 JavaBean/EJBs 和 ColdFusion Components 这样的构件对象来处理数据库。被模型返回的数据是中立的,就是说模型与数据格式无关,因此一个模型能为多个视图提供数据。由于应用于模型的代码只需写一次就可以被多个视图重用,所以减少了代码的重复性。

（3）控制器(Controller)

控制器接受用户的输入并调用模型和视图去完成用户的请求,所以当单击 Web 页面中的超链接和发送 HTML 表单时,控制器本身不输出任何东西和做任何处理。它只是接收请求并决定调用哪个模型构件去处理请求,然后再确定用哪个视图来显示返回的数据。

总之,MVC 模式中各层分工明确,视图负责界面与交互,模型负责业务处理,控制器负责调度;从而可实现界面、业务和调度三者的分离,降低层间的耦合性,各层可同时开发,提高了软件的可维护性和可复用性。MVC 模式的实现主要有两种方法,一种是用 JSP+JavaBean+Servlet 技术组合来实现,另一种是用 Struts 框架来实现,下面分别对这两种方法进行介绍。

1) JSP+JavaBean+Servlet 实现

在该实现中,视图即显示层,通常用 JSP 技术来实现,模型层用 JavaBean 来实现,控制器用 Servlet 来实现。其结构图如图 1-9 所示。

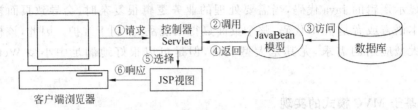

图 1-9 JSP+JavaBean+Servlet 实现

在该模式中,控制器 Servlet 接收来自客户端/浏览器端的请求;然后调用相应的模型 JavaBean 进行业务处理,并可能涉及到数据库的访问,处理结果返回给调用者控制器。控制器 Servlet 然后选择相应的视图 JSP 返回给客户端/浏览器显示处理结果,浏览器按照视图 JSP 描述的格式进行显示。相比于模式 1,JSP 视图只负责数据的显示,而调用准备和调用逻辑由控制器来完成,显示控制逻辑也由控制器选择不同视图来完成,克服了模式 1 的缺点,能胜任大型项目的应用。

2) Struts 框架实现

Struts 是一个实现 MVC 设计模式的开源框架,是利用 Servlet 和 JSP 构建 Web 应用的一项非常有用的技术。由于 Struts 能充分满足应用开发的需求,简单易用、敏捷迅速,因而吸引了众多开发人员的关注,成为工程中事实上的标准。

Struts 由一组相互协作的类、Servlet 以及丰富的标签库(JSP Tag Lib)组成。Struts 有自己的控制器,有时整合其他一些技术去实现模型层和视图层。在模型层中,Struts 可以很容易地与数据库访问技术相结合,包括 EJB、JDBC 和 Object Relation Bridge。在视图层中,Struts 能够与 JSP、Velocity Templates、XSL 等表示层组件相结合。

Struts 框架是 MVC 模式的体现。如图 1-10 所示,可以分别从模型、视图、控制器来了解 Struts 的体系结构(Architecture),图中显示了 Struts 框架的体系结构在响应客户请求时,各部分的工作原理。

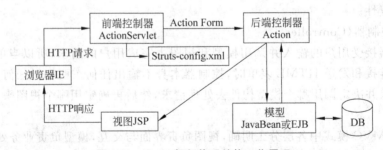

图 1-10 Struts 框架体系结构工作原理

从图 1-10 中可以看到,当用户在客户端发出一个请求后,前端控制器获得该请求后查找 Struts-config.xml 文件，找到对应的 Action Form 和 Action，把来自客户端的表单数据封装到 Action Form 中，然后再把 Action Form 和控制权转交给后端控制器 Action 来处理，Action 调用相应的 JavaBean 或 EJB 完成具体的业务逻辑，最后找到相应视图把处理结果传回到浏览器中显示，整个处理流程到此结束。

4. J2EE 的实现

Struts 等框架可以满足大部分 Java Web 应用的需求，但还不能满足一些大公司复杂的、安全系数要求较高的企业级 Web 应用的需求。J2EE 是 Java 实现企业级 Web 开发的标准，是纯粹基于 Java 的解决方案。1998 年，Sun 公司发布了 EJB1.0 标准，EJB 为企业级应用中必不可少的数据封装、事务处理、交易控制等功能提供了良好的技术基础。至此，J2EE 平台的三大技术 Servlet、JSP 和 EJB 已全部问世。1999 年 Sun 公司正式发布了 J2EE 的第一个版本。到 2016 年，Sun 的 J2EE 版本已经升级到了 8.0 版，其中 3 个关键组件的版本也演进到了 Servlet4.0、JSP2.4 和 EJB3.0。自此 J2EE 体系及相关的软件产品已经成为 Web 服务器开发的一个强有力的支撑环境。在这种模式中，EJB 代替了前面提到了 JavaBean 技术。

J2EE 设计模式由于框架不容易编写、调试，因此比较难以掌握，目前只是应用在一些大型的企业应用上。J2EE 组件是有独立功能的软件单元，它们通过相关的类和文件组装成 J2EE 应用程序，并与其他组件交互。图 1-11 是 J2EE 标准体系结构。

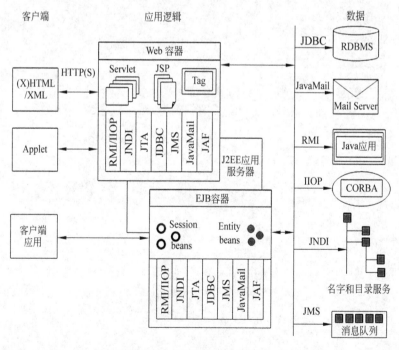

图 1-11　J2EE 标准体系结构

习 题

1. 简述 B/S 和 C/S 架构的特点及 B/S 架构的优点。
2. 什么是三层架构？说明每一层的功能和主要的实现技术。
3. 比较二层架构和三层架构，说明其优缺点及适应范围。
4. 浏览器端编程主要有哪些技术？
5. 服务器端编程主要有哪些技术？
6. 简述 JSP 和 Servlet 的联系，JSP 是否可完全取替 Servlet？为什么？
7. 基于 JSP 的 Web 编程的设计模式有哪些？
8. 比较 JSP 设计模式的模式 1 和模式 2。
9. 什么是 MVC？MVC 的实现原理是什么？各层实现的技术主要是什么？

第 2 章 Web 开发环境

本章介绍如何搭建 Web 工程开发、发布和运行的环境,包括 Java 开发环境 JDK 的安装与配置,Web 运行环境 Tomcat 的安装与配置,Web 集成开发环境 MyEclipse 的安装与配置,Web 工程的开发流程和数据库运行环境的安装与配置。

2.1 JDK 开发工具包

Sun 公司提供了一个免费的 Java 软件开发工具包 JDK(Java Development Kit),该工具包包含了编译、运行及调试 Java 程序所需的工具,此外还提供大量的基础类库,供编写程序使用,它是开发 Java 程序的基础。Sun 公司将 JDK1.2 以后的版本通称为 Java2,如后来推出的 1.3、1.4、1.5、1.6、1.7 等版本都属于 Java2 范畴,1.5 以后的版本如 1.5、1.6、1.7 又叫 5.0、6.0、7.0。现在 JDK 通常又称为 J2SDK(Java2 software development kit)。

2.1.1 JDK 的安装

Sun 公司为不同的操作系统平台提供了相应的 Java 开发包。用户可到 http://www.oracle.com/technetwork/java/index.html 下载相应系统的开发包。本书采用较新的 Windows 系统下的 Java 开发包 jdk-7u5-windows-i586.exe。书中的实例程序均在此版本下运行通过,所使用的操作系统为 Windows XP。如果是 64 位的 Windows 7 操作系统则应下载对应的 64 位版本 jdk-7u5-windows-x64.exe。

下载完成后,运行 jdk-7u5-windows-i586.exe 安装软件,安装目录这里选为 C:\Program Files\Java,其他步骤采用默认值即可。安装完成后,在 C:\Program Files\Java 目录中会有 jdk1.7.0_05 和 jre7 两个子目录,jdk1.7.0_05 为 Java 开发工具目录,jre7 为 Java 运行环境目录。

2.1.2 JDK 的配置

安装完 JDk1.7 后,需在 Windows 操作系统中为 JDK 设置几个环境变量,以便系统能够自动查找 JDK 的命令和类库。对于 Windows XP/2000/7,右击"我的电脑",弹出快捷菜单,从中选择"属性",弹出"系统属性"对话框,单击该对话框的"高级"选项卡。然后单击"环境变量"按钮,弹出"环境变量"设置对话框,如图 2-1 所示。在此界面中的系统变量需要设置三个属性 JAVA_HOME、path、classpath。在没安装过 JDK 的环境下,path 属性是可能存在的(安装过其他软件可能会自动增加),而 JAVA_HOME 和 classpath 是不存在的。

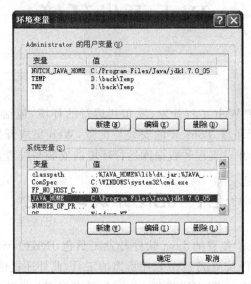

图 2-1 "环境变量"对话框

首先,单击"新建",变量名为 JAVA_HOME,变量值为 Java 的安装路径,即"C:\Program Files\Java\jdk1.7.0_05",如图 2-2 所示。

其次,在系统变量里面找到 path(若没有就新建),然后单击编辑,path 变量的作用就是让系统在任何路径下都可以识别 Java 命令,则变量值为".;%JAVA_HOME%\bin",(其中"%JAVA_HOME%"的意思为刚才设置 JAVA_HOME 的值),也可以直接写"C:\Program Files\Java\ jdk1.7.0_05\bin"。

最后,再单击"新建",然后在变量名中写上 classpath,该变量的作用是设置 Java 加载类(class 或 lib)的路径,如图 2-3 所示。只有类在 classpath 中,Java 命令才能识别。其值为".;%JAVA_HOME%\lib\dt.jar;%JAVA_HOME%\lib\tools.jar"需要说明的是早期版本的库文件名是 rt.jar 和 tools.jar。

图 2-2 设置 JAVA_HOME

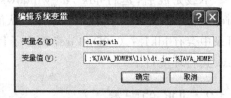

图 2-3 设置 classpath

以上三个变量设置完毕,则按"确定"直至属性窗口消失,接下来验证安装是否成功。

单击"开始"→"运行",输入"cmd",进入 dos 系统界面,然后输入"java-version"。如果安装成功,系统会显示 java version jdk"1.7.0_05"。

注意:如果已经存在需要设置的环境变量,如 path 变量,可选中该变量进行编辑操作,将需要的变量值追加在后面即可,值与值之间用分号分隔,切不可把原来的值覆盖。classpath 变量中的".;"不能少,其含义是在当前目录寻找类库。

为了验证用户环境变量设置是否正确,可用记事本编写一个简单的 Java 程序,对其进行编译、执行,以确定 JDK 环境设置正确。

【例 2.1】 JDK 环境测试。

```
public class HelloWorld{
    public static void main(String[] args){
        System.out.println("Hello world!");
    }
}
```

保存程序,文档名为 HelloWorld.java。打开 Windows 的运行程序,输入 cmd 命令进入命令行。进入到 HelloWorld.java 所在的目录,输入下面的命令:

```
javac HelloWorld.java
java HelloWorld
```

此时若出现如图 2-4 所示的画面,则安装成功,否则请仔细检查以上配置是否正确。

图 2-4 检查配置

2.2 Tomcat Web 服务器

自 Servlet 和 JSP 发布以来,出现了各种支持 Servlet/JSP 的引擎,如 Tomcat、WebLogic、WebSphere 等。一般将安装了 Servlet/JSP 引擎的计算机称为支持 Servlet/JSP 的 Web 服务器,它负责运行 Servlet/JSP 程序,并将执行结果返回给浏览器。Tomcat 是一个免费的开源 Servlet/JSP 引擎,也称为 Jakarta Tomcat Web 服务器,在中小型 Web 应用中使用广泛,是开发和调试 Java Web 程序的首选,目前 Tomcat 能和大多数主流 Web 服务器一起高效地工作。

2.2.1 下载和安装 Tomcat

用户可以到 http://tomcat.apache.org 站点免费下载 apache-tomcat 7.0。在主页面中的 Download 里选择 apache-tomcat 7.0,然后在 Binary Distributions 里的 Core 中选

择 zip(pgp，md5)、tar.gz(pgp，md5)或 Windows Service Installer(pgp，md5)。本书下载的是 Windows Service Installer(pgp，md5)，文件名为 apache-tomcat-7.0.29.exe。apache-tomcat-7.0.29.exe 是专门为 Windows 开发的 Tomcat 服务器。

双击"apache-tomcat-7.0.29.exe"，出现安装向导，单击 Next 按钮，出现"授权"界面。接受授权协议后，用户可以选择 Normal、Minimun、Custom 和 Full 安装方式。本书选择 Normal 安装方式，如图 2-5 所示。

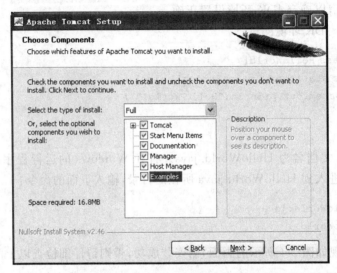

图 2-5 选择安装方式

单击 Next 按钮，默认安装于 C:\Program Files\Apache Software Foundation\Tomcat 7.0。单击 Next 按钮，默认 HTTP 服务端口号 8080，登录用户名为 admin，密码为空。然后选择默认 Java 的 JRE 安装目录，如图 2-6 所示。

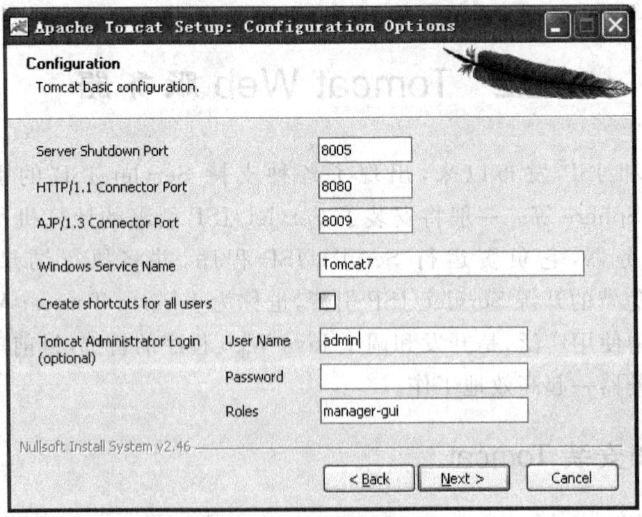

图 2-6 Tomcat 的基本配置

单击 Install 按钮，开始 Tomcat 的安装。安装完成后，在"开始"→"程序"菜单中会出现安装程序创建的 Apache Tomcat 7.0 Tomcat7 菜单组。选择 Apache Tomcat 7.0 Tomcat7 菜单中的 Monitor Tomcat 命令，在任务栏中会出现 Apache Tomcat 系统托盘。右击托盘，在弹出的快捷菜单中选择 Start Service 命令，即可启动 Tomcat 7.0 服务器，如图 2-7 所示。

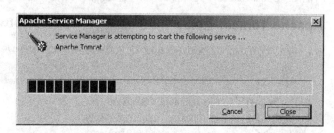

图 2-7　启动 Tomcat 7.0 服务器

Tomcat 正常启动后会在系统栏加载图标 。如果启动失败，请检查端口是否被占用。如果已经有程序在使用 8080 端口，解决办法是停止正在运行的程序或者更改 Tomcat 的使用端口。

单击 Configure 或者双击图标，可看到如图 2-8 所示的界面，可以选择 Startup type 为 automatic 自动启动，这样每次开机后就会自动运行 Tomcat。

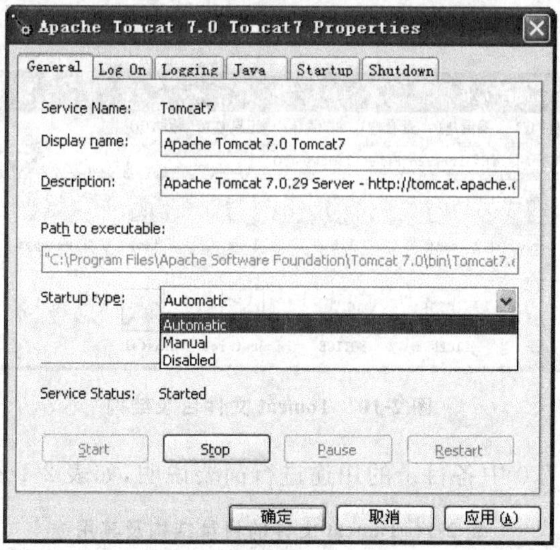

图 2-8　自动运行设置

注意：一旦 Tomcat 设为自动启动，可能会导致以后在 MyEclipse 里启动 Tomcat 失败，因不允许两个 Tomcat 实例同时运行，所以在编程调试阶段不建议设为自动启动。

打开 IE 浏览器或 Mozilla Firefox 浏览器，在浏览器地址栏中输入"http://localhost：8080"并回车。如果浏览器中出现如图 2-9 所示的页面，则说明用户的 Tomcat 已经正确安装。

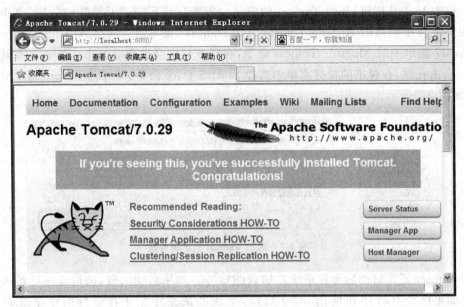

图 2-9　Tomcat 的欢迎界面

2.2.2　Tomcat 的目录结构

Tomcat 安装成功后的文件目录结构如图 2-10 所示。

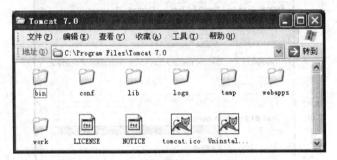

图 2-10　Tomcat 文件目录结构

下面对 Tomcat 7.0 中各目录的用途进行简要说明，如表 2-1 所示。

表 2-1　Tomcat 文件的目录结构及其用途

目录	用途
/bin	存放启动和关闭 Tomcat 的脚本文件
/lib	存放所有 Web 应用程序都可以访问的 Java 包和类库
/conf	存放 Tomcat 服务器的各种配置文件，包括 server.xml（Tomcat 的主要配置文件）、tomcat-users.xml 和 web.xml 等
/logs	存放 Tomcat 的日志文件

续表

目录	用途
/webapps	存放发布的 Web 应用程序的目录及其文件
/temp	存放 Tomcat 运行时产生的临时文件
/work	JSP 生成的 Servlet 源文件和字节码文件

这里需要注意的是，后面将要介绍的 Java Web 应用程序的 Web-INF 目录下，也有 lib 子目录，在 lib 子目录下也可以存放各种 .jar 文件，这些 .jar 文件只能被当前的 Web 应用程序所访问，而 Tomcat 安装目录下的 lib 文件里的 .jar 文件可供服务器上所有 Web 应用程序调用。

2.2.3 第一个 JSP 页面

一个 JSP 页面是由普通的 HTML 标记和 JSP 标记，以及通过<%……%>标记加入的 Java 程序片段组成的页面。JSP 页面以文本文件保存，文件名要符合 JSP 标识符的规定，即文件名可以是字母、数字、下划线或美元符号，并且第一个字符不能是数字。文件扩展名为 jsp。用户可以用记事本或其他文本编辑工具如 EditPlus 来编辑 JSP 文件，保存类型选择"所有文件"，文件保存的编码选择 ANSI，如图 2-11 所示。

图 2-11 文件保存类型

【例 2.2】 编写一个简单的 JSP 页面。程序代码如下(myfirst.jsp)：

```
<%@page contentType="text/html;charset=GB2312" %>
<html>
<head><title>这是我的第一个 JSP 程序</title></head>
<body>
    这是我的第一个 JSP 程序
<h2>这是我的第一个 JSP 程序</h2>
<h3><%out.println("世界你好!"); %></h3>
</body>
</html>
```

程序说明：程序由 JSP 脚本和 HTML 代码组成。所有 JSP 脚本用<%、%>括起来。程序第一行设置网页字符编码为"GB2312"，这样才能显示汉字。可以用 out 对象的 println 方法输出信息，输出的字符串用双引号括起来。每一个 JSP 语句以分号结束。

myfirst.jsp 文件存放到 Tomcat 7.0 安装目录下的 webapps\ROOT 子目录中，本书 Tomcat 7.0 的安装目录为 C:\Program Files\Tomcat 7.0，页面保存目录为 C:\Program Files\Tomcat 7.0\webapps\ROOT。启动 Tomcat 服务器，在浏览器地址栏输入

http://127.0.0.1:8080/myfirst.jsp,页面的运行结果如图 2-12 所示。

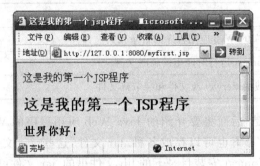

图 2-12　第一个 JSP 程序

2.2.4　配置 Tomcat

1. 修改 Tomcat 服务器默认端口

8080 是 Tomcat 服务器默认端口。用户可以通过修改 Tomcat 安装目录下 conf 子目录中的 server.xml 配置文件来更改端口号。

用记事本打开 server.xml 文件,找到下列内容:

```
<Connector  port="8080"  protocol="HTTP/1.1"
connectionTimeout="20000"   redirectPorL="8443" />
```

将 port＝"8080"更改为 port＝"8090",保存文件后重新启动 Tomcat 服务器,这样 Tomcat 就在 8090 端口提供服务了,通过 http://127.0.0.1:8090 访问 Tomcat。如果把提供服务的端口号改为 80,用户在浏览器中输入 URL 地址时可省略端口号。例如输入"http://127.0.0.1",即可看到如图 2-13 所示的页面。

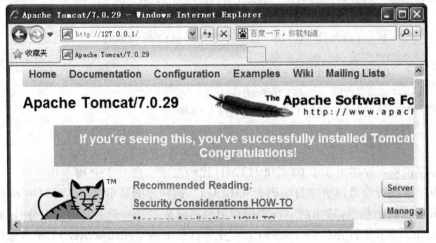

图 2-13　Tomcat 从 80 端口提供服务

2. 设置 Web 服务目录

从用户的角度看，Web 服务目录就是用户浏览器能够访问的页面所在的目录。如果要发布网页，必须将编写好的 JSP 网页放到 Web 服务器的某个 Web 服务目录中。下面介绍几个与 Web 服务目录有关的概念。

1) 根目录

理解 Web 服务的根目录，需要从 Web 服务器和客户浏览器两个角度去分析。从服务器的角度分析，Tomcat 安装目录中的 webapps\ROOT 子目录称为 Tomcat Web 服务的根目录。在本教材的 Tomcat 安装方式下，根目录在服务器上的物理路径为 C:\Program Files\Tomcat 7.0\webapps\ROOT。除非特别说明，本教材所指的 Tomcat 安装目录均指 C:\Program Files\Tomcat 7.0。从客户浏览器角度分析，地址栏中键入的 URL："协议://ip 地址或域名：端口号/目录/页面.jsp"中，"端口号"后面的/就是客户端看到的根目录。用户访问 Web 服务器根目录中的 JSP 页面时，要在客户端浏览器中输入 URL 地址，只需键入"http://ip 地址或域名：端口号/页面名称"即可，而省略根目录"ROOT"。

例如前面的例 2.1 中，访问根目录下的 myfirst.jsp 页面时只需在地址栏中键入"http://127.0.0.1:8080/myfirst.jsp"。例 2.1 的 myfirst.jsp 页面保存位置就是 Web 服务器的根目录。访问效果如图 2.11 所示。

2) Web 服务子目录

在 Tomcat 服务器安装目录中的 webapps 子目录下，除了 ROOT 以外，还有 docs、examples、manager 等子目录，这些子目录称为 Web 服务子目录。用户要在客户浏览器中访问这些 Web 服务子目录中的页面，键入"http://ip 地址或域名：端口号/子目录/页面名称"即可。例如要访问 webapps\examples 目录中的 index.html 页面，可在浏览器地址栏中输入"http://127.0.0.1:8080/examples/index.html"，URL 中的 exmples 为 Web 服务子目录。除了 Tomcat 安装时创建的 Web 服务子目录外，用户还可以在 webapps 目录中创建新的 Web 服务子目录。例如在 webapps 目录中创建 myapp 子目录，将"例 1.1"的 myfirst.jsp 文件保存在 myapp 子目录中，在客户浏览器地址栏中输入"http://127.0.0.1:8080/myapp/myfirst.jsp"即可访问 myapp 服务目录下的 myfirst.jsp 页面。

3) 建立虚拟 Web 服务子目录

除了在安装目录中的 webapps 目录下创建 Web 服务子目录外，用户还可以将服务器计算机中的某个目录指定为 Web 服务子目录，并为其设定虚拟 Web 服务子目录名称，将实际的目录物理路径隐藏，用户只能通过虚拟目录访问该 Web 服务子目录。

建立虚拟 Web 服务目录，可通过修改 Tomcat 安装目录下的 conf 子目录中的 server.xml 配置文件来实现。例如，将 E:\programjsp\chl 指定为新的 Web 服务子目录，虚拟目录名称为 chl。用户首先在 Tomcat 服务器的 E 盘创建 programJsp\chl 目录，然后用文本编辑器打开 server.xml 文件，在 <Host>…</Host> 节之间加入如下内容：

```
<Context path="/ch1 docBase="E:\programJsp\ch1" debug="0" reloadable="true" />
```

上面代码中的 path="/ch1" 为虚拟目录名称，docBase="E:\programJsp\ch1" 为 Web 服务子目录的物理路径。保存后重新启动 Tomcat 服务器，并将例 2.1 中的 myfirst.jsp 文件复制到 E:\programjsp\ch1 目录中，用户就可以通过虚拟目录 ch1 访问 myfirst.jsp 页面，浏览器中输入的 URL 地址为"http://127.0.0.1:8080/ch1/myfirst.jsp"。

4）相对服务目录

Web 服务目录下的子目录称为 Web 服务目录下的相对服务目录。例如在根 ROOT 中建立了一个 image 子目录，image 就是根目录下的相对服务目录，访问 image 的 URL 地址为"http://127.0.0.1:8080/image"。在虚拟目录 ch1 中建立子目录 image，image 就是虚拟目录 ch1 下的相对服务目录，访问它的 URL 为"http://127.0.0.1:8080/ch1/image"。

2.3 集成开发环境介绍

集成开发环境可以有效地提高 Web 应用的开发效率，减轻程序员的劳动强度。优秀的集成开发环境能够使程序员如虎添翼、事半功倍，所以读者有必要了解目前流行的 Web 应用集成开发环境。比较常见的开发环境有 Eclipse/MyEclipse、JBuilder、NetBeans、WebSphere 等开发环境。由于 Eclipse/MyEclipse 在国内外使用非常广泛，尤其是欧美，近些年来在国内也成为最流行的 Java Web 集成开发环境，所以本书选择 MyEclipse 作为集成开发环境。本节对 Eclipse/MyEclipse 进行简单的介绍。

2.3.1 Eclipse 简介

Eclipse 最初是 IBM 公司的一个软件产品，2001 年 11 月其 1.0 版发布；2003 年发布了 2.1 版，立刻引起了业界的轰动。后来 IBM 已经把出巨资开发的 Eclipse 作为一个开源项目捐给了开源组织 Eclipse.org，其出色的独创性平台，吸引了众多大公司加入到 Eclipse 平台的发展中来。到 2016 年为止，Eclipse 的最新版本为 4.5 版。

Eclipse 4.5 是一个通用的工具平台。它提供了功能丰富的开发环境，允许开发者高效地创建一些工具并集成到 Eclipse 平台上来。Eclipse 的设计思想是：一切皆为插件。Eclipse 的核心非常小，其他所有的功能都以插件的形式附加到这个核心之上。Eclipse 的插件是动态调用的，也就是插件被使用时调入，不再被使用时则在适当的时候自动清除。

用户可以去 Eclipse 的官方网站免费下载 Eclipse 工具包，也可以使用 Google 搜索工具搜索下载 Eclipse 工具包。常用的 Eclipse 有两种版本，其中 Release 版是稳定版本，StableBuilds 版本比较稳定。Eclipse 的安装非常简单，它属于纯绿色软件，只需将安装文件解压就可以运行 Eclipse。现在最新的 JBuilder、WebSphere、MyEclipse 等开发工具都是在 Eclipse 集成框架的基础上开发而成的。Eclipse 开发工具的详细使用方法请读者参见有关资料。

2.3.2 安装 MyEclipse 集成环境

MyEclipse 企业级工作平台(MyEclipse Enterprise Workbench,简称 MyEclipse)是对 Eclipse IDE 的扩展,是 J2EE 开发插件的综合体,是功能丰富的 J2EE 集成开发环境。它包括了完备的编码、调试、测试和发布功能,完全支持 HTML、JSP、Struts、JSF、CSS、JavaScript、SQL、Hibernate 等。用户使用它可以在数据库和 J2EE 的开发、发布以及应用程序服务器的整合方面提高工作效率。

MyEclipse 是收费的开发工具,一般下载的 MyEclipse 内部已经有一个 Eclipse 存在了。安装 MyEclipse 时需要从 MyEclipse 官方网站下载安装文件并购买注册码。MyEclipse 的最新版本为 2015 版,其功能丰富,文件大小高达 1.5GB,运行时占用内存也比较多。作为初学者,它的很多功能用不到,综合考虑,本教材采用 MyEclipse 9.0 版本,其功能非常强大。

1. 安装 MyEclipse 9.0

运行 MyEclipse 的安装文件,本教材的安装文件是"myeclipse-9.0-offline-installer-windows.exe",出现如图 2-14 所示的安装界面,根据向导提示完成安装。

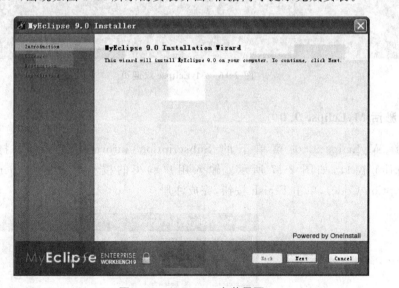

图 2-14 MyEclipse 安装界面

2. 运行 MyEclipse 9.0

安装完成后,启动 MyEclipse 9.0,显示启动界面,弹出选择 MyEclipse 9.0 的工作空间的对话框,如图 2-15 所示。

工作区目录就是源代码的存放路径,工作区里存放了项目文件和一些配置信息,默认工作区目录为 C:\Documents and Settings\Administrator\workspace。单击 OK 按钮,出现如图 2-16 的欢迎页,关闭欢迎页出现主界面。

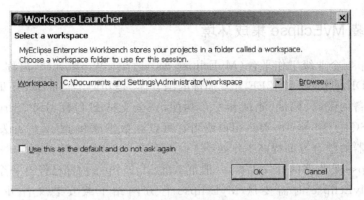

图 2-15　选择工作空间

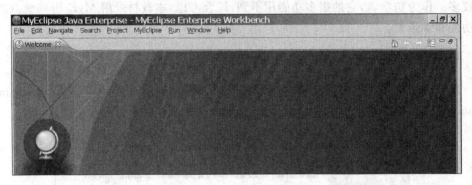

图 2-16　MyEclipse 欢迎页

3. 激活 MyEclipse 9.0

选择 MyEclipse9.0 菜单下的 Subscription Information 命令，打开 Update Subscription 窗口，如图 2-17 所示。输入用户购买的授权名（Subscriber）和注册码（Subscription Code），单击 Finish 按钮，完成注册。

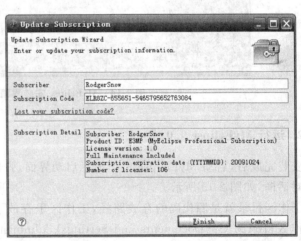

图 2-17　更新注册码

2.3.3 配置 MyEclipse 9.0 的 JDK 和 Tomcat 环境

MyEclipse 集成环境中自带了 JDK 1.6 和 Tomcat 6，一般情况下能够满足普通用户的要求。但如果用户要使用自己安装的 JDK 和 Tomcat，则需为 MyEclispe 配置 JDK 或 JRE 和 Tomcat。

1. 为 MyEclipse 配置 JRE

我们先来配置 JRE。选择工作区，启动 MyEclipse 9.0 后，用户可以为该工作区配置 JRE 和 Tomcat 环境。选择主菜单中的 Window→Preferences（首选项）命令，弹出如图 2-18 所示的首选项窗口。在左侧树形控件中选择 Java→Installed JREs，在窗口的右侧编辑区选择用户计算机上的 JRE 安装目录，配置好 JRE 环境。如右侧编辑区没有列出 JRE，则可按 Add 按钮进行添加，在新对话框中根据提示选择 JRE 的安装目录即可。

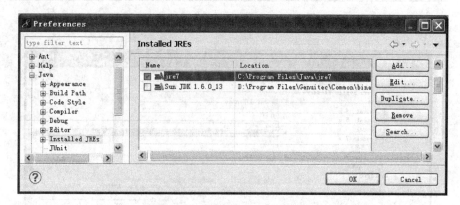

图 2-18 为 MyEclipse 配置 JRE

2. 为 MyEclipse 集成 Tomcat 7.0

完成 MyEclipse 9.0 之后，系统自带了一个 MyEclipse Tomcat 6.0，这个 Web 服务器能基本满足测试的需要。如果要把 Web 应用发布到自己安装的 Tomcat 服务器上，就需要为 MyEclipse 集成 Tomcat。在集成之前，首先要在系统上安装 Tomcat，虽然 Tomcat 6.0 以前的版本依然可以使用，但是强烈建议使用 Tomcat 6.0 以后的版本。我们这里使用最新的 Tomcat 7.0 版本，需要说明的是只有 MyEclipse 9.0 以后的版本才能支持最新的 Tomcat 7.0。在 Eclipse 的集成开发环境中选择 Window→Preferences 命令，在左边的菜单中选择 MyEclipse→Servers→Tomcat→Tomcat7.x，找到 Tomcat 7.x，设置为"Enable"，然后选择 Tomcat 的基本路径，如图 2-19 所示。

如果我们的系统安装了多个 JDK，比如 JDK6.5、JDK 7.0 和 MyEclipse 自带的 JDK 6.0，这时需要为集成在 MyEclipse 9.0 里的 Tomcat 7.0 指定 JDK，在图 2-19 左边的 Tomcat 7.x 前的＋号上单击，再选择 JDK，如图 2-20 所示，在此图中指定 Tomcat 7.0 使用 jre7。

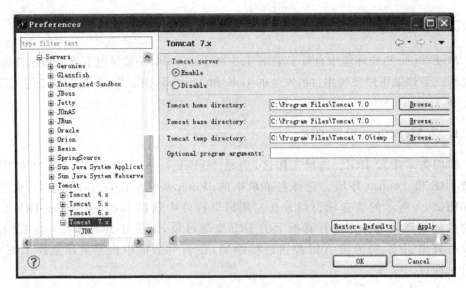

图 2-19　为 MyEclipse 集成 Tomcat

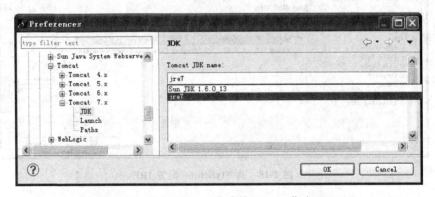

图 2-20　为 MyEclipse 集成的 Tomcat 指定 JDK

这样就完成了 MyEclipse+Tomcat 环境的集成，从图 2-19 可以看出，MyEclipse 几乎支持目前所有的 Web 服务器。

说明：MyEclipse 9.0 安装后自带了一个 JRE 和 Tomcat，这是 MyEclipse 9.0 默认的 JRE 和 Tomcat，但这个 JRE 和 Tomcat 的版本不一定与先前安装的 JRE 及 Tomcat 版本相同，为了能使发布后的系统不出现版本兼容问题，最好为 MyEclipse 9.0 配置自己的 JRE 和 Tomcat。

2.3.4　MyEclipse 开发视图介绍

MyEclipse 开发环境的默认界面如图 2-21 所示，图中标出了各部分的功能。

菜单栏提供了 MyEclipse 的所有命令，选择不同的菜单命令就能完成相应的功能。File 菜单提供了有关文件或工程的相关操作，如新建工程、导入/导出工程等。Edit 菜单供了有关程序编程的相关命令，如复制、粘贴等。Source 菜单提供源程序相关的命令，里

图 2-21　MyEclipse 界面

面有一些特别有用的功能，能加快速程序的编写，如自动生成 JavaBean 的 getter 和 setter 函数等。Navigate 菜单提供了快速导航定位的命令。Project 提供有关工程的命令，如工程的编译属性、工程属性等。MyEclipse 菜单提供 MyEclipse 插件特有的一些功能，如注册码、增减支持的技术插件或框架（如 Struts、Spring、JSF、Hibernate 等）。Run 菜单提供了工程运行相关的一些命令，如运行、调试。Window 菜单提供了一些有关视图的控制的命令如显示/隐藏小窗口（面板）、自定义视图、工作区的首选项等。我们经常在 Preferences（首选项）中来定义工作区的一些默认属性，如各种文件的默认编码（改成支持汉字的编码），及前面所说的 JRE 和 Tomcat 的设置。Window→Preferences（首选项）是常用的一个选项，如果 MyEclipse 出现了一些异常，可能需要修改"首选项"，初学者如不清楚请不要随意更改首选项，默认配置能满足绝大多数应用程序的需求。

　　窗口的左边显示工程列表，显示了工程的目录文件结构，类似 Windows 的"资源管理器"。右击某个文件夹，系统会弹出快捷菜单，列出可以进行的操作，如新建、复制、粘贴、删除、属性等。窗口中央是主工作区。右边和下面是一些面板，如下面通常是服务器的信息，在此可启动或停止服务器。

　　MyEclipse 开发功能强大，所以开发界面相对也很多，默认的视图是 MyEclipse java enterprise 视图，可以通过选择相应的视图进入相关的界面。单击右上角用圆圈标记的图标，选择 Other 命令，如图 2-22 所示。然后进入视图选择界面，如图 2-23 所示。

　　因为我们主要是开发 Java Web 程序，它属于 MyEclipse J2EE Development，所以以后基本就在这个视图下工作。数据库的连接配置在 MyEclipse database explorer 视图中完成。此外，每个视图还有很多小的功能窗口或者面板，可以通过 Window→Show views 命令来控制这些窗口的显示和隐藏，如图 2-24 所示。

图 2-22 选择 Eclipse 视图

图 2-23 视图选择

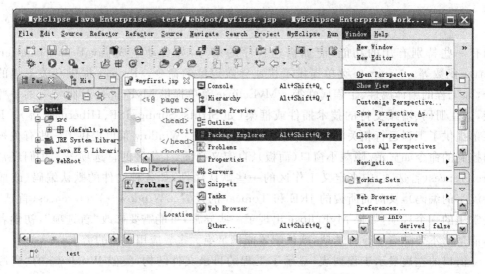
图 2-24 控制小窗口(面板)的显示和隐藏

2.3.5 项目实践——开发 Web 应用程序

开发环境配置好后,就可以开发 Web 应用程序了。从 MyEclipse 菜单中选择 File→New→Web Project,新建一个 Web 工程项目,如图 2-25 所示。下面输入一些工程的基本信息,比如工程名,这里输入 test1,下面的选项基本采用默认选项。Source Folder 是工程中 Java 源文件的存放目录,几乎所有的项目的这个目录名都是 src,不用改变。Web root Folder 是工程的网页文件夹,所有的 Web 网页文件(包括.jsp、.html、.css、.js 等)都存放在该目录下,这里使用默认的 WebRoot。

单击 Finish 按钮,这样一个 Web 项目就建好了,如图 2-26 所示。窗口的左边显示工

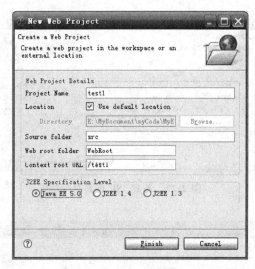

图 2-25 新建 Web 工程项目

程列表,显示了工程的文件目录结构,类似 Windows 的"资源管理器"。右击某个文件夹,弹出快捷菜单,其中列出了可以进行的操作,如新建、复制、粘贴、删除、属性等。

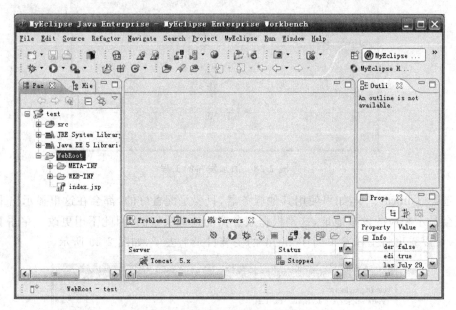

图 2-26 新建 Web 工程项目的结果

下面建立一个 JSP 文件。右击 WebRoot,在快捷菜单中选择 New→JSP,创建一个 JSP 文件,出现 JSP 文件对话框,如图 2-27 所示。这里不更改任何设置,全部采用默认值。

一个采用默认模版的 JSP 文件已经创建完成,下面将工程发布到 Tomcat 服务器来执行该工程。在下面的 Servers 面板中或在上面的工具栏里,单击部署命令按钮 ,出现工程部署对话框,如图 2-28 所示。单击 Add 按钮,添加一个发布项。

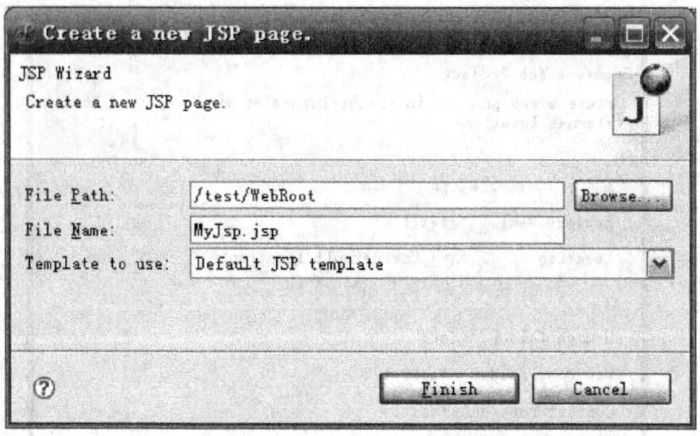

图 2-27 新建 JSP 页面对话框

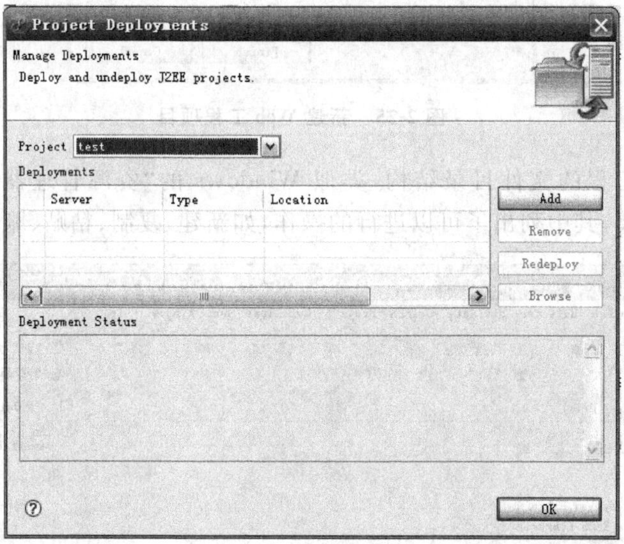

图 2-28 添加发布的工程

选择 Tomcat 7.x,如果使用其他服务器,只要是配置好的,都会在这里显示出来。下面还会显示相应的发布地址,这是根据服务器的地址决定的,因此不用更改。单击 Finish 按钮,可以看出将工程发布到 Tomcat 的安装目录上去了,如图 2-29 所示。

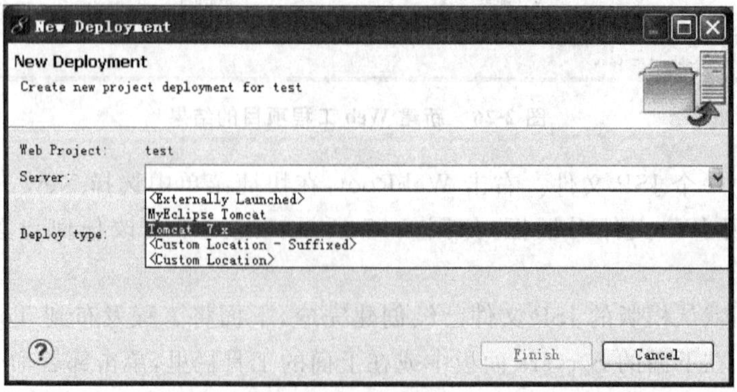

图 2-29 选择 Web 服务器

添加完毕，就会显示工程的发布信息。这里需要说明的是，如果工程中 JSP 文件的内容变化了，系统将自动发布，不需要重新发布；如果工程中 Java 文件的内容有变化，则需要重新发布。重新发布需单击 Redeploy 按钮，如图 2-30 所示。

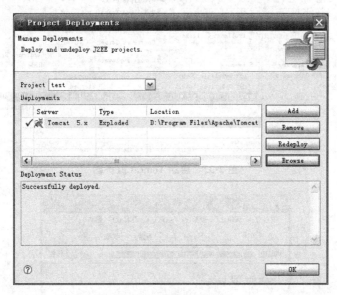

图 2-30　部署管理界面

在图 2-30 中单击 Browse 按钮，可以转到 Tomcat 服务器上查看刚发布的工程，如图 2-31 所示。

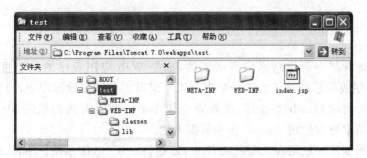

图 2-31　发布到 Tomcat 中的目录结构

发布成功以后，需要启动 Tomcat。从工具栏里的 中选择向下箭头，选择 Tomcat 9 启动；或在下面的 Servers 面板中选择 按钮，选择 Tomcat 9 启动，如图 2-32 所示。

在 My Eclipse 的控制台 Console 窗口中会显示启动信息。启动成功以后，通过浏览器访问刚才创建的 JSP 文件，地址和结果如图 2-33 所示，注意区分英文大小写。

从以上操作流程可以看出，发布的过程就是将工程编译，然后复制到相应的 Web 服务器目录下。修改 WebRoot 下的网页文件（比如 .jsp 文件）以后，保存后就会自动发布。重新浏览界面，可发现内容变化了，这种自动发布的机制可以大大提高程序编码和调试的效率。后面所有的 Web 开发过程都需要经过发布这个过程。

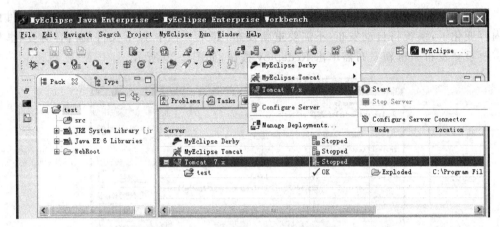

图 2-32 启动 Tomcat 服务器

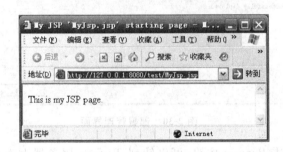

图 2-33 浏览网页

2.4 安装和配置数据库

  数据库通常是一个信息系统所必需的,也是 Web 应用程序的一个重要组成部分。Web 应用程序或动态网站的大部分数据都以一定形式存储在数据库中,目前主流的数据库有甲骨文公司的 Oracle 数据库、微软的 SQL Server 以及开源组织的 MySQL 数据库,在小型的网站中也有使用 Access 作为数据库的。

  Oracle 数据库一般用在大型的系统中,如银行系统、电信系统。SQL Server 数据库一般应用在企业应用系统中,与微软的其他产品能很好地结合在一起。而 MySQL 作为轻量级的数据库,加上它是免费开源的,在中小型的系统或网站中最受欢迎。本书遵循实用的原则,所有的案例都使用 MySQL 5.0 数据库。

  MySQL 数据库的安装比较简单。首先到 http://www.mysql.com 下载 MYSQL 5 5.0.67.zip,然后解压为 Setup.exe。双击 Setup.exe 文件,开始 MySQL 5.0 的安装,如图 2-34 所示。

  选择安装类型,默认是 Typical 典型安装。单击 Next 开始下一步安装。单击 Install 按钮进行安装,如图 2-35 所示。

  安装结束,选择现在开始配置 MySQL 服务器(以后可进行配置修改),单击 Finish 继续。选择详细配置 Detailed Configuration,单击 Next 按钮继续,如图 2-36 所示。

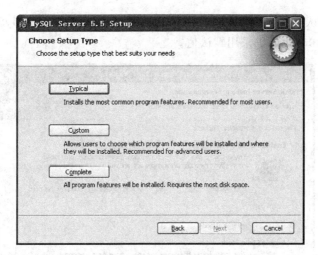

图 2-34 选择安装类型

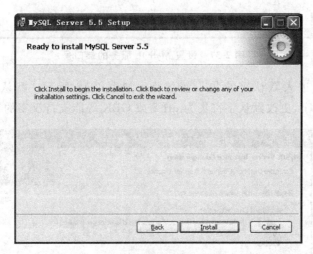

图 2-35 准备 SQL 安装

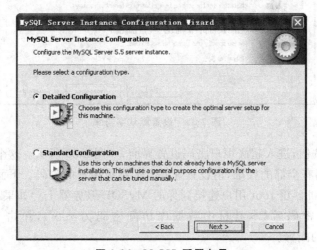

图 2-36 MySQL 配置向导

全部选择默认设置,直到图 2-37 所示的界面。这一步是设置 MySQL 服务端口号,默认端口号是 3306,我们仍采用默认值。

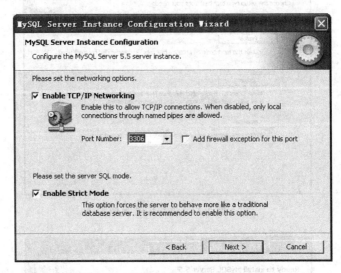

图 2-37　设置 MySQL 服务的端口号

单击下一步进入默认字符集设置界面,如图 2-38 所示。默认的标准字符集是 Latin1,不支持汉字,更改默认字符集为 utf-8 或 GBK 等能支持汉字的字符集。

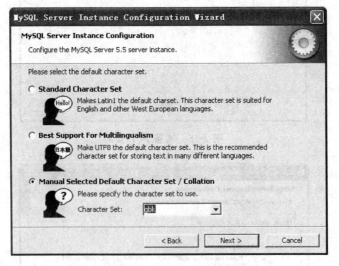

图 2-38　设置默认字符集

单击 Next 按钮,进入超级用户密码设置界面,如图 2-39 所示。这个超级用户非常重要,对 MySQL 拥有全部的权限,请设置好并牢记超级用户的密码。下面有个复选框可选择是否允许远程机器用 root 用户连接到你的 MySQL 服务器上。如果有这个需求,也请勾选。输入两次密码后(本教材中数据库访问密码为 root),单击 Next 按钮,完成 MySQL 数据库的配置。

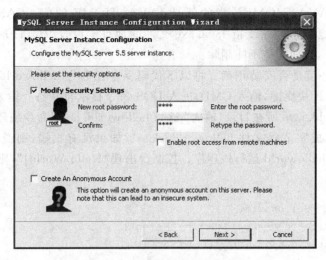

图 2-39 设置用户名和密码

2.5 实验指导

1. 实验目的

(1) 搭建 Web 编程环境。能正确安装配置 Java 运行环境、Web 服务器和数据库服务器。

(2) 熟悉 Web 编程集成环境 MyEclipse。

(3) 熟练掌握 Web 工程的创建、发布、运行流程。

2. 实验内容

(1) 安装并配置 Java 运行环境 JDK 和 JRE。

(2) 安装 Web 服务器 Tomcat，配置 Tomcat 服务器。

(3) 安装并配置数据库 MySQL。

(4) 安装 MyEclispe，熟悉各菜单项。

(5) 为 MyEclispe 集成配置 JDK 和 Tomcat。

(6) 创建、发布、运行一个 Web 工程。

3. 实验仪器及耗材

计算机、JDK、Tomcat、MySQL、MyEclipse 等软件。

4. 实验步骤

1) Java 环境的安装与配置

参照本章 2.1 节安装与配置 Java 运行环境 JDK。在设置环境变量时，有几个知识点应该注意：%JAVA_HOME%指的就是JAVA_HOME的值。CASSPATH指存放CLASS文件的地址。PATH指Java.exe文件的地址。设置PATH时,若有多个变量值,应用";"隔开,之前的值不能删除。

测试JDK环境是否安装正确。将以下代码保存在名为helloworld.java的文件中,按"Windows"+R快捷键,输入CMD,进入DOS命令提示符状态。输入命令,改变当前目录为helloworld.java所在目录,输入"javac helloworld.java"命令编译,把helloworld.java源程序编译成字节码文件helloworld.class。如果没有报错,则说明编译成功。然后,再输入java helloworld运行该程序。控制台出现"Hello World!",则说明安装成功。

测试代码：

```java
public class HelloWorld{
    public static void main(String[] args){
        System.out.println("Hello World!");
    }
}
```

2) 安装及配置Tomcat

(1) 双击下载的Tomcat安装程序,出现安装向导。单击Next按钮,按顺序安装。默认HTTP服务端口号8080,登录用户名为Admin、密码为空,然后选择默认Java的JRE安装目录。

(2) 安装完成后,在"开始"→"程序"菜单中会出现安装程序创建的Apache Tomcat菜单组,选择Apache Tomcat菜单中的Monitor Tomcat命令,在任务栏中会出现Apache Tomcat系统托盘 ,右击托盘,在弹出的快捷菜单中选择Start Service命令,即可启动Tomcat服务器。

3) MyEclipse安装

运行MyEclipse的安装文件,根据向导提示完成安装。

安装完成后,启动MyEclipse 9.0,显示启动界面,弹出选择MyEclipse 9.0工作空间的对话框。工作区目录就是源代码的存放路径,工作区里存放了项目文件和一些配置信息,默认工作区目录为C:\Documents and Settings\Administrator\workspace。单击OK按钮就可以进入MyEclipse了。

4) 配置MyEclipse 9.0的JDK和Tomcat环境

具体步骤参见本章2.3.3节"配置MyEclipse 9.0的JDK和Tomcat环境"。

5) Web工程的创建、发布、运行

(1) 打开MyEclipse,选择File→New→Web Project,新建一个Web Project项目。输入一些工程的基本信息,输入工程名为test1,下面的步骤基本可以默认不用改变。单击Finish按钮,这样一个Web项目就建好了。窗口的左边显示工程列表,其中显示了工程的文件目录结构,类似Windows的"资源管理器"。右击某个文件夹,在弹出的快捷菜单中列出了可以进行的操作,如新建、复制、粘贴、删除、属性等。

(2) 建立一个JSP文件,右击Webroot,在快捷菜单选择New→JSP,创建一个JSP文件,出现JSP文件对话框,这里不更改任何设置,全部按照默认值。

（3）单击部署命令按钮，出现工程部署对话框。单击 Add 按钮，添加一个发布项。选择 Tomcat 7。如果使用的是其他服务器，只要是已配置好的，都会在这里显示出来。下面还会显示相应的发布地址，这是根据服务器的地址决定的，因此不用更改。单击 Finish 按钮可以看出，已将工程发布到 Tomcat 的安装目录上。

（4）启动 Tomcat。从工具栏里的 中选择向下箭头，启动 Tomcat；或在下面的 Servers 面板中的选择 按钮，启动 Tomcat。在 My Eclipse 的 Console 窗口中会显示启动信息。

（5）启动成功后，在浏览器地址栏输入：http://localhost:8080/test1/或 http://127.0.0.1:8080/test1/访问 test1 这个网站。

6）请安装和配置 MySQL 数据库

习 题

1. 如何修改 Tomcat 的端口？
2. 如何在 Tomcat 中配置虚拟目录？
3. 简述 Tomcat Web 服务的根目录、服务子目录、虚拟服务目录之间的区别。
4. 简述在 MyEclispe 中开发 Web 工程的流程。
5. 如何配置 MySQL 数据库的默认字符集为 GBK？

第 3 章

Web 编程基础

浏览器端编程属于静态 Web 编程的范畴,是动态 Web 编程的基础。浏览器端的编程技术主要有 HTML、CSS 和 JavaScript。其中 HTML 是网页设计语言,CSS 是描述页面外观的层叠样式表,DIV+CSS 模式是当前页面布局的主流技术。JavaScript 常用于表单验证以及网页特效,增强与用户的交互性。本章主要学习 HTML/XHTML 文档结构、常用标记、页面常见表格制作技术、CSS 样式表、DIV+CSS 页面布局原理与实现技术、JavaScript 语言的语法、面向对象的特点、内置对象和 JavaScript 的应用技术。

对于已经熟悉这部分内容的读者,可以跳过本章直接学习后面的内容。

3.1 HTML 标记语言

HTML 是 Web 编程的基础,在编写服务器端程序时,需要在 JSP 文件中插入 HTML 代码,在 Servlet 中输出的主要也是 HTML 代码,因此需要掌握基本的 HTML 知识。

3.1.1 HTML 简介

1. HTML 的诞生

HTML 的历史最早可以追溯到 20 世纪 40 年代。1945 年,Vannevar Bush 提出了超文本文件的格式,他在理论上建立了一个超文本文件系统。该系统就是 Memex,其目的是要扩充人的记忆力,但该系统始终停滞在理论阶段。

1965 年,Ted Nelson 第 1 次使用"超文本"来形容这种管理信息的系统。与 Bush 一样,他的超文本文件系统 Xanadu 也未获得成功。

1967 年,在 IBM 的资助下,世界上第一个真正运行成功的"超文本编辑系统"建成,这项研究由 Andries Van Dam 主持,在美国布朗大学最终完成。

1969 年,IBM 的 Charles Goldfarb 发明了可用于描述超文本信息的 GML(Generalized Markup Language,通用置标语言)语言。1978 到 1986 年间,在 ANSI 等组织的努力下,GML 语言进一步发展成为著名的 SGML(Standard Generalized Markup Language,标准通用置标语言)语言标准。当 Tim Berners-Lee(蒂姆·伯纳斯-李,Web

应用创始人)和他的同事们在1989年试图创建一个基于超文本的分布式应用系统时，Tim Berners-Lee意识到，SGML是描述超文本信息的一个上佳方案，但美中不足的是，SGML过于复杂，不利于信息的传递和解析。于是，Tim Berners-Lee对SGML语言做了大刀阔斧的简化和完善。1990年，第一个图形化的Web浏览器"World Wide Web"终于可以使用一种为Web度身定制的语言——HTML来展现超文本信息了。

2. HTML 的版本发展

HTML没有1.0版本是因为当时有很多不同的版本。有些人认为Tim Berners-Lee的版本应该算初版，这个版本没有IMG元素。当时被称为HTML+的后续版的开发工作于1993年开始，最初是被设计成为"HTML的一个超集"。为了和当时的各种HTML标准区分开来，第一个正式规范使用了2.0作为其版本号。

HTML 3.0规范由当时刚成立的W3C（World Wide Web Consortium，万维网联盟）于1995年3月提出。它具有很多新的特性，例如表格、文字绕排和复杂数学元素的显示。虽然它是被设计用来兼容2.0版本的，但是实现这个标准的工作在当时过于复杂，当草案于1995年9月过期时，标准开发也因为缺乏浏览器支持而中止了。3.1版从未被正式提出，而下一个被提出的版本是开发代号为Wilbur的HTML 3.2，其中去掉了大部分3.0中的新特性，但是加入了很多特定浏览器，例如Netscape和Mosaic的元素和属性。

1997年12月18日推出的HTML 4.0将HTML语言推向了一个新的高度。该版本倡导了两个新的理念：将文本结构和显示样式分离，具有更广泛的稳定兼容性。由于同期CSS层叠样式表的配套推出，更使得HTML和CSS对于网页制作的能力达到前所未有的高度。

1999年12月24日，HTML 4.0发表两年之后，W3C推出改进版的HTML 4.01，对HTML 4.0的一些功能作了进一步的完善。该版本一直沿用到2012年，13年中没有变化，足见该语言之成熟可靠。

2006年W3C和WHATWG决定合作，推出下一代HTML。HTML 5第一份草案于2008年1月22日公布，然后一直处于完善之中。

2012年12月17日，W3C宣布HTML 5正式定稿。2013年5月6日，HTML 5.1正式草案发布。从2012年12月27日至今，进行了多达近百项的修改，包括HTML和XHTML的标签，相关的API、Canvas等，同时HTML 5的图像img标签及svg也进行了改进，性能得到进一步提升。

目前，支持HTML 5的浏览器包括Firefox（火狐浏览器）、IE 9及其更高版本、Chrome（谷歌浏览器）、Safari、Opera等，国内的傲游浏览器（Maxthon）以及基于IE或Chromium（Chrome的工程版或称实验版）所推出的360浏览器、搜狗浏览器、QQ浏览器、猎豹浏览器等。

3. 一个简单的HTML实例

在学习HTML前先来看一个简单的用HTML编写的实例。

【例 3.1】 用 HTML 制作一个简单的网页,显示效果如图 3-1 所示。

图 3-1　一个简单的网页

(1) 用任何文本编辑器(记事本、写字板,Microsoft Word,专业的文本编辑器等)输入下列文本:

```
<HTML>
<HEAD>
<TITLE>一个简单的 HTML 示例</TITLE>
</HEAD>
<BODY>
<P align="CENTER"><FONT size="7" color="#0000FF">枫桥夜泊</FONT></P>
<P align="CENTER"><FONT size="5" color="#0000FF">张继</FONT></P>
<P align="CENTER"><FONT size="6" color="#0000FF">月落乌啼霜满天</FONT></P>
<P align="CENTER"><FONT size="6" color="#0000FF">江枫渔火对愁眠</FONT></P>
<P align="CENTER"><FONT size="6" color="#0000FF">姑苏城外寒山寺</FONT></P>
<P align="CENTER"><FONT size="6" color="#0000FF">夜半钟声到客船</FONT></P>
</BODY>
</HTML>
```

(2) 将文档保存为后缀为 HTML 的文件,如 EXAMPLE3-1.HTML 文件。
(3) 在浏览器中打开该文件,效果如图 3-1 所示。

3.1.2　HTML 的基本概念

要了解 HTML 语言,先来熟悉一下 HTML 中的一些基本概念。

1. 标记

在 HTML 中用于描述功能的符号称为"标记",它是用来控制文字、图像等显示方式的符号,例如图 3-1 中的 HTML、HEAD、BODY 等。标记在使用时必须用"＜ ＞"括起来,标记有单标记和双标记之分。

1) 单标记

单标记是指只需单独使用就能完整地表达意思的标记。这类标记的语法是：＜标记名称＞。最常用的单标记如＜BR＞,它表示换行。

2) 双标记

双标记是指由"始标记"和"尾标记"两部分构成,必须成对使用的标记。其中始标记告诉 Web 浏览器从此处开始执行该标记所表示的功能,而尾标记告诉 Web 浏览器到这里结束该功能。始标记前加一个斜杠(/)即成为尾标记。双标记的语法是：＜标记＞内容＜/标记＞,其中"内容"是指要被这对标记施加作用的部分。想突出对某段文字的显示,就可以将此段文字放在＜EM＞＜/EM＞这对标记对中,例如：＜EM＞第一＜/EM＞。

2. 标记属性

许多单标记和双标记的始标记内可以包含一些属性,其语法是：＜标记名称 属性1 属性2 属性3 …＞,各属性之间无先后次序,属性也可省略(即取默认值)。例如单标记＜HR＞表示在文档当前位置画一条水平线,一般是从窗口中当前行的最左端一直画到最右端,它可以带一些属性：＜HR size="3" align="LEFT" width="75%"＞。其中,size 属性定义线的粗细,属性值取整数,缺省值为 1;align 属性表示对齐方式,可取 LEFT(左对齐,默认值),CENTER(居中),RIGHT(右对齐);width 属性定义线的长度,可取相对值(由一对" "号括起来的百分数,表示相对于整个窗口的百分比),也可取绝对值(用整数表示的屏幕像素点的个数,如 width="300"),默认值是 100%。

3. 注释语句

和其他计算机语言一样,HTML 语言也提供了注释语句。注释语句的格式为：＜!--注释文--＞,＜!--表示注释开始,--＞表示注释结束,中间的所有内容表示注释文。

4. HTML 的基本结构

HTML 网页文件主要由文件头和文件体两部分内容构成。其中,文件头是对文件进行一些必要的定义,文件体是 HTML 网页的主要部分,它包括文件所有的实际内容。下面是 HTML 网页的基本结构。

```
<HTML>        HTML 文件开始
<HEAD>        文件头开始
    文件头
</HEAD>       文件头结束
<BODY>        文件体开始
    文件体
</BODY>       文体结束
```

</HTML>　　　HTML 文件结束

在 HTML 网页文件的基本结构中主要包含以下几种标记。

1）HTML 文件标记

<HTML>和</HTML>标记放在网页文档的最外层，表示这对标记间的内容是 HTML 文档。<HTML>放在文件开头，</HTML> 放在文件结尾，中间嵌套其他标记。

2）HEAD 文件头部标记

文件头用<HEAD>和</HEAD>标记，该标记出现在文件的起始部分，标记内的内容不在浏览器中显示，主要用来说明文件的有关信息，如文件标题、作者、编写时间、搜索引擎可用的关键词等。

在 HEAD 标记内最常用的标记是网页主题标记——TITLE 标记，它的格式为：<TITLE>网页标题</TITLE>。网页标题是提示网页内容和功能的文字，它将出现在浏览器的标题栏中，一个网页只能有一个标题，并且只能出现在文件的头部。

3）BODY 文件主体标记

文件主体用<BODY>和</BODY>标记，它是 HTML 文档的主体部分，网页正文中的所有内容包括文字、表格、图像、声音和动画等都包含在这对标记对之间。它的格式为：<BODY background="image-URL" bgcolor="color" text="color" link="color" alink=" color" vlink = " color" leftmargin = " value" topmargin = " value" >…</BODY>。

各属性的含义如下。

（1）background：设置网页背景图像。

（2）image-URL：图像文件的路径。

（3）bgcolor：设置网页背景颜色，默认为白色。

（4）text：设置网页正文文字的色彩，默认为黑色。

（5）link：设置网页中可链接文字的色彩。

（6）alink：设置网页中被鼠标选中时可链接文字的色彩。

（7）vlink：设置网页中已经被单击（访问）过的可链接文字的色彩。

（8）leftmargin：设置页面左边距，即内容和浏览器左部边框之间的距离。

（9）topmargin：设置页面上边距，即内容和浏览器上部边框之间的距离。

其中，value：表示空白量，可以是数值，也可以是相对页面窗口宽度和高度的百分比。color：表示颜色值。颜色值可以用颜色代码，如：RED(红)；也可以用 ♯ ＋红绿蓝（RGB）三基色混合的 6 位十六进制数 ♯ RRGGBB 表示，如 ♯ 000000（黑）、♯ 0000FF（蓝）。

5．HTML 的语法规则

HTML 应遵循以下语法规则。

（1）HTML 文件以纯文本形式存放，扩展名为 htm 或 html。若系统为 UNIX 系统，扩展名必须为 html。

(2) HTML 标记不区分大小写,如<HTML>和<html>是相同的。

(3) 多数 HTML 标记可以嵌套,但不可以交叉。例如:<P><FONT color="♯000000" face="方正粗圆简体,方正黑体">网页设计与制作教程</P></FONT>,将不能正确显示。

(4) HTML 文件一行可以写多个标记,一个标记也可以分多行书写,不用任何续行符号。

(5) HTML 源文件中的换行、回车符和空格在显示效果中是无效的。显示内容如果要换行必须用
标记,换段用<P>标记,<P>表示段落开始,</P>表示段落结束。页面中的空格是通过代码控制的,一个半角空格使用一个 表示,多个空格只需使用多次即可。

(6) 网页中所有的显示内容都应该受限于一个或多个标记,不应有游离于标记之外的文字或图像等,以免产生错误。

3.1.3　HTML 的常用标记

1. 文字格式标记

功能:设置网页中普通文字的显示效果。
格式:<FONT face="字体">文字</FONT>。
属性:face 表示文字的字体,如"宋体"表示宋体。

2. 字型设置标记

功能:设置文字的风格,如黑体、斜体、带下画线等,这是一组标记,它们可以单独使用,也可以混合使用产生复合修饰效果。常用的标记有以下一些:

<B>…</B>:文字以粗体显示。
<I>…</I>:文字显示为斜体。
<U>…</U>:显示下画线。
<STRIKE>…</STRIKE>:删除线。
<BIG>…</BIG>:使文字大小相对于前面的文字增大一级。
<SMALL>…</SMALL>:使文字大小相对于前面的文字减小一级。
[…]:使文字成为前一个字符的上标。
_…:使文字成为前一个字符的下标。
<BLINK>…</BLINK>:使文字显示为闪烁效果。
<EM>…</EM>:强调文字,通常用斜体加黑体。
注:有些标记的效果必须在动态环境下才能显示,例如<BLINK>标记。

**3. <P>、
和<HR>标记**

浏览器会自动忽略 HTML 原始码中空白和换行的部分,若不适当地加上换行标记或段落标记,浏览器只会将它显示成一大段。

1) 段落标记

功能：将标记后面的内容另起一段。

格式：<P align="水平对齐方式">…</P>。

2) 强制换行标记

功能：另起一行显示文字。

格式：
。

说明：这是一个单标记，与段落标记类似，不同之处是：段落标记的行距要宽。

3) 插入水平线标记

功能：在页面上画横线，可用于页面上内容的分割。

格式：<HR width="value1" size="value2" align="value3" color="color1" noshade>。

属性：width 属性设置线的宽度，size 属性设置线的粗细，属性取值单位为 pixel 或百分比(%)。noshade 属性不用赋值，直接加入使用，它表示加入一条没有阴影的水平线。

【例 3.2】 文字格式标记的综合实例。

```
<HTML>
<HEAD>
<TITLE>文字格式标记综合实例</TITLE>
</HEAD>
<BODY>
<CENTER>
<P><FONT face="楷体_GB2312">欢迎光临</FONT></P>
<P><FONT face="宋体">欢迎光临</FONT></P>
<P><B>这是一行粗体</B></P>
<P><I>这是一行斜体</I></P>
<P>2<SUP>4</SUP>=16</P>
<P>水的化学符号是 H<SUB>2</SUB>O</P>
<br><br>
<p>这个段落前加入了两个换行，下边插入了一条水平线，段落中间对齐</P>
<hr size="2" width=50%>
</CENTER>
</BODY>
</HTML>
```

在浏览器中显示的效果如图 3-2 所示。

4. 列表标记

分段排列出一组级别相同的项目称为列表。如果在每段前面加上一个相同的符号，则称为无序列表；如果每段前面加上一个序号，则称为有序列表。

1) 无序列表

功能：设置无序列表。

格式：<UL type="加重符号类型">

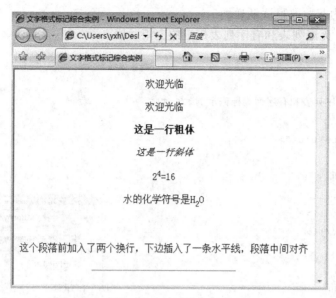

图 3-2 文字格式标记综合实例的效果

<LI type="加重符号类型">列表项目 1
<LI type="加重符号类型">列表项目 2
⋮
</UL>。

属性：在无序列表的开始和结束处，分别是<UL>和</UL>标记，每一项列表条目之前必须加上<LI>标记。type 属性表示在每个项目前显示加重符号的类型，共有三种选择：type="disc"时，列表符号为"●"（实心圆），type="circle"时，列表符号为"○"（空心圆），type="square"时，列表符号为"■"（实心方块）。<UL>和<LI>标记都可以定义 type 参数，使得在一个列表中，不同的列表项目可以用不同的列表符号，但一般情况下不要这样设置。

2）有序列表

功能：设置有序列表。

格式：<OL type="序号类型" start="起始号码">
<LI type="序号类型">列表项目 1
<LI type="序号类型">列表项目 2
⋮
</OL>。

属性：在有序列表的开始和结束处，分别是<OL>和</OL>标记，每一项列表条目之前必须加上<LI>标记。type 属性表示在每个项目前显示的序号类型，其值可以为 1（阿拉伯数字）、A（大写英文字母）、a（小写英文字母）、I（大写罗马字母）、i（小写罗马字母）。start 用于设置编号的开始值，默认值为 1，<LI>标记设定该条目的编号，其后的条目将以此作为起始数目逐渐递增。

【例3.3】 无序列表和有序列表标记的应用对比。

```
<HTML>
<HEAD>
<TITLE>无序列表和有序列表标记示例</TITLE>
</HEAD>
<BODY text="blue">
<ol>
<P>中国城市 </P>
<li>北京 </li>
<li>上海 </li>
<li>广州 </li>
</ol>
<ul>
<P>美国城市 </P>
<li>华盛顿 </li>
<li>芝加哥 </li>
<li>纽约 </li>
</ul>
</BODY>
</HTML>
```

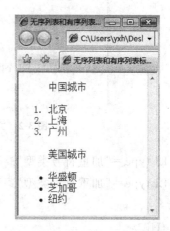

图 3-3 设置无序列表和有序列表的效果

在浏览器中显示的效果如图 3-3 所示。

5. 表格标记

表格可以将文本和图像按一定的行和列规则进行排列，以便更好地表示长信息，有利于快速查找信息。表格标记对于制作网页是很重要的，现在很多网页都使用多重表格，主要是因为表格不但可以固定文本或图像的输出，而且还可以任意进行背景和前景颜色的设置，使页面有很多意想不到的效果，更加整齐美观。表格标记的构成如下：

功能：建立基本表格。

格式：<TABLE summary="文字" bgcolor="color1" background="Image-URL" border="n" bordercolor="color2" width="x 或 x%" height="x 或 x%" align="LEFT/RIGHT/CENTER">

  <CAPTION align="TOP/BOTTOM/LEFT/RIGHT">表题（表格说明）</CAPTION>

  <TR>

  <TH>表头1</TH><TH>表头2</TH>…<TH>表头n</TH>

  </TR>

  <TR>

  <TD>表项1</TD><TD>表项2</TD>…<TD>表项n</TD>

</TR>
　　<TR>
　　<TD>表项1</TD><TD>表项2</TD>…<TD>表项n</TD>
　　</TR>
　　　⋮
　　</TABLE>。
属性如下。
1) <TABLE></TABLE>标记对用来创建一个表格。
　(1) summary：对表格格式或内容的简要说明，它不在网页上显示，相当于表格的注释。
　(2) bgcolor：设置表格的背景颜色。
　(3) background：设置表格的背景图像，取值为图像的 URL 地址。
　(4) border：设置表格线的宽度(粗细)，n 取整数，单位为像素数，n＝0 表示无线。
　(5) bordercolor：设置表格线的颜色。
　(6) width 和 height：设置表格宽度和高度，取值为点数或相对于窗口的百分比。
　(7) align：设置表格在页面中的相对位置。
2) <CAPTION>…</CAPTION>表示对表格标题的说明
　如"奥运会男子足球比赛时间表"等。align 表示标题相对表格的位置，取值为 LEFT、RIGHT、CENTER、TOP 或 BOTTOM 分别表示标题在表格上部左边、表格上部右边、表格上部居中、表格上面或表格底部。
3) <TR>…</TR>定义行
　该标记中的内容显示在一行，此标记对只能放在<TABLE></TABLE>标记对之间使用，而在此标记对之间加入文本将是无用的，因为在<TR></TR>之间只能紧跟<TD></TD>标记对才是有效的语法；<TD></TD>标记对用来创建表格中一行中的每一个格子，此标记对也只有放在<TR></TR>标记对之间才是有效的，输入的文本也只有放在<TD></TD>标记对中才有效。
4) <TH>…</TH> 用来设置表格头
　表头的每一列需用一个<TH>标记，通常是黑体居中文字。<TH>标记还可以用于每行的第一列，设置列标题。
5) <TD>…</TD>用来定义表格内容的一列
　与<TH>的区别是内容不加黑显示。
6) <TR>、<TH>、<TD>中可以使用 rowspan 和 colspan 属性实现单元格的合并
　rowspan 设置一个表格单元格跨占的行数(缺省值为 1)，rowspan＝n 表示将 n 行作为一行；colspan 设置一个表格单元格跨占的列数(缺省值为 1)，colspan＝n 表示将 n 列作为一列。
　【例 3.4】 表格标记单元格合并属性的应用。

```
<HTML>
<HEAD>
<TITLE>表格标记单元格合并属性应用示例</TITLE>
</HEAD>
<BODY>
<table border="1" align="center">
<CAPTION>表格标题</CAPTION>
<tr>
<td></td>
<th colspan="2">行标题1</td>
<th colspan="2">行标题2</td>
</tr>
<tr>
<th rowspan="2">列标题1</td>
<td align="center">A</td>
<td align="center">A</td>
<td align="center">A</td>
<td align="center">A</td>
</tr>
<tr>
<td align="center">B</td>
<td align="center">B</td>
<td align="center">B</td>
<td align="center">B</td>
</tr>
<tr>
<th rowspan="2">列标题2</td>
<td align="center">C</td>
<td align="center">C</td>
<td align="center">C</td>
<td align="center">C</td>
</tr>
<tr>
<td align="center">D</td>
<td align="center">D</td>
<td align="center">D</td>
<td align="center">D</td>
</tr>
</table>
</BODY>
</HTML>
```

在浏览器中显示的效果如图3-4所示。

图3-4 表格单元格合并属性应用的效果

6. 图像与多媒体标记

在网页中加入图像和多媒体元素可以使网页更加生动活泼。

1) 图像标记

功能：在当前位置插入图像。

格式：<IMG src="image-URL" alt="简单说明" longdesc="详细说明" width="x" height="y" border="边框长度" hspace="x" vspace="y" align="对齐方式">。

属性如下。

(1) src：设置要加入的图像文件的 URL 地址，通常图像格式为 gif 或 jpg。
(2) alt：设置图像文件的替代说明，当图像无法显示时，显示"简单说明"。
(3) longdesc：设置图像的详细说明。
(4) width 和 height：设置图像的宽度和高度。
(5) border：设置图像外围边框宽度，其值为正整数。
(6) hspace 和 vspace：设置水平和垂直方向空白(图像左右和上下留多少空白)。
(7) align：设置图像在页面中的位置。

图像的宽度和高度指图像显示时的大小，与图像的真实大小无关。<IMG>标记并不是真正把图像加入到 HTML 文档中，而是给标记对的 src 属性赋值。这个值是图像文件的文件名，当然包括路径，这个路径可以是相对路径，也可以是网址。实际上就是通过路径将图像文件嵌入到 HTML 文档中。设置图像文件地址时用到的路径一般建议使用相对路径，所谓相对路径是指所要链接或嵌入到当前 HTML 文档的文件与当前文件的相对位置所形成的路径。假如 HTML 文件与图像文件(文件名假设是 logo.gif)在同一个目录下，则可以将代码写成<IMG src="logo.gif">；假如图像文件放在当前的 HTML 文档所在目录的一个子目录(子目录名假设是 images)下，则代码应为<IMG src="images/logo.gif">；假如图像文件放在当前的 HTML 文档所在目录的上层目录(目录名假设是 home)下，则相对路径就必须是准网址了，即用"../"表示上级目录，然后在后边紧跟文件在网站中的路径。假设 home 是网站下的一个目录，则代码应为<IMG src="../home/logo.gif">。若 home 是网站下的目录 king 下的一个子目录，则代码应该变为<IMG src="../king/home/logo.gif">。

【例 3.5】 图像标记的应用。

```
<HTML>
<HEAD>
<TITLE>图像标记示例</TITLE>
</HEAD>
<BODY>
<P align="center"><img src="1.jpg" alt="丰收的日子" width="250" height="250">
</P>
</BODY>
</HTML>
```

在浏览器中显示的效果如图3-5所示。

2) 背景音乐标记

功能：在网页中加入声音，声音文件格式可以为＊.wav或＊.mid。

格式：＜BGSOUND src＝"声音文件的URL地址" loop＝"value"＞。

属性：src指明声音文件的URL地址。loop控制播放次数，取－1或INFINITE时，声音将一直播放到浏览者离开该网页为止。

7. 超链接标记

超链接是网页页面中最重要的元素之一。一个网站是由多个页面组成的，页面之间依靠超链接确定相互的导航关系，超链接使得网页的浏览非常方便。

图3-5 插入图像的效果

功能：建立超链接。

格式：＜A href＝"file-URL" target＝"value"＞显示的文本或图像＜/A＞。

属性如下。

(1) href：设置要链接到的目标的URL地址。

(2) target：指定打开链接的目标窗口。例如target＝"_self"时，表示在原窗口显示链接页面；当target＝"_blank"时，表示在新开窗口显示链接页面。

【例3.6】 超链接标记的应用。

```
<HTML>
<HEAD>
<TITLE>超链接标记示例</TITLE>
</HEAD>
<BODY>
<H1>主流的网页设计软件</H1>
    目前，网页技术进入了一个新的阶段，现在的网页再也不是图片的堆积和枯燥无味的文本了，人们现在追求的是网页的动态效果和交互性。而MACROMEDIA公司的网页设计软件DREAMWEAVER、FIREWORKS、FLASH正是交互性网页设计的杰出代表。<P>

<A HREF="3-1.HTML">网页制作软件DREAMWEAVER</A><BR>
<A HREF="3-2.HTML" TARGET="_self">网页图片软件FIREWORKS</A><BR>
<A HREF="3-3.HTML" TARGET="_blank">网页动画软件FLASH</A>
</BODY>
</HTML>
```

在浏览器中显示的效果如图3-6所示。

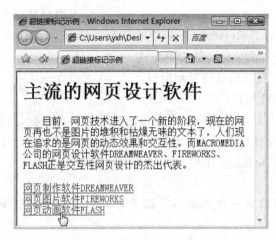

图3-6 运用超链接的效果

8. 表单标记

表单是实现动态网页的一种主要的外在形式，是 HTML 页面与浏览器端实现交互的重要手段。表单的主要功能是收集信息，例如在网上要申请一个电子信箱，就必须按要求填写完成网站提供的表单页面。

表单信息处理的过程为：当单击表单中的提交按钮时，输入在表单中的信息就会从客户端的浏览器上传到服务器中，然后由服务器中的有关表单处理程序进行处理，处理后或者将用户提交的信息储存在服务器端的数据库中，或者将有关的信息返回到客户端浏览器中，这样网页就具有了交互性。这里只介绍如何使用 HTML 的表单标记来设计表单。

1）表单标记<FORM>

表单是网页上的一个特定区域，这个区域由<FORM></FORM>标记对来定义，这一步有两方面的作用。第一，限定表单的范围。其他的表单对象，都要插入到<FORM></FORM>表单标记对之中才有效。单击提交按钮时，提交的也是表单范围之内的内容。第二，携带表单的相关信息，例如处理表单的脚本程序的位置、提交表单的方法等。这些信息对于浏览者是不可见的，但对于处理表单却有着决定性的作用。

格式：<FORM name="form_name" method="method" action="url" enctype="value" target="target _win">…</FORM>。

属性如下。

(1) name：设置表单的名称。

(2) method：定义处理程序从表单中获得信息的方式，其取值为 GET 或 POST。GET 方式表示处理程序从当前 HTML 文档中获取数据，但通过这种方式传送的数据量是有限制的，一般限制在 1KB 以下。POST 方式与 GET 方式相反，它表示当前的 HTML 文档把数据传送给处理程序，传送的数据量要比使用 GET 方式大得多。

(3) action：用来定义表单处理程序（ASP、CGI 等程序）的位置，如：<FORM action=

"http://xinxin0122.myetang.com/counter.cgi">。当用户提交表单时,服务器将执行网址 http://xinxin0122.myetang.com/上的名为 counter.cgi 的 CGI 程序。

(4) enctype:设置表单资料的编码方式。

(5) target:设置返回信息的显示窗口。

2) 输入标记<INPUT>

输入标记<INPUT>是表单中最常用的标记之一。该标记用来定义一个输入区,可在其中输入信息,此标记必须放在<FORM></FORM>标记对之间。

格式:<INPUT name="field_name" type="type_name">。

属性如下。

(1) name:设置输入区域的名称。服务器通过调用输入区域名字来获得该区域数据。

(2) type:设置输入区域的类型,常用的 type 属性值如表 3-1 所示。

表 3-1 表单输入标记的类型

type 属性取值	输入区域类型	输入区域示例
<input type="text" name=" ">	单行文本域	这是文本域
<input type="submit" value="">	提交按钮	提交按钮
<input type="checkbox" checked>	复选框	☑
<input type="radio" checked>	单选框	⦿
<input type=" hidden ">	隐藏域	
<input type="image" src="..." alt="..." name="imgsubmit">	图片提交按钮	
<input type="password">	密码域	●●●●●●
<input type="file">	文件选择器	浏览...
<input type="reset" value="...">	重置按钮	重新填写

3) 菜单和列表标记<SELECT>和<OPTION>

菜单和列表主要是为了节省网页的空间而产生的。菜单是一种最节省空间的方式,正常状态下只能看到一个选项,单击下拉按钮打开菜单后才能看到全部的选项;列表可以显示一定数量的选项,如果超出了这个数量,会自动出现滚动条,浏览者可以通过拖动滚动条来观看各选项。此标记对必须放在<FORM></FORM>标记对之间。

格式:<SELECT name="name" size="value" multiple><OPTION value="value" selected>选项一<option value="value">选项二...</select>。

<SELECT>标记用来定义菜单和列表,属性如下。

(1) name:设置菜单和列表的名称。

(2) size:设置显示的选项数目。

(3) multiple：该属性不用赋值可直接加入到标记中，加入此属性后列表框就成了可多选的了。若没有加入 multiple 属性，显示的将是一个弹出式的列表框。

<OPTION>标记用来指定菜单和列表中的一个选项，它放在<SELECT></SELECT>标记对之间。属性如下。

① value：该属性用来给<OPTION>指定的选项赋值，这个值是要传送到服务器上的，服务器正是通过调用<SELECT>区域名字的 value 属性来获得该区域选中的数据项。

② selected：指定初始默认的选项。

4) 文本框标记<TEXTAREA>

<TEXTAREA></TEXTAREA>表示创建一个可以输入多行的文本框，可以在其中输入更多的文本，此标记对放在<FORM></FORM>标记对之间。

格式：< TEXTAREA name = " name" rows = " value" cols = " value" ></TEXTAREA >。

属性如下。

(1) name：设置文本框的名称。

(2) rows 和 cols：设置文本框的行数和列数，以字符数为单位。

【例 3.7】 表单标记的综合应用。

```
<HTML>
<HEAD>
<TITLE>表单输入标记示例</TITLE>
</HEAD>
<BODY>
<H1>各种表单元素展示</H1>
<FORM ACTION=mailto:songsong@51vc.com METHOD=get NAME=invest>
姓名:<INPUT TYPE="text" NAME="username" SIZE=20><BR>
网址:<INPUT TYPE="text" NAME="URL" VALUE="http://"><BR>
密码:<INPUT TYPE="password" NAME="password"><BR>
确认密码:<INPUT TYPE="password" NAME="password_confirm"><BR>
请上传你的照片:<INPUT TYPE="file" NAME="File"><BR>
请选择你喜欢的音乐:
< INPUT TYPE="Checkbox" NAME="M1" VALUE="rock" checked>摇滚乐
< INPUT TYPE="Checkbox" NAME="M2" VALUE="jazz">爵士乐
< INPUT TYPE="Checkbox" NAME="M2" VALUE="pop">流行乐<BR>
请选择你居住的城市:
< INPUT TYPE="Radio" NAME="city" VALUE="beijing" checked>北京
< INPUT TYPE="Radio" NAME="city" VALUE="shanghai">上海
< INPUT TYPE="Radio" NAME="city" VALUE="nanjing">南京<BR>
< INPUT TYPE="Image" NAME="Image" SRC="2.jpg" width="200" height="150"><BR>
< INPUT TYPE="Hidden" NAME="Form_name" VALUE="Invest"><BR>
< INPUT TYPE="Submit" NAME="Submit" VALUE="提交表单">
< INPUT TYPE="Reset" NAME="Reset" VALUE="重置表单">
```

```
</FORM>
</BODY>
</HTML>
```

在浏览器中显示的效果如图 3-7 所示。

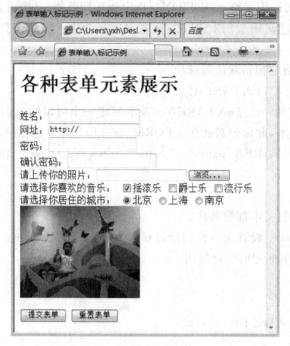

图 3-7　输入标记各种类型的效果

3.2　HTML 的框架标记

框架的运用就是把浏览器窗口划分成几个子窗口，每个子窗口可以调入各自的 HTML 文档形成不同的页面，也可以按照一定的方式组合在一起完成特殊的效果。框架通常的使用方法是在一个框架中放置目录并设置链接，单击链接，内容可显示在另一个框架中；或者有时一个网页的不同部分由不同的人员制作，可以每人完成一个子窗口，然后利用框架技术将它们合并在一起形成一个完整的页面。

1. 框架集标记＜FRAMESET＞

框架主要包括两个部分，一个是框架集，另一个就是框架。框架集是在一个文档内定义的一组框架结构的 HTML 网页。框架集定义了在一个窗口中显示的框架数、框架的尺寸、载入到框架的网页等。而框架则是指在网页上定义的一个显示区域。在使用了框架集的页面中，页面的＜BODY＞标记被＜FRAMESET＞标记所取代，然后通过＜FRAME＞标记定义每一个框架。

功能：定义分割窗口，用来定义主文档中有几个框架及各个框架是如何排列的。

格式：<FRAMESET cols="value,value,…" rows="value,value,…" framespacing="value" bordercolor="color_value">…</FRAMESET>。

属性如下。

(1) cols：左右分割窗口（用","分割，value 为定义各个框架的宽度值，单位可以是百分数、绝对像素值或星号（*），其中星号表示剩余部分）。

(2) rows：上下分割窗口（用","分割，value 为定义各个框架的宽度值）。

(3) framespacing：设定框架集的边框宽度。

(4) bordercolor：设定框架集的边框颜色。

框架集标记的属性如表 3-2 所示。

表 3-2　**FRAMESET 的属性说明**

代 码 示 例	含　　义
<FRAMESET rows="*,*,*">	总共有三个按列排列的框架，每个框架占整个浏览器的 1/3
<FRAMESET cols="40%,*,*">	总共有三个按行排列的框架，第一个框架占整个浏览器的 40%，剩下的空间平均分配给另外两个框架
<FRAMESET rows="40%,*" cols="50%,*,200">	总共有六个框架，先是在第一行中从左到右排列三个框架，然后在第二行中从左到右再排列三个框架，即两行三列，所占空间依据 rows 和 cols 属性的值，其中 200 的单位是像素

2. 框架标记<FRAME>

每一个框架都有一个显示的页面，这个页面文件称为框架页面。通过<FRAME>标记可以定义框架页面的内容，<FRAME>标记放在<FRAMESET></FRAMESET>之间。

功能：定义某一个具体的框架。

格式：<FRAME src="File_NAME" name="Frame_NAME" scrolling="value" noresize>…</FRAME>。

属性如下。

(1) src：设置框架显示的文件路径。

(2) name：定义此框架的名字，这个名字是供超文本链接标记<A href="" target="">中的 target 属性用来指定链接的目标 HTML 文件将显示在哪一个框架中。

(3) scrolling：设定滚动条是否显示，值可以是 yes（显示）、no（不显示）或 auto（根据需要自动选择是否显示）。

(4) noresize：禁止改变框架的尺寸大小。

3. 不支持框架标记<NOFRAMES>

格式：<NOFRAMES>…</NOFRAMES>。

功能：＜NOFRAMES＞＜/NOFRAMES＞标记对放在＜FRAMESET＞＜/FRAMESET＞标记对之间,用来在那些不支持框架的浏览器中显示文本或图像信息。

【例 3.8】 框架标记的综合应用。

```
main.html(主文档)
<HTML>
<HEAD>
<TITLE>框架标记综合示例</TITLE>
</HEAD>
<frameset cols="25%,*">
<frame src="menu.html" scrolling="no" name="left">
<frame src="page1.html" scrolling="auto" name="main">
<noframes>
<BODY>
<P>对不起,您的浏览器不支持"框架"!</P>
</BODY>
</noframes>
</frameset>
</HTML>
```

```
menu.html
<HTML>
<HEAD>
<TITLE>目录</TITLE>
</HEAD>
<BODY>
<center>
<P><FONT color="#FF0000">目录</FONT></P>
<P><a Href="page1.html" target="main">链接到第一页</a></P>
<P><a Href="page2.html" target="main">链接到第二页</a></P>
</center>
</BODY>
</HTML>
```

```
page1.html
<HTML>
<HEAD>
<TITLE>第一页</TITLE>
</HEAD>
<BODY>
<P align="center"><FONT color="#8000FF">这是第一页!</FONT></P>
</BODY>
</HTML>
```

```
page2.html
<HTML>
<HEAD>
<TITLE>第二页</TITLE>
</HEAD>
<BODY>
<P align="center"><FONT color="#FF0080">这是第二页!</FONT></P>
</BODY>
</HTML>
```

注：必须将上面四个 HTML 文档放在同一个目录下。

在浏览器中显示的效果如图 3-8 所示。

图 3-8　框架标记示例的效果

3.3　CSS 样式表

页面布局技术是 Web 应用程序开发的关键技术之一，主要有基于表格布局和基于 DIV+CSS 布局两种。DIV+CSS 页面布局模式是 W3C 标准的一个典型应用，有许多的优点，已成为主流技术。下面介绍 CSS 技术及其应用。

3.3.1　CSS 概念

CSS 是 Cascading Style Sheet 的缩写，中文译为层叠样式表，常称为 CSS 样式表或是样式表，其扩展名为 css。CSS 是用于增强或控制页面样式并允许将样式信息与网页内容分离的一种标记语言。

W3C 于 1996 年 12 月推出 CSS 1.0(Level1)规范，为 HTML 4.0 添加了样式。1998 年 5 月发布了新版本 CSS 2.0(Level2)，该版本在兼容旧版本的情况下扩展了一些其他的内容。CSS 负责为网页设计人员提供丰富的样式来设计网页。CSS 所提供的网页结构内容与表现形式分离的机制大大简化了网站的管理，提高了开发网站的工作效率。CSS 可用于控制任何 HTML 和 XML 内容的表现形式。

在设计页面时采用 CSS 技术可以有效地对页面的布局、字体、颜色、背景和其他效果实现更加精确地控制。只要对相应的代码做一些简单的修改，就可以改变同一页面的不同部分，或者不同网页的外观和格式。概括来说，CSS 有如下特点。

1. 丰富的样式定义

CSS 允许页面具有更为丰富的文档样式外观以及设置文本属性、背景属性的能力；允许为任何元素创建边框并调整边框与文本之间的距离；允许改变文本的大小写方式、修饰方式（比如加粗、斜体等）、文本字符间隔，甚至隐藏文本以及其他功能。

2. 易于使用和修改

CSS 能够将样式定义代码集中于一个样式文件中，这样就不用将样式代码分散到整个页面文件的代码中，从而方便管理。另外，还可以将几个 CSS 文档集中应用于一个页面，也可以将 CSS 样式表单独应用于某个元素，从而应用到整个页面。如果需要调整页面的样式外观，只需修改 CSS 样式表的对应的样式定义代码即可。

3. 可重复使用

不仅可以将多个 CSS 样式表应用于一个页面，也可以将一个 CSS 样式表应用于一个网站的所有页面。通过在各个页面引用该 CSS 样式表，能够保证网站风格和格式的统一。

4. 层叠

先举一个例子，一个 CSS 样式表 main.css 定义了一个网站的 10 个页面的样式外观，但是由于需求的变化，需要对其中一个页面作适当的调整，此时就可以应用 CSS 样式表的层叠特性。只需再创建一个只适用于该页面的 CSS 样式表 mycss.css，该样式表中包含对该页面特殊化样式的定义代码。将样式表 mycss.css 和 main.css 同时应用在该页面，两个样式表的样式共同作用（层叠），从而既保留了共性又拥有了特性。

5. 页面压缩

一个拥有精美页面的网站往往需要大量或重复的表格和<font>等标记形成各种规格的文字样式，这样做的后果就是会产生大量的标记从而使页面文件的大小增加。将页面中相似样式定义到样式表中，需要的时候引用即可，这样可以极大地减少页面文件的体积，减少页面加载时间。

3.3.2 CSS 基本规则

CSS 的主要作用就是将某些规则应用于文档中同一类型的元素，这样可以减少网页开发的工作量。在介绍了 CSS 样式表的概念及特点后，本节将介绍 CSS 的基础语法及使用。

1. CSS 语法

CSS 样式表由若干条样式规则组成，样式规则可以应用到不同的元素或文档中，从而控制这些元素或文档的显示外观。每一条样式规则都由 3 部分构成：选择符（selector）、属性（properties）和属性的取值（value）。基本格式如下。

```
Selector{property:value}
```

Selector 选择符限定样式作用的元素，可以采用多种形式，比如元素的标记、元素的 id、元素的 class、元素的属性等，选择符区分大小写。如果要定义选择符的多个属性，则属性和属性值为一组，组与组之间有分号（;）隔开。格式如下。

```
Selector{property1:value1;property2:value;...}
```

下面这行代码的作用是将 h1 元素内的文字颜色定义为红色，同时将字体大小设置为 14 像素。在这个例子中，h1 是选择器，color 和 font-size 是属性，red 和 14px 是值。

```
h1 {color:red; font-size:14px;}
```

上面这段代码的结构如下：

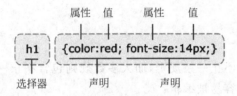

2. 值的不同写法和单位

下面以颜色的定义为例说明值的不同写法和单位。除了英文单词 red 描述红色，还可以使用十六进制的颜色值 #ff0000 定义红色：

```
p { color: #ff0000; }
```

为了节约字节，可以使用 CSS 颜色的缩写形式：

```
p { color: #f00; }
```

还可以通过以下两种 RGB 值的方法定义颜色：

```
p { color: rgb(255,0,0); }
p { color: rgb(100%,0%,0%); }
```

请注意，使用 RGB 百分比时，即使值为 0 也要写百分比符号，但是在其他的情况下就不需要这么做了。比如说，当尺寸为 0 像素时，0 之后不需要使用 px 单位，因为 0 就是 0，无论单位是什么。

3. 记得写引号

如果属性值由多个字符串和空格组成，那么该属性就必须用双引号。比如设置段落为西方字体为 Times New Roman，样式规则如下：

```
P{font-family: "Times New Roman"}
```

4. 多重声明

如果要定义不止一个声明,则需要用分号将每个声明分开。下面的例子说明如何定义一个红色文字的居中段落。最后一条规则是不需要加分号的,因为分号在英语中是一个分隔符号,不是结束符号。然而,大多数有经验的设计师会在每条声明的末尾都加上分号,这样的好处是,从现有的规则中增减声明时,会尽可能减少出错的可能性。例如:

```
p {text-align:center; color:red;}
```

一般情况下,为了便于阅读,书写样式规则时可以采用分行的格式,如下所示:

```
p {
    text-align: center;
    color: black;
    font-family: arial;
}
```

5. 空格和大小写

大多数样式表包含不止一条规则,而大多数规则包含不止一个声明。多重声明和空格的使用使得样式表更容易被编辑:

```
body {
    color: #000;
    background: #fff;
    margin: 0;
    padding: 0;
    font-family: Georgia, Palatino, serif;
}
```

是否包含空格不会影响 CSS 在浏览器的工作效果,同样,与 XHTML 不同,CSS 对大小写不敏感。不过存在一个例外:如果与 HTML 文档一起工作,则 class 和 id 名称对大小写是敏感的。

3.3.3 CSS 的创建

当读到一个样式表时,浏览器会根据它来格式化 HTML 文档。插入样式表的方法有三种:外部样式表、内部样式表和内联样式。

1. 内联样式

内联样式是将样式代码直接内联到标记内,以 style 语句作为属性值,例如:

```
<table style="border-collapse:collapse">
```

代码中 style:"border-collapse: collapse" 控制表格的边框显示为不折叠。这样可以实现单像素边框表格,默认的表格边框为双线的立体效果。

这种 CSS 样式与 HTML 标记书写在一起,简单直观并且能够单独控制个别元素的外观。这种方法和传统的外观控制方式没有本质区别,由于要将表现和内容混杂在一起,内联样式会损失掉样式表的许多优势。因此,一般不推荐使用内联样式。

2. 内部样式表

内部样式表是使用<style>标记将一段 CSS 代码嵌入到 HTML 文档头部中,也就是<head></head>标记之间。下面的例子演示了内部样式表 CSS 的用法。

```
<head>
<style type="text/css">
    hr {color: sienna;}
    p {margin-left: 20px;}
    body {background-image: url("images/back40.gif");}
</style>
</head>
```

当单个文档需要特殊的样式时,就应该使用内部样式表。

3. 外部样式表

如果把上例的样式定义部分单独存入一个文本文件,这种文件就叫样式表文件,后缀为 css。在要使用的时候把其导入(链接)到文档中来:

```
<head>
    <link rel="stylesheet" type="text/css" href="mystyle.css" />
</head>
```

<link>标记一般放在文档的<head></head>标记之间。href 属性指定了样式文件的路径,rel 和 type 属性表明这是一个样式文件。浏览器会从文件 mystyle.css 中读到样式声明,并根据它来格式化文档。

在网页设计软件 Dreamweaver 中可链接外部样式表。从菜单中选择"文本"→"CSS 样式"→"附加样式表",弹出"链接外部样式表"对话框,"浏览"并选择要链接的样式表,单击"确认"即可,如图 3-9 所示。

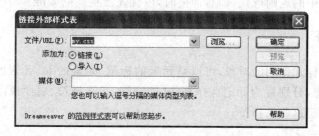

图 3-9 "链接外部样式表"对话框

外部样式表可以在任何文本编辑器中进行编辑。文件不能包含任何 HTML 标签。样式表应该以 css 扩展名保存。下面是一个外部样式表文件的例子：

```
hr {color: sienna;}
p {margin-left: 20px;}
body {background-image: url("images/back40.gif");}
```

当样式需要应用于很多页面时，外部样式表将是理想的选择。在使用外部样式表的情况下，可以通过改变一个文件来改变整个站点的外观。

4. 多重样式

如果某些属性在不同的样式表中被同样的选择器定义，那么属性值将从更具体的样式表中被继承过来，即内联样式定义的属性的优先级高于内部样式表定义的属性，内部样式表定义的属性优先级高于外部样式表定义的属性。

例如，外部样式表拥有针对 h3 选择器的三个属性：

```
h3 {
    color: red;
    text-align: left;
    font-size: 8pt;
}
```

而内部样式表拥有针对 h3 选择器的两个属性：

```
h3 {
    text-align: right;
    font-size: 20pt;
}
```

假如拥有内部样式表的这个页面同时与外部样式表链接，那么 h3 得到的样式是：

```
color: red;
text-align: right;
font-size: 20pt;
```

即颜色属性将被继承于外部样式表，而文字排列（text-alignment）和字体尺寸（font-size）会被内部样式表中的规则取代，即有冲突时，以优先级更高的为准。

3.3.4 选择符

选择符是指样式作用的对象，可以是元素的标记、元素的 id、元素的类 class、元素的属性、元素的状态，分别称为标记选择符、id 选择符、类选择符、属性选择符和伪类选择符等。下面分别介绍这些选择符。

1. 标记选择符

标记选择符是指 HTML 中的元素的标记名称，定义的样式将对该标记元素起作用。

我们前面举的例子都是标记选择符如 P{color：red}，对标记<P>内的内容显示为红色。

标记选择符的作用范围为文档内所使用该标记的所有元素，改变的是该标记的默认显示格式。如：

```
table{background-color:#00FF00;
    Border-color:#ff0000;
}
```

在该文档内的所有表格的背景色为绿色(#00ff00)，边框色为红色(#ff0000)。

2. 类选择符

类选择符指元素的类(class)为该类元素定义样式。定义类选择符时，需要在类的名称前面加一个点号"."。例如，为段落标记定义两个类来表示不同的样式：

```
p.red{color:red}
p.green{color:green}
```

在上面两个样式规则中，p 表示样式应用的标记为段落标记<P>，red、green 为定义的类选择符的类的名称，{}内为样式定义。

将定义的类选择符应用到不同的段落中，只要在<P>标记中指定 class 属性即可。例如：

```
<p class="red ">红色</p>
<p class="green ">绿色</p>
```

上面定义的类选择符只适用于一种标记，当然也可以将定义的类选择符应用于具有相同样式的不同标记。此时，类选择符中句点"."前就可以将标记省略。例如：

```
.red{color:red}
```

该样式规则表示 .red 的类选择符颜色显示为红色，它可以被应用于所有具有 color 属性的标记，从而实现相同的样式外观。例如：

```
<p class="red">段落样式</p>
<h3 class="red">标题样式</h3>
```

提示：定义省略标记的类选择符可以很方便地在任意标记上应用预先定义好的类样式。

3. id 选择符

id 选择符指根据元素的 id 来设计元素的样式，由于 id 是不可重复的，所以只能对一个元素起作用。id 选择符类似于类选择符，不同的是 id 选择符在样式表中以"#"号开头。下面的两个 id 选择器，第一个可以定义元素的颜色为红色，第二个定义元素的颜色为绿色：

```
#red {color:red;}
```

```
#green {color:green;}
```

下面的 HTML 代码中，id 属性为 red 的 p 元素显示为红色，而 id 属性为 green 的 p 元素显示为绿色。

```
<p id="red">这个段落是红色。</p>
<p id="green">这个段落是绿色。</p>
```

类选择符与 id 选择符的区别主要表现在以下两个方面。
- 类选择符可以给任意数量的标记定义样式，但 id 选择符在页面的标记中只能使用一次。
- id 选择符对给定标记应用何种样式比类选择符具有更高的优先级。

4. 属性选择符

属性选择符指对带有指定属性的 HTML 元素设置样式，而不仅限于 class 和 id 属性。下面的例子为带有 title 属性的所有元素设置样式：

```
[title] {color:red;}
```

属性选择器在为不带有 class 或 id 的表单设置样式时特别有用，例如：

```
input[type="text"]
{
    width:150px;
    display:block;
    background-color:yellow;
    font-family: Verdana, Arial;
}
```

上面的样式为 input 标记属性 type="text" 的元素，即所有文本框设置样式，设计效果为：

Bill

注意：只有在规定了！DOCTYPE 时，IE 7 和 IE 8 才支持属性选择器。在 IE 6 及更低的版本中，不支持属性选择。

5. 伪类选择符

伪类选择符可以看作是一种特殊的类选择符，它是一种能被 CSS 的浏览器自动识别的特殊选择符，比如元素的不同状态(:link、:visited、:active、:hover)具有键盘输入的焦点元素(:focus)和第一个子元素(:first-child)，伪类选择符以":"开头。伪类选择符的最大作用就是可以对链接的不同状态定义不同的样式效果。伪类选择符定义的样式常应用在定位锚标记<a>上，即锚的伪类选择符，它表示动态链接 4 种不同的状态：未访问的链接(link)、已访问的链接(visited)、激活链接(active)和鼠标停留在链接上(hover)。例如：

```
a:link{color:#FF0000;text-decoration:none}
a:visited{color:#00ff00;text-decoration:none}
a:active{color:#0000FF;text-decoration:underline}
a:hover{color:#FF00FF;text-decoration:underline}
```

上面的样式表示该链接未访问时颜色为红色且无下画线，访问后是绿色且无下画线，激活链接时为蓝色且有下画线，鼠标停留在链接上为紫色且有下画线。

除锚的伪类选择符外，还有第一个子元素 first-child 伪类和焦点元素 focus 等伪类。下面代码定义第一段落的字体加粗：

```
p:first-child { font-weight:bold }
```

再如，为获得输入焦点的输入框的背景设置为黄色：

```
input:focus { background-color:yellow; }
```

在使用专业的网页设计工具 Dreamweaver 创建样式表时，可指定选择器的类型和选择器的名称。从菜单选择"文本"→"CSS 样式"→"新建…"命令，弹出如图 3-10 所示的对话框。然后选择选择器的类型，选择或输入选择器的名称，然后确认进入 CSS 样式设计器界面，如图 3-11 所示，在这个界面中可定义具体的样式。

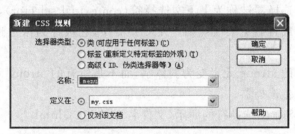

图 3-10　确认选择器的类型和名称

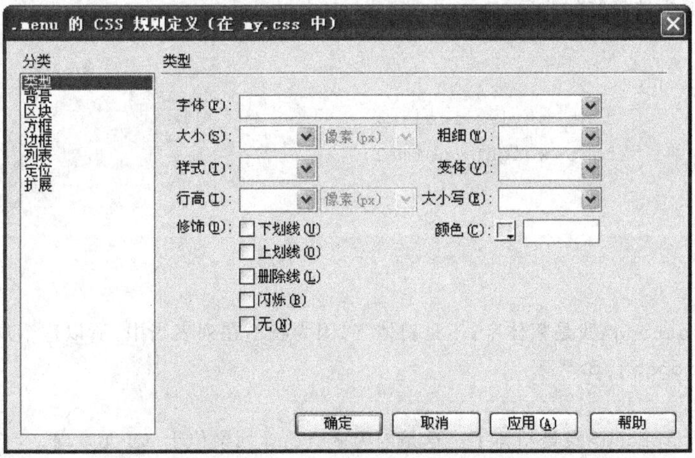

图 3-11　CSS 可视化设计器

6. 选择器的分组和通配符*

可以对选择器进行分组,这样,被分组的选择器就可以分享相同的声明。用逗号将需要分组的选择器分开。在下面的例子中,我们对所有的标题元素进行了分组,所有的标题元素都是绿色的。

```
h1,h2,h3,h4,h5,h6 {
    color: green;
}
```

通配符"*"指为所有元素设置默认格式,下面的代码为文档中所有元素的外边距、内边距和边框均设置为0。

```
* { margin:0; padding:0; border:0; }
```

7. 派生选择符

HTML 的标记有一定的层次关系,标记之间形成一个树形层次结构,CSS 依据元素在其位置的上下文关系来定义样式,这样可以使标记更加简洁。在 CSS 1 中,经过这种方式来应用规则的选择器被称为上下文选择符(contextual selector),这是由于它依赖于上下文关系来应用或者避免某项规则。在 CSS 2 中,它被称为派生选择符,但其作用是相同的。

若希望列表中的 strong 元素变为斜体字,而不是所有的 strong 元素都变为斜体字,就可以定义一个派生选择器。

【例 3.9】 CSS 派生选择符的演示,文件名为 ch3_13.html。

```
<html>
<head>
<title>派生选择符的演示</title>
<style>
    li strong {
            font-style: italic;
            font-weight: normal;
    }
</style>
</head>
<body>
    <p><strong>我是粗体字,不是斜体字,因为我不在列表当中,所以这个规则对我不起作用
    </strong></p>
    <ol>
    <li><strong>我是斜体字。这是因为 strong 元素位于 li 元素内。</strong></li>
    <li>我是正常的字体。</li>
    </ol>
</body>
```

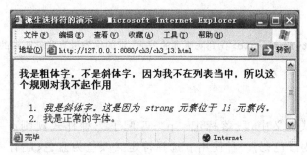

图 3-12　CSS 派生选择符演示

在上面的例子中,只有 li 元素中的 strong 元素的样式为斜体字,无需为 strong 元素定义特别的 class 或 id,从而使代码更加简洁。

这种派生选择符不仅适合于标记选择符,也适合由 id 选择符和类选择符构成的层次关系,或者是三种选择符混合构成的层次关系。现在主流网页的设计技术 DIV+CSS,正是采用这种派生选择器,是一种模块化设计的思想。下面的例子演示了不同选择符之间的层次关系的派生选择符的设计:

```
body,div{font:13px}         //定义 body、div 的默认字体为 13px
.WA {height:15px; }         //定义类 WA 的高度
.WA a{color: #00ff00}       //类与标记选择符之间的层次关系,定义类 WA 里的超链接的颜色
#TbSet td a{color:#ff0000}  //id、td 标记、a 标记三层关系,定义 id 为 TbSet 的单元格里的
                            //超链接的颜色
```

8. 选择器之间的继承与层叠

HTML 中的标记都是包含关系,从而可以形成树型结构,所以子标记可以继承父标记的一些样式,这跟其他面向对象设计语言的继承关系类似。

层叠是指对同一个元素或 Web 页面应用样式的能力,指多种样式共同作用于同一元素。例如,可以创建一个 CSS 规则应用于颜色,再创建另一个规则来应用于边框,如果将两者应用于一个页面中的同一元素就形成了层叠。

如果两个 CSS 规则均应用于同一元素的同一属性,则形成了冲突。例如,有如下一种情况。

【例 3.10】　三种 CSS 选择符冲突的例子,文件名为 ch3_14.html。

```
<html>
<head>
    <title>三种 CSS 选择符冲突的例子</title>
    <style>
        p{color:blue}
        #pId{color:green}
        .pStyle{color:red}
    </style>
</head>
```

```
<body>
<strong>
<p class=pStyle id=pId>我到底听谁的？——谁的优先级高我就听谁的!</p>
</strong>
</body>
</html>
```

在上述的样式定义中，段落标记＜p＞匹配了三种样式规则：一种使用类选择符 pStyle 定义颜色为红色；另一种使用 p 选择符定义颜色为蓝色；还有一种是 id 选择符定义的颜色为绿色。那么，标记内容最终会哪一种样式显示呢？见图 3-13。

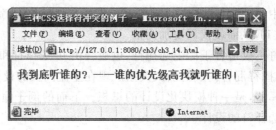

图 3-13　三种 CSS 选择符冲突的例子

在 CSS 中，不同选择符的优先级不同，id 选择符的优先级最高，其次是类选择符，最后是标记选择符。所以上面例子最终显示的是 id 选择符定义的颜色。

id 选择符与 style 属性具有相同的优先权，都是 100。类选择符优先级为 10，标记选择符优先级为 1，派生选择符为几个层次的优先级相加。表 3-3 列出了一些不同选择符的优先级。

表 3-3　选择符的优先权

选择符示例	优　先　权
P{color: red}	1
P li{color: red}	2
.fontstyle{color: red}	10
p.red{color: red}	11
p.red strong.red{color: red}	22
#red{color: red}	100

3.3.5　CSS 样式

从 CSS 的基本语法就可以看出，属性是 CSS 非常重要的部分。熟练掌握 CSS 的各种属性可在编辑页面时更加得心应手。下面先介绍一些最基本的样式属性，如字体属性、文本属性、背景属性、列表属性。

1. 字体属性

CSS 字体属性是 CSS 最基本的样式,用于定义文本的字体系列、大小、加粗、风格(如斜体)、修饰和变形(如小型大写字母)等,与 Word 中的"字体"格式类似。其主要属性如表 3-4 所示,与 Dreamweaver 的 CSS 设计器的"类型"面板相对应。

表 3-4 字体属性

属　　性	属性含义	属　性　值
font-family	使用什么字体	所有的字体
font-style	字体是否为斜体	normal、italic、oblique
font-variant	字体是否变为大写	normal、small-caps
font-weight	定义字体的粗细	normal、bold、bolder、lither、数值等
font-size	定义字体的大小	像素、em 等
color	定义文字的颜色	预定义的单词、RGB 定义
text-decoration	定义文字的修饰	underline、overline、line-through、none
line-height	定义行高	normal 或数值
text-transform	文本的大小写转换	none、lowercase、uppercase、capitalize

font-family 定义字体的名称,可以是某一字体,也可是一个字体系列。font-style 定义字体是否斜体,normal 是正常体,italic 是斜体,oblique 是正常体的倾斜显示,一般情况下 italic 和 oblique 在浏览器中区别不大。font-weight 定义字体的粗细,字体的粗细分为 100~900,共 9 级,900 是最粗的字体;normal 是 400,bold 是加粗到 700,bolder 是在现有基础上再加粗,lither 是在现有的基础上变细。font-size 定义字体的大小,一般用像素或 em 来定义;默认字体是 16 像素即 16px;em 是当前的字体尺寸,因默认字体是 16px,所以 1em=16px。font-variant 定义字体是否转化为大写。color 定义文字的颜色;text-decoration 可定义上画线、下画线、删除线;line-height 定义行高,这是一个对排版影响较大的属性;text-transform 可实现文本变大写或小写,或首字母大写。

在 Dreamweaver 中,CSS 设计器的"类型"面板中包含了字体的样式的定义,如图 3-14 所示。

图 3-14 定义的字体属性所对应的 CSS 代码为:

```
body {
    font-family: "宋体";
    font-size: 24px;
    font-style: italic;
    font-weight: bold;
    line-height: 20px;
    color: #626262;
    text-decoration: underline;
```

```
font-variant: small-caps;
text-transform: uppercase;
}
```

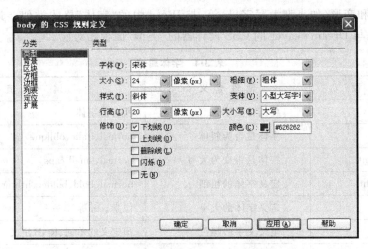

图 3-14　CSS 字体属性的设计面板

2. 背景属性

背景属性设置元素的背景,包括背景颜色(background-color)、背景图片(background-image)、图片是否重复(background-repeat)、背景附件(background-attachment)和背景定位(background-position)等。背景颜色与文本颜色的设置类似;背景图片采用 url 定义法,建议采用相对路径,如 url(image/banner.jpg)。background-repeat 定义图片是否重复,使得小背景图片可重复铺满整个背景。

在 Dreamweaver 的 CSS 设计器的背景属性设置对话框(如图 3-15 所示)中,相应的CSS 代码如下:

图 3-15　CSS 背景属性的设计面板

```
background-color: gray;
background-image: url(image/banner.jpg);
background-repeat: repeat;
background-attachment: scroll;
background-position: left top;
```

3. 文本属性

CSS 文本属性可定义文本的外观。文本属性主要包括字符间距、文本对齐方式、文本装饰、文本缩进等，如表 3-5 所示。

表 3-5　文本属性

属　　性	属 性 含 义	属　　性　　值
word-spacint	单词间距	normal、长度
letter-spacing	字母间距	同上
text-align	水平对齐方式	left、right、center、justify
vertical-align	垂直对齐方式	baseline、sub、super、top、text-top、middle、bottom、text-bottom、<percentage>
text-indent	首行缩进	<length>、<percentage>

说明：文本属性其实还有文本修饰（text-decoration）、文本转换（text-transform）和行高（line-height），为了与 Word 软件和 Dreamweaver 软件一致，本教材把这三个属性归到了字体属性，特此说明。

在 Dreamweaver 中 CSS 设计器与文本属性对应的面板是"块区"，如图 3-16 所示，图中的文本属性的设计对应的 CSS 代码为：

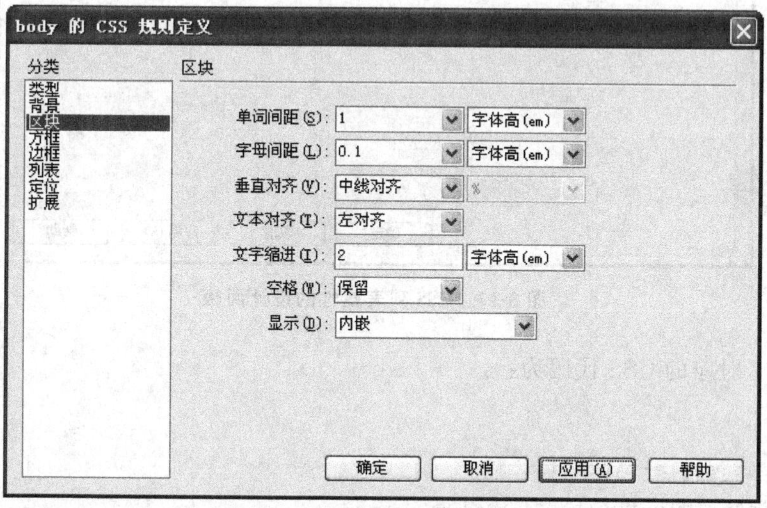

图 3-16　CSS 的文本属性设计面板

```
letter-spacing: 0.1em;        //字母间距 0.1 个字符
word-spacing: 1em;            //单词间距 1 个字符
text-align: left;             //左对齐
vertical-align: middle;       //中线对齐、垂直对齐与行高有关
text-indent: 2em;             //首行缩进 2 个字符
white-space: pre;             //保留空格
display: inline;              //内嵌,这个属性对应文本块的显示方式,对文本块的排版有很大
                              //影响,有关这个属性我们将在后面详细讨论
```

4. 列表属性

列表属性可定义文本无序列表和有序列表,类似 Word"项目符号和编号"的功能。列表属性包括"list-style"(列表样式)、"list-style-image"(列表图片)和"list-style-position"(列表位置)。列表样式(list-style)定义列表项的类型,可为圆点 disc、圆圈 circle、方形 square、十进制数字 decimal、小写罗马字母 lower-roman、大写罗马字母 upper-roman、小写阿拉伯字母 lower-alpha、大写阿拉伯字母 upper-alpha 和无列表 none。列表图片(list-style-image)可自定义项目图片,用 url 表示。list-style-position 决定列表项第二项的起始位置,分为 inside 和 outside 两个类型。列表属性可以通过 Dreamweaver CSS 设计器的"列表"面板来设计,如图 3-17 所示。

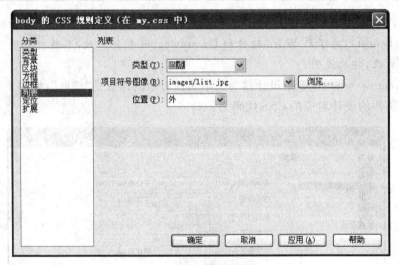

图 3-17 CSS 列表属性的设计面板

图 3-17 对应的 CSS 代码为:

```
ul {
    list-style-type: decimal;
    list-style-position: inside;
}
ul li {list-style-image : url(images/list.jpg)}
```

3.3.6 框模型

CSS 中有个重要的概念,就是框模型(Box Model),或称盒子模型。框模型是元素块描述和 DIV+CSS 布局的核心,如图 3-18 所示。

图 3-18 框模型

框里由外至内依次是:外边距 margin、边框 border、内边距 padding 和内容区 content。其中 margin、border、padding 可分别对上、下、左、右单独设置。在 Dreamweaver CSS 设计器中主要用"方框"面板和"边框"面板来设计。"方框"面板的界面如图 3-19 所示。图中的"填充"指内边距 padding,"边界"指外边距 margin。

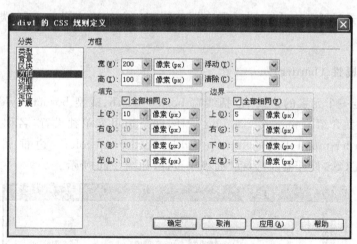

图 3-19 CSS 方框属性的设计面板

下面介绍框模型的一些重要属性,这是 DIV+CSS 布局技术的核心部分。

1. 宽高属性(width、height)

width、height 指的是 content 区域的宽和高,而不是指整个盒子的宽和高,这在布局时要特别注意。盒子的宽=width+2×padding+2×border+2×margin。或者说 width=盒子的宽-2×padding-2×border-2×margin。如果左右 padding 和 margin 不同,则要单独计算。width 和 height 属性的单位一般是像素或百分比,百分比是父容器中的

width 和 height 的百分比。

2. 边距属性（margin）

margin 用来设置外边距，边框外面的空距。margin 可以设置为 auto，或数字，单位可以为任何长度单位，可以是像素、英寸、毫米或 em。例如：h1{margin：auto}，h2{margin：20px}。

下面的例子为 h1 元素的四个边分别定义了不同的外边距：

```
h1 {margin: 10px 0px 15px 5px;}
```

这些值的顺序是从上外边距（top）开始围着元素顺时针旋转的，即 top right bottom left。如果左右、上下为对称距，也可设置为：h1{margin：10px 15px}。

外边距还可单独设置，属性名分别是 margin-top（上边距）、margin-right（右边距）、margin-bottom（下边距）、margin-left（左边距）。

注意：margin 有一个外边距合并的特性，这在设计网页时要特别注意。外边距合并指的是：当两个垂直外边距相遇时，它们将形成一个外边距。合并后的外边距的高度等于两个发生合并的外边距的高度中的较大者。

3. 内边距属性（padding）

padding 是设置元素内容到元素边框的距离。它的用法跟 margin 类似，这里不再介绍。

4. 边框属性（border）

用来设定一个元素的边线（包括线宽 border-width、线型 border-style、线色 border-color）。跟前面介绍的 margin、padding 一样，四条边可分单独设置，名称采用三元组形式，例如 border-top-style、border-top-width、border-top-color。边框属性可以通过 Dreamweaver CSS 设计器的"边框"面板来设计，如图 3-20 所示。

图 3-20　CSS 边框属性的设计面板

对应 CSS 代码为.div1{border：thin solid red}，定义四条边均为细线、实线和红色。注意 border 属性的顺序为线宽、线型、线色。

5．背景属性（background）

background 指的是 content 和 padding 区域，可设置颜色或图片背景。

3.3.7 定位与浮动

定位（positioning）属性可以对元素进行定位。CSS 为定位和浮动提供了一些属性，包括定位坐标类型 position 属性、定位坐标（left、top、right、bottom）、文本流 float 属性等；利用这些属性，可以建立列式布局，将布局的一部分与另一部分重叠，还可以完成多年来通常需要使用多个表格才能完成的任务。

定位的基本思想很简单，它允许定义元素框相对于其正常位置应该出现的位置，或者相对于父元素、另一个元素甚至浏览器窗口本身的位置。显然，这个功能非常强大，也很让人吃惊。要知道，用户代理对 CSS2 中定位的支持远胜于对其他方面的支持，对此不应感到奇怪。

另一方面，CSS1 中首次提出了浮动，它以 Netscape 在 Web 发展初期增加的一个功能为基础。浮动不完全是定位，不过，它当然也不是正常流布局。我们会在后面的内容中明确浮动的含义。

1．一切皆为框

div、h1 或 p 元素常常被称为块级元素。这意味着这些元素显示为一块内容，即"块框"。与之相反，span 和 strong 等元素称为"行内元素"，这是因为它们的内容显示在行中，即"行内框"。

可以使用"块区"面板中的显示（display）属性改变生成的框的类型。这意味着，通过将 display 属性设置为 block，可以让行内元素（比如<a>元素）表现得像块级元素一样。还可以通过把 display 设置为 none，让生成的元素根本没有框。这样的话，该框及其所有内容就不再显示，不占用文档中的空间。

只有在一种情况下，即使没有进行显式定义，也会创建块级元素。这种情况发生在把一些文本添加到一个块级元素（比如 div）的开头。即使没有把这些文本定义为段落，它也会被当作段落对待。例如：

```
<div>
some text
<p>Some more text.</p>
</div>
```

在这种情况下，这个框称为**无名块框**，因为它不与专门定义的元素相关联。

2．CSS 定位机制

CSS 有三种基本的定位机制：普通流、浮动和绝对定位。除非专门指定，否则所有框都在普通流中定位。也就是说,普通流中的元素的位置由元素在(X)HTML中的位置决定。

块级框从上到下一个接一个地排列,框之间的垂直距离是由框的垂直外边距计算出来的。行内框在一行中水平布置,可以使用水平内边距、边框和外边距调整它们的间距。但是,垂直内边距、边框和外边距不影响行内框的高度。由一行形成的水平框称为行框(Line Box),行框的高度总是足以容纳它包含的所有行内框。不过,设置行高可以改变这个框的高度。

3. 定位属性

定位属性包括定位类型(position)、定位坐标(left、top、right、bottom)、溢出处理(flowover)、层叠属性(z-index)和垂直对齐方式(vertical-align)。

(1) 定位坐标有 left、top、right、bottom 四个,一般指定盒子的一个角,如左上坐标,注意不能同时设定 left/right 或 top/bottom 自相矛盾的坐标,否则会出现异常。

(2) position 指定位坐标的类型,有以下几种:

- static:默认次序,即文本流顺序,从左到右,从上到下。这时指定的定位坐标无效。
- relative:相对坐标,相对于"原来的位置",需设定左上角的偏移量(left、top)。
- absolute:绝对坐标,元素显示在父容器指定的绝对坐标上。此时将忽略其他对象(块、层、盒子)的存在,可能会覆盖其他对象。
- fixed:固定坐标,浏览器窗口坐标,固定在浏览器窗口的某一位置,不随页面滚动而移动。上网时常遇到一些小广告,无论怎么滚动内容,始终显示在窗口的某一位置,使用的就是固定坐标。
- inherit:继承父容器的 position。

(3) 层叠属性(z-index):控制层(盒子)在 Z 轴上的排列次序,为整数,值越大越靠上面。该属性只对 position 设置为 absolute 或 relative 有效。

(4) 可见性属性(visibility):控制显示或隐藏,可取 visible、hidden、collapse 和 inherit 等。

(5) 溢出处理(flowover):指当文本流超出框时如何处理,可以隐藏(hidden)溢出部分,也可以让溢出部分可见(visible),或自动扩充容器(auto),还可以出现滚动条(scroll)。

4. 浮动与清理

1) 浮动(float)

浮动是指浮动的框可以向左或向右移动,直到它的外边缘碰到包含框或另一个浮动框的边框为止。浮动框不在文档的普通流中,不占位置,所以文档的普通流中的块框表现得就像浮动框不存在一样。请看图 3-21 的右图,当把框 1 向右浮动时,它脱离文档流并且向右移动,直到它的右边缘碰到包含框的右边缘。

再请看图 3-22 的左图,当框 1 向左浮动时,它脱离文档流并且向左移动,直到它的左

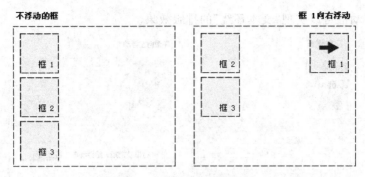

图 3-21　不浮动的框与浮动的框

边缘碰到包含框的左边缘。因为它不再处于文档流中,所以它不占据空间,实际上覆盖住了框 2,使框 2 从视图中消失。如果把所有三个框都向左移动,那么框 1 向左浮动直到碰到包含框,另外两个框向左浮动直到碰到前一个浮动框,如图 3-22 的右图所示。

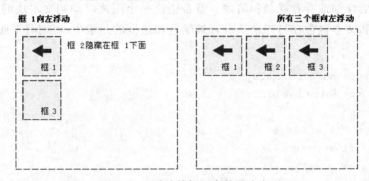

图 3-22　浮动的框不在普通流中

如图 3-23 所示,如果包含框太窄,无法容纳水平排列的三个浮动元素,那么其他浮动块向下移动,直到有足够的空间。如果浮动元素的高度不同,那么当它们向下移动时可能被其他浮动元素"卡住"。

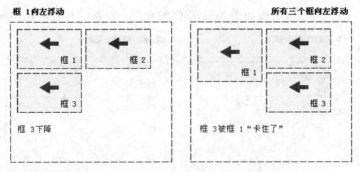

图 3-23　浮动框的排列

2) 行框与清理(clear)

普通的块框是占一行的,不允许旁边出现其他元素,包括其他的块框和行框,如图 3-24 左侧所示。浮动框旁边的行框被缩短,从而给浮动框留出空间,行框围绕浮动框。

因此，创建浮动框可以实现"文本环绕"的排版效果。

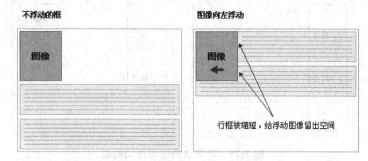

图 3-24　对象的版式与文本环绕

要想阻止行框围绕浮动框，需要对该框应用 clear 属性。clear 属性的值可以是 left、right、both 或 none，它表示框的哪些边不应该挨着浮动框。

让我们更详细地看看浮动和清理。若希望让一个图片浮动到文本块的左边，并且希望这幅图片和文本包含在另一个具有背景颜色和边框的元素中，可编写下面的代码：

```
.news {
    background-color: gray;
    border: solid 1px black;
}
.news img { float: left; }
.news p { float: right; }
<div class="news">
    <img src="news-pic.jpg" />
    <p>some text</p>
</div>
```

这种情况下，出现了一个问题。因为图片＜img＞和文本段落＜P＞均是浮动框，它们均脱离了文档流，不占据任何空间，这就使得本应包围图片和文本的 div 没有任何内容（普通流为空），是个空框，出现如图 3-25 左侧的现象：容器没有包围浮动元素。

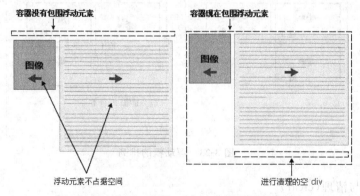

图 3-25　加入清理的空 DIV 让容器包围浮动元素

如何让包围元素在视觉上包围浮动元素呢？需要在这个元素中的某个地方应用 clear。不幸的是出现了一个新的问题，由于没有现有的元素可以清理，所以只能添加一个空元素并且清理它，如图 3-25 右侧所示，代码如下：

```
.news {
    background-color: gray;
    border: solid 1px black;
}

.news img { float: left; }
.news p { float: right; }
.clear { clear: both; }
<div class="news">
    <img src="news-pic.jpg" />
    <p>some text</p>
    <div class="clear"></div>
</div>
```

这样可以实现我们希望的效果，但是需要添加多余的代码。常常有元素可以应用 clear，但是有时候不得不为了进行布局而添加无意义的标记。

还有另一种办法，那就是对容器 div 进行浮动，代码如下：

```
.news {
    background-color: gray;
    border: solid 1px black;
    float: left;
}
.news img { float: left; }
.news p { float: right; }
<div class="news">
    <img src="news-pic.jpg" />
    <p>some text</p>
</div>
```

这样会得到我们希望的效果，但下一个元素会受到这个浮动元素的影响。为了解决这个问题，可对布局中的所有东西进行浮动，然后使用适当的有意义的元素（常常是站点的页脚）对这些浮动进行清理，这有助于减少或消除不必要的标记。

3.3.8 DIV＋CSS 网页布局

1. <div>标记

<div>标记是"无名块（框）"标记，是 HTML 文档定义层的标记，又称层（块）标记。<div>标记完全符合我们前面所说的框模型，具有 z-index 属性和三维空间定位的能力。div 层类似图形设计软件中的"图层"。层的主要功能有：

- 可以利用层准确定位网页元素。在层中可以存放 HTML 文档所包含的元素,例如文本、图像、其他层等,并精确定位到页面,这极大地方便了页面的布局。
- 可以产生重叠效果。因为层可以重叠,将网页元素放入层中,就可以产生许多重叠效果。
- 实现网页上的下拉菜单。层可以隐藏和显示,用此特性可以实现级联下拉菜单。
- 将层和时间轴配合,可以实现网页动画。

<div>标记的主要属性有 class、id、title、style。下面结合一个例子,演示<div>标记的使用方法,体会层定义各参数的含义。

【例 3.11】 <div>标记的使用。程序文件名为 ch3_15.html,页面效果如图 3-26 所示。

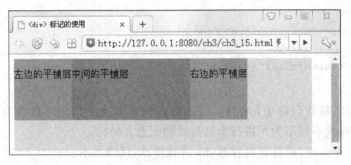

图 3-26 <div>标记的使用

整个页面由四个层(块)组成,容器层 id 为 main,在 main 层(块)中有 left、center、right 层(块),分别设置了不同的背景色,便于读者观察和理解。

代码如下:

```
<html>
<head><title>&lt;div&gt; 标记的使用 </title></head>
<body>
<div id="main" style="background-color:#cccccc; width:500px; height:150px;" >
    <div id="left", style="width:100px; height:100px; float:left; background
    -color:#ff00ff; ">
        <p>左边的平铺层</p></div>
    <div id="center" style="width:200px; height:100px; float:left; background
    -color:#ff0000; ">
        <p>中间的平铺层</p></div>
    <div id="right" style="width:100px; height:100px; float:left; background
    -color:#00aa00; ">
        <p>右边的平铺层</p></div>
</div>
</body>
</html>
```

2. DIV+CSS 页面布局的优点

页面布局一直是 Web 应用程序界面设计的一个重要内容,使用框架技术和表格技术实现页面布局是 DIV+CSS 模式出现之前的主流方式。在 W3C 标准中,DIV+CSS 实现页面布局是一个典型的应用。目前,DIV+CSS 布局已成为绝对的主流。

在 W3C 标准中,网页主要由三部分组成:结构(Structure)、表现(Presentation)和行为(Behavior)。结构主要包括 DIV 在内的一系列 XHTML 标记,表现主要包括 CSS 层叠样式表,行为主要包括对象模型(如 W3C DOM)等。利用这种模式开发的网页是符合 W3C 设计标准的,它有下列优点:

- 网页开发与维护变得更简单、容易。因为使用了更具有语义和结构化的 XHTML,可使程序员更加容易、快速地理解网页代码。
- 网页下载、读取速度变得更快。使用 DIV+CSS 模式开发网页,减少了网页 HTML 代码,下载速度更快;因为网页使用相同的 CSS 样式表,不用重复下载和加载,从而使显示速度加快。
- 提高了网页的可访问性和适应性。语义化的 HTML 使结构和表现相分离,通过使用不同的 CSS 样式表,可以方便地让掌上电脑、智能电话等访问网页。

3. DIV+CSS 布局的一般流程

对页面布局工作流程没有统一的规定,只是人们在网站开发中不断总结出来的经验。下面介绍的布局流程是流行的布局流程,结合第 9 章将介绍的"诚信电子商务系统",介绍一个布局的案例。

第一步:使用图形图像制作工具(如 Photoshop)或手工绘制出网站页面的效果图,以像素为单位,测量出各板块元素的大小及颜色 RGB 值。

第二步:对照效果图,在页面制作工具中(如 Dreamweaver),用 DIV+CSS 代码编写页面框架。

第三步:细化每个板块,填充内容信息,将每个板块的文本、图片、链接等添加到板块中,细化网站的页面。

3.3.9 项目实战——诚信电子商务网店的页面布局

本项目实现的是诚信电子商务网店的页面布局,采用流行的 DIV+CSS 技术来实现。效果如图 3-27 所示。

在本例中,分为上(top)、中(mid)、下(foot)三大块。top 层再分为 banner 和 menu 两块。中间层(mid)分为左边的商品分类信息区(product_class)、商品展示区(product_list)和产品公告区,它们在其父容器 mid 中通过向左浮动(float:left;)属性从左到右排列。最下面是 foot 区,包括合作商和版权信息。每块中又分成不同的小区,如产品展示区 product_list;这个盒子内的上面是一张图片,下边是产品展示的主体容器 product_list_body,其中存入了不同产品的信息 product_show,也就是从图上看到每件产品的信息,产品信息又包括产品图片 product_pic、产品名称 product_name 和产品外价格

图 3-27 诚信电子商务网店的页面布局

product_price。每一块区都在 CSS 里设置了其显示样式。注意：对于不是唯一的元素如新品信息，CSS 里的选择符应是类选择符，而不是 ID 选择符。

下面是网页文件和 CSS 文件的代码，可结合盒式模型、分层设计的思想来理解下面的代码，体会 DIV＋CSS 布局的一般流程。如果用 Dreamweaver 的 CSS 设计器来设计 CSS，一定要注意对照观察页面效果与 CSS 代码之间的关系，从而加深对盒式模型的理解。

网页文件 index.html 的代码如下：

```
<html>
<head>
<title>DIV+CSS 布局案例</title>
<link href="style/css.css" rel="stylesheet" type="text/css">
</head>
<body id="body">
<div id="top">
    <div id="banner"><img src="images/title.jpg" /></div>
    <div id="menu">
        <ul><li>商城首页 |</li><li>新品上架 |</li><li>特价促销 |</li><li>热卖排行 |
         </li>
            <li>客户留言 |</li>    <li>查看订单 |</li>    <li>购 物 车 |</li>
        </ul>
    </div>
</div>
<div id="mid">
    <div id="product_class">
        <div><img src="images/product.jpg"></div>
```

```html
        <div id="product_class_body">
            <ul><li>时尚数码</li>
                <li>健康美容</li>
                <li>家电通讯</li>
                <li>箱包服饰</li>
            </ul>
        </div>
</div>
<div id="product_list">
    <div>
        <img src="images/new.jpg" />
    </div>
    <div id="product_list_body">
        <div class="product_show">
            <ul><li class="product_pic">
                    <img class="img_small" src="images/products/pro1.jpg" />
                        </li>
                <li class="product_name">情侣手机</li>
                <li class="product_price">市场价:800 <br>诚信价:500   </li>
                <li><a href=""><img src="images/icon_detail.jpg" />
                        </a> 
                    <a href=""><img  src="images/icon_buy.jpg" /></a></li>
            </ul>
        </div>
        <div class="product_show">
            <ul><li class="product_pic">
                    <img class="img_small" src="images/products/pro1.jpg" />
                        </li>
                <li class="product_name">情侣手机</li>
              <li class="product_price" >     市场价:800 <br>诚信价:500
                        </li>
                <li><a href=""><img src="images/icon_detail.jpg" />
                        </a> 
                    <a href=""><img   src="images/icon_buy.jpg" /></a>
                </li>
            </ul>
        </div>
    </div>
</div>
<div id="product_notice">
    <div ><img src="images/notice.jpg" /></div>
    <div id="product_notice_body">
        这里是公告内容!
    </div>
```

```html
        </div>
    </div>
    <div id="foot">
        <div id="cooperation"><img src="images/cooperation.jpg" /></div>
        <div id="copyright">
            诚信数码商城客户热线:0xxx-xxxxxxx,xxxxxxx 传真:0xxx-xxxxxxx <br />
            CopyRight &copy; 2009 www.honesty.com 诚信网</div>
    <div>
    </body>
</html>
```

样式表文件 css.css 代码如下：

```css
*{margin:0px;padding:0px;border:0px;list-style:none; font-size:12px;}
#top{width:900px;}
#menu{
    width:900px;
    height:20px;
    background-image:url(../images/mnubg.jpg);
    padding-top: 8px;
    padding-left: 80px;
    color: #FFFFFF;
}
#menu li {float:left; width:90px; }
#product_class{
    float:left;
    width:192px;
    height:229px;
    border:#dcdcdc solid 1px;
    margin: 8px 8px 8px 0px;
}
#product_class_body{
    font-size:24px;
    font-weight:bold;
    color:#E46E26;
    line-height:24px;
    padding:24px;
}
#product_list{
    float:left;
    width:491px;
    height:229px;
    border:#dcdcdc solid 1px;
    margin: 8px 8px 8px 0px;
    }
```

```
#product_list_body{padding-left:8px;}
.product_show{
    float:left;
    width:106px;
    height:168px;
    border:#dcdcdc solid 1px;
    margin:10px 5px;
    text-align:center;
    }
.product_show ul li{ float:left;width:106px;}
.product_pic{ float:left;height:84px; vertical-align:middle;}
.product_name{height: 16px;}
.product_price{ color:#E46E26; line-height:16px; height:32px;}
#product_notice{float:left;width:193px;height:229px; border:#dcdcdc solid 1px; margin:8px 0px;}
#cooperation{width:897px; height:59; border:#dcdcdc solid 1px; float:left;}
#copyright{float:left; width:899px; text-align:center; line-height:20px; }
.img_small{width: 81px;height: 77px;}
```

3.4 JavaScript 编程

3.4.1 概述

JavaScript 是由 Netscape 公司开发的一种基于对象（Object）和事件驱动（Event Driven）的，并具有安全性能的脚本语言，或称为描述语言，主要用于 Internet 的客户端。

将 JavaScript 代码嵌入普通的 HTML 网页里，一起由浏览器解释执行，通过操作客户端的对象，用户和 Web 客户交互作用，实现实时动态的效果，也可以开发客户端的应用程序等。JavaScript 的出现，使得信息和用户之间不仅只是一种显示和浏览的关系，而是一种实时的、动态的、交互式的表达关系，从而使得基于 CGI 静态的 HTML 页面将被可提供动态实时信息，并对客户操作进行反应的 Web 页面所取代。

JavaScript 具有以下几个基本特点。

1. 它是脚本语言

JavaScript 采用小程序段的方式实现编程。像其他脚本语言一样，JavaScript 同样是一种解释性语言。

2. 它是基于对象的语言

JavaScript 是基于对象的语言，同时也可以看作面向对象的语言。这意味着它能运用自己已经创建的对象，许多功能可以来自于脚本环境中对象的方法与脚本的相互作用。

3. 简单性

JavaScript 的简单性主要体现在：首先它是一种基于 Java 基本语句和控制流之上的简单而紧凑的设计，从而对于学习 Java 是一种非常好的过渡；其次它的变量类型是采用弱类型，并未使用严格的数据类型。

4. 动态性

JavaScript 是动态的，可以直接对用户或客户输入做出响应，采用以事件驱动的方式进行。比如按下鼠标、移动窗口、选择菜单等都可以视为事件。当事件发生后，可能会引起相应的事件响应。

5. 跨平台性

JavaScript 依赖于浏览器本身，与操作环境无关。只要是能运行浏览器的计算机，并支持 JavaScript 的浏览器就可正确执行，从而实现了"编写一次，走遍天下"的梦想。

6. 节省 CGI 的交互时间

JavaScript 是一种基于客户端浏览器的语言，用户填表、验证的交互过程只通过浏览器对嵌入 HTML 文档中的 JavaScript 源代码进行解释执行来完成，即使必须调用 CGI 部分，浏览器也只是将用户输入验证后的信息提交给远程服务器，这大大减少了服务器的开销。

3.4.2 在网页中引入 JavaScript

要在页面中引入 JavaScript，只要加上＜SCRIPT＞标记，再设置所用的语言就可以了。

【例 3.12】第一个 JavaScript 程序，程序名称名为 ch3_17.html。

```
<body>
    <script type="text/javascript">
        document.write("这是以 JavaScript 输出的 Hello World!");
    </script>
</body>
```

上例中使用 type 属性定义脚本语言为 JavaScript 语言，语句"document.write( )"的功能是向浏览器里输出括号内的字符串，显示结果如图 3-28 所示。

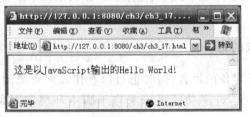

图 3-28 第一个 JavaScript 程序

注意：JavaScript 区分大小写，HTML 不区分大小写。

3.4.3 JavaScript 基本语法

JavaScript 是一种脚本语言，它也具有自己的数据类型、变量标识符、运算符和流程控制。JavaScript 和 Java、C 语言的语法非常接近，本部分将简单介绍 JavaScript 的数据类型、变量和运算符等相关知识。

1. 数据类型

JavaScript 允许三种基本的数据类型：数值型、字符串和布尔型，支持两种常见的复合数据类型：对象和数组。此外，JavaScript 还定义了其他复合数据类型，例如 Date 对象表示一个日期和时间类型。JavaScript 有 6 种数据类型，如表 3-6 所示。

表 3-6 JavaScript 的数据类型

数据类型	数据类型名称	示 例
number	数值类型	127、071（八进制）0xfa（十六进制）
string	字符串类型	'hello'、"hello world"
object	对象类型	date、window、document、function
boolean	布尔类型	true、false
null	空类型	null
undefined	未定义类型	没有被赋值的变量所具有的值

2. 变量、运算符、表达式、语句、程序和注释

在 JavaScript 中使用 var 关键字来声明变量。语法格式如下所示：

```
var var_name;
```

JavaScript 中的变量虽然有类型，但是是弱类型变量，这跟 C 语言、Java 语言不同。在定义时不用指明是哪种类型，可根据变量的值自动转换。

JavaScript 与 Java、C 语言一样，是一种区分大小写的语言，因此变量 temp 和变量 Temp 代表不同的含义。

JavaScript 中的变量分为全局变量和局部变量两种，其中局部变量就是在函数中定义的变量，只在该函数中有效。如果不写 var 直接对变量进行赋值，那么 JavaScript 将自动把这个变量声明为全局变量。

JavaScript 的运算符、表达式和语句的语法跟 Java、C 语言一致。JavaScript 的语句可分为四类。

(1) 条件和分支语句：if…else 语句、switch 语句。
(2) 循环语句：for 语句、do…while 语句、break 和 continue 语句。
(3) 对象操作语句：new、this 和 with。

(4) 注释语句：// 或 / *   * / 和 <!-- -->。

除 with 和 <!-- --> 两种语句外，其他语句的含义和用法都跟 Java、C 语言的相关法完全一致。JavaScript 允许使用传统的 HTML 注释，"<!--" 和 "-->" 之间的部分会被注释，注释内容可以一行或多行。with 语句可以省略对象名，直接引用某个特定对象中已有的属性，简化程序的编写。但需要注意的是，不能给对象添加属性。

【例 3.13】 with 语句的用法。

```
<html><body>
    <script type="text/javascript">
    with(document)
    {
        write("你好世界<br/>");
        write("你好中国<br/>");
    }
    </script>
</body><html>
```

在 with 语句块中，全部省略了 document 对象。

3．函数定义和调用

JavaScript 函数是 JavaScript 的一项重要功能，可以使用自定义的函数完成特定的功能，其语法格式如下所示。

```
function 函数名(参数 1,参数 2, ...)
{
    语句;
    return 语句;(也可以没返回值)
}
```

function 表示定义一个函数，函数的执行语句放到大括号之间，函数可以有返回值或没有返回值。函数可以直接调用，也可以通过 HTML 文档的事件属性来调用，比如表单验证函数就是通过事件驱动来调用的。

【例 3.14】 函数的定义和调用，程序文件名为 ch3_19.html。

```
<html>
<head>
    <script type="text/javascript">
    function product(x,y)
    {
        return x * y;
    }
    </script>
</head>
<body>
```

```
<script type="text/javascript">
    document.write(product(5,6));
</script>
</body></html>
```

body 部分中的脚本调用一个带有两个参数(5 和 6)的函数。该函数 product 返回这两个参数的乘积。结果如图 3-29 所示。

3.4.4 JavaScript 对象

现实世界中的对象有人、书和照明的灯等,而电子世界中的对象则是创建的网页和各种 HTML 元素。对象由两个元素构成:一个是包含数据的属性,另外一个是允许对属性中所有数据进行操作

图 3-29 函数的定义和调用

的方法。对于 HTML 按钮,其名称 name、值 value 就是它的属性,而写 write()、单击 click() 则是它的方法。

对象由花括号分隔,在括号内部,对象的属性以名称和值对的形式(name:value)来定义。属性由逗号分隔:

`var person={firstname:"Bill", lastname:"Gates", id:5566};`

上面例子中的对象(person)有三个属性:firstname、lastname 以及 id。

在 JavaScript 中,常用的对象有下面几种形式:浏览器对象、脚本对象、HTML 对象。浏览器对象就是浏览器窗口 window、文档 document、URL 地址等;脚本对象是指字符串对象 String、日期对象 Date、数字对象 Math、数组等,当然也可以自定义对象类型。HTML 对象是各种 HTML 标签:段落<P>、图片<img>、超链接<a>等。实际上还有一个对象也是经常用到的,就是函数对象。

1. String 对象

创建一个 String 对象的语法格式如下所示:

`new String(string value)`

也可以直接创建 String 对象,如下所示:

`var s="hello"`

字符串作为一个对象有自己的属性和方法,如表 3-7 所示。

表 3-7 字符串的属性和方法

属性或方法	说 明
length	返回字符串的长度
big()	增大字符串文本

续表

属性或方法	说　明
blink()	使字符串文本闪烁(IE 浏览器不支持)
bold()	加粗字符串文本
fontcolor()	确定字体颜色
italics()	用斜体显示字符串
indexOf("子字符串",起始位置)	查找子字符串的位置
strike()	显示加删除线的文本
sub()	将文本显示为下标
toLowerCase()	将字符串转化为小写
toUpperCase(0	将字符串转化为大写

2. Math 对象

Math 对象是一个内置对象,提供基本数学函数和常用的方法。Math 常见的属性和方法如表 3-8 所示。

表 3-8　Math 常见的属性和方法

属性和方法	说　明
PI	Π的值,约 3.1416
LN10	10 的自然对数的值,约 2.302
E	Euler 常量值,约等于 2.718,Euler 常量用作自然对数的底数
abs(y)	返回 y 的绝对值
sin(y)	返回 y 的正弦,以弧度为单位
tan(y)	返回 y 的正切,以弧度为单位
min(x,y)	返回 x 和 y 两个数中较小的数
max(x,y)	返回 x 和 y 两个数中较大的数
random()	返回 0~1 的随机数
round(y)	四舍五入取整
sqrt(y)	返回 y 的平方根

3. Date 对象

Date 对象表示活动当前特定的瞬间,存储的日期为自 1970 年 1 月 1 日 00：00：00 以来的毫秒数。创建一个 Date 对象用下面的格式：var 日期对象＝new Date(年、月、日等为参数)。Date 对象一共有 4 种类型的方法：setXXX 用于设置时间和日期值；

getXXX 用于获取时间和日期值;toXXX 用于从 Date 对象返回字符串值;ParseXXX 或 UTCXXX 用于解析字符串。

4. 自定义对象

由于 JavaScript 是弱类型语言,自定义对象不使用 class 来定义,而是直接定义。请看下面的例子。

【例 3.15】 自定义对象。

```
<!DOCTYPE html>
<html><body><script>
    person=new Object();
    person.firstname="Bill";
    person.lastname="Gates";
    person.age=56;
    person.eyecolor="blue";
    document.write(person.firstname+" is "+person.age+" years old.");
</script></body></html>
```

上述例子定义了一个 person 对象,并为其添加了四个属性和属性值。对象属性和方法的访问与其他语言并无区别。

3.4.5 浏览器内部对象与 DOM 模型

使用浏览器的内部对象可实现与 HTML 文档进行交互,其作用是将相关元素组织并包装起来提供给程序设计人员使用,从而减少编程人员的劳动,提高设计 Web 页面的能力。编程人员通过 JavaScript 语言可以访问浏览器内部对象,通过文档对象模型(DOM)可进一步操作 HTML 对象,如改变 HTML 文档的内容和样式,响应 HTML 文档的事件,从而实现人机交互。

1. HTML DOM 模型

浏览器内部的对象包括:浏览器对象 navigator、屏幕对象 screen 和窗口对象 window。其中窗口对象 window 是最核心的对象,在该对象中包含一个文档对象(document)、一个地址对象(location)、一个历史对象(history)和一个表单对象(form)。这些对象从网页文档中转换而来,这种转换模型叫 Document Object Model(DOM),所以这些对象又叫文档对象,它们构成一个庞大的文档对象树。

图 3-30 是一个文档对象树,可以看到对象树下包含对象的"壮观"情景。要引用某个对象,就要把父级的对象都列出来。例如,要引用某表单"applicationForm"的某文字框"customerName",就要用"document.applicationForm.customerName"。

有些对象是全小写的,有些对象是以大写字母开头的。以大写字母开头的对象表示,引用该对象不使用图中列出的名字,而直接用对象的"名字"(Id 或 Name,下面有讲解),或用它所属的对象数组指定。

- navigator   浏览器对象
- screen   屏幕对象
- window   窗口对象
  - history   历史对象
  - location   地址对象
  - frames[]；Frame   框架对象
  - document   文档对象
    - anchors[]；links[]；Link   连接对象
    - applets[]   Java 小程序对象
    - embeds[]   插件对象
    - forms[]；Form   表单对象
      - Button   按钮对象
      - Checkbox   复选框对象
      - elements[]；Element   表单元素对象
      - Hidden   隐藏对象
      - Password   密码输入区对象
      - Radio   单选域对象
      - Reset   重置按钮对象
      - Select   选择区(下拉菜单、列表)对象
        - options[]；Option   选择项对象
      - Submit   提交按钮对象
      - Text   文本框对象
      - Textarea   多行文本输入区对象
    - images[]；Image   图片对象

图 3-30 HTML 文档对象树

2. 文档对象的访问和控制

文档对象的访问可使用普通对象的"对象.属性"层次访问法,要引用某个对象,就要把父级的对象都列出来。这种按对象的层次来引用对象有时会觉得太麻烦,在 W3C 中提供 getElementById()、getElementsByName()和 getElementsByTagName()三个函数来直接访问对象。

- getElementById()根据 ID 值来访问。如 var obj = document.getElementById("userId"); id 具有唯一性,所以返回的是一个唯一的对象。
- getElementsByName()根据 name 属性来访问对象。由于 name 属性允许重复,因此返回的是数组。比如有两个 DIV:

  ```
  <div name="docname" id="docid1"></div>
  <div name="docname" id="docid2"></div>
  ```

  可以用 getElementsByName("docname")获得这两个 DIV,用 getElementsByName("docname")[0]访问第一个 DIV。

- getElementsByTagName()根据标记名来访问元素,显然返回也是数组,因为同一标记对应很多元素。

通过上面的比较,可看出用 getElementById() 访问对象最为方便,也是我们推荐的方法。掌握了文档对象的访问方法之后,就可以通过程序改变 HTML 对象的内容、属性和样式;也可以调用 HTML 对象的方法,响应 HTML 对象的事件。

1) DOM HTML 改变 HTML 元素的内容

修改 HTML 内容的最简单的方法是使用 innerHTML 属性。如需改变 HTML 元素的内容,请使用这个语法:

```
document.getElementById(id).innerHTML=new HTML
```

【例 3.16】 改变<p>元素的内容。

```
<html><body>
    <p id="p1">Hello World!</p>
<script>
    document.getElementById("p1").innerHTML="New text!";
</script>
</body></html>
```

2) DOM HTML 改变 HTML 属性

如需改变 HTML 元素的属性,请使用这个语法:

```
document.getElementById(id).attribute=new value
```

【例 3.17】 改变<img>元素的 src 属性。

```
<!DOCTYPE html>
<html><body>
    <img id="image" src="smiley.gif">
    <script>
        document.getElementById("image").src="landscape.jpg";
    </script>
</body></html>
```

3) DOM CSS 改变 HTML 样式

如需改变 HTML 元素的样式,请使用这个语法:

```
document.getElementById(id).style.property=new style
```

【例 3.18】 改变<p>元素的样式。

```
<html><body>
    <p id="p2">Hello World!</p>
    <script>
        document.getElementById("p2").style.color="blue";
    </script>
</body></html>
```

3. 常用的浏览器内部对象

下面将对浏览器内部的一些主要对象进行简单介绍。这里不准备讲解对象的"事件",但会列出对象所能响应的事件。我们将在下一节"事件处理"中讲解事件。

1) window 窗口对象

window 窗口对象是最大的对象,它描述的是一个浏览器窗口。一般在引用它的属性和方法时,不需要用"window.xxx"这种形式,而直接使用 xxx。表 3-9 列出了 window 对象的常用属性和方法。

表 3-9　window 对象的常用属性和方法

属性和方法	说　明
name	设置或检索窗口或框架的名称
status	设置或检索窗口底部状态栏中的消息
opener	返回打开本窗口的窗口对象
self	指窗口本身,最常用的是"self.close()"
parent	返回窗口所属的框架页对象
alert("警告信息")	显示包含消息的对话框
comfirm("确定信息")	显示一个确认对话框,包含确认取消按钮
prompt("提示信息")	弹出提示信息框
open("url","name","params")	打开具有指定名称的新窗口,并加载给定 URL 所指定的文档;如果没有提供 URL,则打开一个空白文档
close()	关闭当前窗口
setTimeout("函数",毫秒数)	设置计时器,经过指定毫秒值后执行某个函数
clearTimeout(定时器对象)	关闭定时器对象
blur()	使焦点从窗口移走,窗口变为"非活动窗口"
focus()	使窗口获得焦点,变为"活动窗口"

事件:onload;onunload;onresize;onblur;onfocus;onerror。

【例 3.19】 打开一个 400×100 的干净的窗口,窗口参数列表如表 3-10 所示。

```
open('','_blank','width=400,height=100,menubar=no,toolbar=no,location=no,
     directories=no,status=no,scrollbars=yes,resizable=yes')
```

表 3-10　窗口参数列表

参　数	含　义	参　数	含　义
top=...	窗口顶部位置	location=...	地址栏,取值 yes 或 no
left=...	窗口左端位置	directories=...	连接区,取值 yes 或 no

续表

参　　数	含　　义	参　　数	含　　义
width=…	宽度	scrollbars=…	滚动条,取值 yes 或 no
height=…	高度	status=…	状态栏,取值 yes 或 no
menubar=…	菜单,取值 yes 或 no	resizable=…	窗口调整大小,取值 yes 或 no
toolbar=…	工具条,取值 yes 或 no		

2) history 历史对象

历史对象指浏览器的浏览历史。其主要属性和方法如表 3-11 所示。

表 3-11　history 历史对象的属性和方法

属性和方法	说　　明
length	历史项数。JavaScript 所保存的历史被限制在用浏览器的"前进""后退"键可以到达的范围
back()	后退,与按下"后退"键是等效的
forward()	前进,与按下"前进"键是等效的
go()	用法:history.go(x);在历史的范围内到达指定的一个地址。如果 x<0,则后退 x 个地址;如果 x>0,则前进 x 个地址;如果 x==0,则刷新现在打开的网页。history.go(0)与 location.reload()是等效的

3) location 地址对象

它描述的是某一个窗口对象所打开的地址。要表示当前窗口的地址,只需要使用"location"就行了;若要表示某一个窗口的地址,就使用"<窗口对象>.location"。主要属性和方法如下:

- protocol:返回地址的协议,取值为 'http:', 'file:' 等。
- hostname:返回地址的主机名。例如,一个 "http://www.microsoft.com/china/"的地址,location.hostname=='www.microsoft.com'。
- port:返回地址的端口号,一般 http 的端口号是'80'。
- host:返回主机名和端口号,如:'www.a.com:8080'。
- pathname:返回路径名,如"http://www.a.com/b/c.html",location.pathname=='b/c.html'。
- search:返回"?"以及以后的内容,如"http://www.a.com/b/c.asp?selection=3&jumpto=4",location.search=='?selection=3&jumpto=4';如果地址里没有"?",则返回空字符串。
- href:返回以上全部内容,也就是说,返回整个地址。在浏览器的地址栏上怎么显示它就怎么返回。如果想用一个窗口对象打开某地址,可以使用"location.href='…'",也可以直接用"location='…'"来达到此目的。
- reload() 相当于按浏览器上的"刷新"(IE)或"Reload"(Netscape)键。
- replace() 打开一个 URL,并取代历史对象中当前位置的地址。用这个方法打开一个URL后,按下浏览器的"后退"键将不能返回到刚才的页面。

4) document 文档对象

文档对象的属性和方法如表 3-12 所示。它描述当前窗口或指定窗口对象的文档,包含了文档从<head>到</body>的内容。用法:

document(当前窗口)

或

<窗口对象>.document (指定窗口)

表 3-12　document 文档对象的属性和方法

属性和方法	说　　明
title	<head>标记里用<title>…</title>定义的文字
fgColor	<body>标记的 text 属性所表示的文本颜色
bgColor	<body>标记的 bgcolor 属性所表示的背景颜色
linkColor	<body>标记的 link 属性所表示的链接颜色
alinkColor	<body>标记的 alink 属性所表示的活动链接颜色
vlinkColor	<body>标记的 vlink 属性所表示的已访问链接颜色
write(); writeln()	向文档写入数据,所写入的数据会当成标准文档 HTML 来处理
clear()	清空当前文档
close()	关闭文档,停止写入数据。如果用了 write[ln]()或 clear()方法,就一定要用 close() 方法来保证所做的更改能够显示出来

现在已经拥有足够的知识来做很多网站都有的弹出式更新通知了。

【例 3.20】　弹出式更新通知。

```
<script language="JavaScript">
var whatsNew=open('','_blank','top=50,left=50,width=200,height=300,'+
    'menubar=no,toolbar=no,directories=no,location=no,'+
    'status=no,resizable=no,scrollbars=yes');
whatsNew.document.write('<center><b>更新通知</b></center>');
whatsNew.document.write('<p>最后更新日期:2009.08.01');
whatsNew.document.write('<p>2009.08.01:增加了"我的最爱"栏目。');
whatsNew.document.write('<p align="right">'+
    '<a href="javascript:self.close()">关闭窗口</a>');
whatsNew.document.close();
</script>
```

当然也可以先写好一个 HTML 文件,在 open()方法中直接 load 这个文件。程序运行结果如图 3-31 所示。

5) forms[]; Form 表单对象

document.forms[] 是一个数组,包含了文档中所有的表单(<form>)。要引用单

图 3-31　弹出式更新通知

个表单,可以用 document.forms[x],但是一般来说,人们都会这样做:在＜form＞标记中加上"name＝"..."" 属性,那么直接用"document.表单名"就可以引用了。

- name:返回表单的名称,也就是＜form name="..."＞属性。
- action:返回/设定表单的提交地址,也就是＜form action="..."＞属性。
- method:返回/设定表单的提交方法,也就是＜form method="..."＞属性。
- target:返回/设定表单提交后返回的框架名,也就是＜form target="..."＞属性。
- encoding:返回/设定表单提交内容的编码方式,也就是＜form enctype="..."＞属性。
- length:返回该表单所含元素的数目。
- reset():重置表单。这与按下"重置"按钮是一样的。
- submit():提交表单。这与按下"提交"按钮是一样的。
- 事件主要有:onsubmit、onrest()。

6) 表单元素

- 按钮、提交按钮的属性和方法:name、value、form、blur()、focus()、click()(通过 blur()、focus()控制输入焦点)。
- 文本框、密码框、文本域的属性和方法:name、value、form、defaultvalue、blur()、focus()、select()(其中 select()可控制选择文本)。
- 单选域的常用属性和方法:name、value、form、checked、defautChecked、blur()、focus()、click()(其中 checked 是一个布尔值,可控制选中与否。defaultChecked 返回/设定该复选框对象默认是否被选中,这也是一个布尔值)。
- select 选择框常用属性和方法:name、length、selectIndex、form、blur()、focus()(其中 selectIndex 返回选中项的下标值,第一项为 0)。
- options[]:options[]是一个数组,包含了在同一个 Select 对象下的 Option 对象。Option 对象由"＜select＞"下的"＜options＞"指定。属性有 length;

selectedIndex，与所属 Select 对象的同名属性相同。
- Option 对象常用属性和方法：text（返回/指定 Option 对象所显示的文本）、value、index 返回该 Option 对象的下标、selected 返回/指定该对象是否被选中。通过指定 true 或者 false，可以动态改变选中项。defaultSelected 返回该对象默认是否被选中。

要获取 select 选择框选择的文本或值，可得费点周折。下面的代码片段演示了如何获取 select 选择框中的文本值。

```
var i=document.formName.selectName.selectIndex;    //获取选中内容的下标
var obj=document.formName.selectName.options[i];   //获取选中的 option 对象
var a=obj.text;                                    //获取选项的标签 text
var b=obj.value;                                   //获取选项值 value
```

3.4.6 JavaScript 事件

事件处理是面向对象编程中一个很重要的环节，没有事件处理，程序就会缺乏灵活性。事件处理的过程可以这样表示：发生事件→启动事件处理程序→事件处理程序做出反应。其中，要使事件处理程序能够启动，必须先告诉对象发生了什么事情，要启动什么处理程序，否则这个过程就不能进行下去。事件处理程序可以是任意的 JavaScript 语句，但是一般用特定的自定义函数来处理事件。

事件处理程序一般由事件源和事件处理者组成。事件源即触发事件的源头，每一个 HTML 标记都可以成为触发事件的事件源；事件处理者就是处理事件的 JavaScript 脚本程序，是对该事件做出响应的代码。当移动鼠标或敲击键盘时都可能触发事件。常用的 JavaScript 事件如表 3-13 所示。

表 3-13 常用的 JavaScript 事件

事 件 名	说　　明
onclick	单击鼠标事件
onchange	内容改变事件，文本内容或下拉菜单中的选项发生改变
onfoucs	获得焦点事件，表示文本框等对象获得鼠标光标
onblur	失去焦点事件，表示文本框等对象失去鼠标光标
onmouseover	鼠标悬停事件，表示鼠标停留在对象的上方
onmouseout	鼠标移出事件，表示离开对象所处的区域
onmousemove	鼠标移动事件，表示在对象上方移动
onload	网页文档加载事件
onsubmit	表单提交事件
onmousedown	按下鼠标左键事件
onmouseup	弹起鼠标事件

在下面例子中，当用户在<h1>元素上单击时，执行了 JavaScript 代码：this.innerHTML='谢谢！',其作用把<h1>元素的内容改变为"谢谢！"。注意代码中双引号和单引号的混用。

```
<h1 onclick="this.innerHTML='谢谢！'">请点击该文本</h1>
```

当事件处理代码比较多时，上述方法不太方便。我们可以把事件处理代码编写成一个函数，当事件触发时调用这个函数即可。

【例 3.21】 调用事件处理函数。

```
<html><body>
<p>单击按钮就可以执行 <em>displayDate()</em>函数。</p>
<button onclick="displayDate()">单击这里</button>
<script>
function displayDate()
{
    document.getElementById("demo").innerHTML=Date();
}
</script>
<p id="demo"></p>
</body></html>
```

这里为<button>元素分配了 onclick 事件，当 onclick 事件发生时调用 displayDate()函数。而在 displayDate()函数中把 id 为"demo"的元素的内容改变为当前时期。

在上例中，我们是通过元素的事件属性来分配事件处理函数的，也可以采用 HTML DOM 来分配事件。请看下面的代码：

```
<script>
    document.getElementById("myBtn").onclick=function(){displayDate()};
</script>
```

在上面的例子中，名为 displayDate() 的函数被分配给 id="myBtn"的 HTML 元素。当按钮被单击时，会执行该函数。这种方法的好处在于，可以让网页的界面 HTML 设计和前端的 JS 编程独立开来，界面设计者不用关心事件的分配和处理，JS 程序员负责事件的分配与处理，JS 程序员通过 JQuery、Ajax、JSON 等 JS 技术可完成强大的功能。

JavaScript 代码可以直接嵌套在 HTML 文件中，也可以独立于 HTML 文件而被单独保存在以".js"结尾的文件中。使用独立的.js 文件方式来编写 JavaScript 脚本，可以提高 JavaScript 程序的重用性，因为.js 文件可以被多个页面引用而互不影响。如果 JavaScript 程序需要改动，则只需改这些.js 文件就可以，而不必对所有引用的页面进行改动。

在使用<script>标记时要注意，并不是所有的浏览器都可以正确解析 JavaScript 脚本，因此，在那些不能解释 JavaScript 脚本的浏览器中，编写的脚本将被直接显示出来。解决的办法是将所有的脚本放在 HTML 注释中来避免这种情况的发生。

3.4.7 JavaScript 框架(库)——jQuery

JavaScript 高级程序设计(特别是对浏览器差异的复杂处理)通常很困难也很耗时。为了应对这些调整,许多 JavaScript (helper)库应运而生。这些 JavaScript 库常被称为 JavaScript 框架,如 jQuery、Ext JS、jQuery easy-UI 等,其中最有名的框架就是 jQuery,它提供针对常见 JavaScript 任务的函数,包括动画、DOM 操作以及 Ajax 处理。jQuery 框架使得 JavaScript 编程更容易、更安全且更有乐趣。

1. 引用 jQuery

如果要使用 jQuery 库,就必须指定 jQuery 库所在的有效位置,可以是下载到本地的相对 URL 地址,也可是网上的 URL 地址。为了引用某个库,请使用＜script＞标签,其 src 属性设置为库的 URL:

```
<script src="https://ajax.googleapis.com/ajax/libs/jquery/1.8.3/jquery.min.js"></script>
```

2. jQuery 描述

主要的 jQuery 函数是 $()函数(jQuery 函数)。如果向该函数传递 DOM 对象,则会返回 jQuery 对象,带有向其添加的 jQuery 功能。$()函数允许通过 CSS 选择器来选取元素。下面通过比较 JavaScript 和 jQuery 分配一个函数以处理窗口加载事件为例,来说明 jQuery 的使用。

1) JavaScript 方式

```
function myFunction()
{
    var obj=document.getElementById("h01");
    obj.innerHTML="Hello jQuery";
}
onload=myFunction;
```

2) jQuery 方式

```
function myFunction()
{
    $("#h01").html("Hello jQuery");
}
$(document).ready(myFunction);
```

jQuery 的 $("#h01")使用 CSS 的 id 选择符引用 HTML DOM 对象,与 document.getElementById("h01")等价。它还可使用类选择符、标记选择符等 CSS 选择符。

上面代码的最后一行,HTML DOM 文档对象被传递到 jQuery: $(document)。向 jQuery 传递 DOM 对象时,jQuery 会返回以 HTML DOM 对象包装的 jQuery 对象。

jQuery 函数会返回新的 jQuery 对象,其中的 ready()是一个方法。由于在 JavaScript 中函数就是变量,因此可以把 myFunction 作为变量传递给 jQuery 的 ready()方法。

提示:jQuery 返回 jQuery 对象,与已传递的 DOM 对象不同。jQuery 对象拥有的属性和方法与 DOM 对象的不同。不能在 jQuery 对象上使用 HTML DOM 的属性和方法。

【例 3.22】 jQuery 改变元素的属性和内容。

```
<!DOCTYPE html>
<html>
<head>
<script src="https://ajax.googleapis.com/ajax/libs/jquery/1.8.3/jquery.min.js"></script>
<script>
    function myFunction()
    {
        $("#h01").attr("style","color:red").html("Hello jQuery")
    }
    $(document).ready(myFunction);
</script>
</head>
<body>
    <h1 id="h01"></h1>
</body>
</html>
```

在上述代码 $("#h01").attr("style","color:red").html("Hello jQuery")中,采用了 jQuery 链式语法,链接(Chaining)是一种在同一对象上执行多个任务的便捷方法。这行代码的作用是引用 id="h01"的元素,设置其 style 属性为"color:red"(红色字体),设置其内容为"Hello jQuery"。

3. jQuery 事件处理

下面我们先看一个利用 jQuery 库处理事件的例子。

【例 3.23】 jQuery 处理事件。

```
<html>
<head>
    <script type="text/javascript" src="jquery.js"></script>
    <script type="text/javascript">
        $(document).ready(function(){
            $("button").click(function(){
            $("p").hide();
            });
        });
```

```
        </script>
    </head>
    <body>
        <h2>This is a heading</h2>
        <p>This is a paragraph.</p>
        <p>This is another paragraph.</p>
        <button>Click me</button>
    </body>
</html>
```

在上述例子中使用了函数嵌套语法。其主要含义为：当$(document).ready()即文档加载以后调用一个函数，叫作回调函数，在回调函数里为 button 标记分配了 click()事件处理函数，在事件处理函数中把段落 p 标记隐藏 hide()。上述事件处理方法和流程是 jQuery 事件的主流方法，可以完成功能强大的事件处理链。

由于教材篇幅所限，有关 jQuery 更详细的用法，请参阅相关的书籍和资料。

3.4.8 JavaScript 的典型应用

JavaScript 能够响应客户的请求，与客户进行交互。比如对客户在表单中输入的内容进行验证，使其符合输入的要求，减少输入的错误；利用 JS 可以弹出对话框与客户进行互动；还可以完成一些特殊的效果，比如导航菜单的设计、图片展示窗的设计、面板 TABs 的设计等；利用异步 JS(Ajax)可以实现无刷新的数据加载。总之 JavaScript 可以完成 Web 前端编程的所有功能。下面介绍 JS 最典型的应用：JS 表单验证和三种对话框中数据的传递。

1. 表单验证

JavaScript 通常在客户端用来验证用户输入的数据是否正确，这是 JavaScript 最主要的用途之一。下面的例子用 JavaScript 语言来验证用户输入信息是否满足规定的要求：①用户名密码不能为空；②用户名的长度不能少于 6 位；③两次输入密码必须一致。用于接收用户数据信息的页面为 ch3_23.html，其核心代码如下所示。

【例 3.24】 利用 onsubmit 事件进行表单验证。程序文件名为 ch3_23.html。

```
<script src="check.js"></script>
<form name='userlogin' onsubmit='return checkform();' action='' method='post'>
    <label>    姓名:</label>
    <input name="username" type="password" class="topbox"><br>
    <label>密码:</label>
    <input name="pwd" type="password" class="topbox"><br>
    <label>确认密码:</label><input name="pwd1" type="password" class="topbox"><br>
    <input type=submit value="注册" name=submit>
    <input name=reset type=reset id="reset" value="清除">
```

```
</form>
```

在上述代码中，<script>标记用来引用外部.js文件，该.js文件名为check.js，该脚本文件用来校验用户输入的数据是否符合要求。源代码如下所示。

```
function checkform()
{
    if(document.userlogin.username.value==""){
        alert ("提示:\n\n 请输入用户名!");
        document.userlogin.username.focus();
        return false;
    }
    if (document.userlogin.username.value.length<6){
        alert ("提示:\n\n 用户名 6 位");
        document.userlogin.username.focus();
        return false;
    }
    if (document.userlogin.pwd.value==""){
        alert ("提示:\n\n 请输入密码!");
        document.userlogin.pwd.foucs();
        return false;
    }
    if (document.userlogin.pwd1.value==""){
        alert ("提示:\n\n 请输入用户名!");
        document.userlogin.pwd1.focus();
        return false;
    }
    if (document.userlogin.pwd1.value!=document.userlogin.pwd.value){
        alert ("提示:\n\n 你两次输入的密码不一致!\n\n 请重新输入");
        document.userlogin.pwd1.focus();
        return false;
    }
    return true;
}
```

上述代码中，使用 if 语句分别对不同形式的数据进行验证。如果校验不通过，则返回 false，从而不会提交到服务器端。注意在表单事件 onsubmit 后的处理语句是"return checkform();"，return 不能少，否则即使验证不通过最后也会提交到服务器端。

在上例中我们是用表单的 onsubmit 事件进行处理的。机制为：单击提交按钮触发 onsubmit 事件，调用验证函数进行验证，再把验证结果返回给表单，从而决定是否调用 submit() 函数。也可使用普通按钮的 onclick 事件进行处理，请看下面的例子。

【例 3.25】 利用普通按钮实现表单验证，程序文件名为 ch3_24.html。

```
<HTML>
<SCRIPT LANGUAGE="JavaScript">
```

```
function mycheck(){
    bFlag=true;
    if (document.myform.xuehao.value=="") {
        alert("请输入学号!");
        document.myform.xuehao.focus();
        bFlag=false;
    }
    if (document.myform.xuehao.value.length!=13) {
        alert("标准学号为13位,您目前输入的学号为"+
        document.myform.xuehao.value.length+"位");
        document.myform.xuehao.focus();
        bFlag=false;
    }
    if (bFlag)
    {
        document.myform.submit();
    }
}
</SCRIPT><BODY>
<FORM METHOD="POST" ACTION="do_submit.htm" name="myform">
    <INPUT type="text" name="xuehao" size="20"><BR>
    <INPUT TYPE="BUTTON" VALUE="普通按钮" ONCLICK="mycheck()">
    <INPUT TYPE="RESET" VALUE="重置" NAME="B2"></P>
</FORM>
</BODY>
</HTML>
```

程序结果如图 3-32 所示。

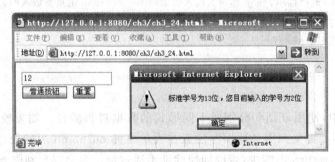

图 3-32 验证出错信息

2. 3 种网页对话框

在 Web 应用开发中,经常需要弹出对话框与用户交互,主窗口(主页面)和对话框(子页面)之间需要进行数据传递。网页对话框可分为 3 种类型:window.open()打开的普通网页、Web 模式对话框和 Web 非模式对话框。

- 普通对话框：利用 window.open()打开的页面和其他窗口一样，可以在页面之间切换。
- Web 模式对话框：不能和其他窗口切换焦点，处于最上层，如警告框。
- Web 非模式对话框：可以和其他空串切换焦点，但是永远在屏幕最前面。

这三种对话框都要与它的主窗口/父窗口/打开者进行数据交换，共同完成系统的功能。对话框和主页面之间的数据交换或者说参数传递是 Web 应用开发中最常用的技术，下面通过例子来说明。

【例 3.26】 三种网页对话框，程序文件名为 ch3_25.html。

```
<HTML>
<HEAD>
<SCRIPT LANGUAGE="JavaScript">
    function openNewWindow(szMethod) {
        if (szMethod=="modal") {
                window.showModalDialog("ch3_25_2.html",myform.txt,"dialogTop:
100px; dialogLeft: 100px; dialogWidth: 200px; dialogHeight: 200px; scroll: 1;
status:0;");
        }
        else if (szMethod=="modeless") {
                window.showModelessDialog("ch3_25_2.html",myform.txt,"dialogTop:
100px; dialogLeft: 100px; dialogWidth: 200px; dialogHeight: 200px; scroll: 1;
status:0;");
        }
        else {
            window.open("ch3_25_1.html","subWin");
        }
    }
</SCRIPT>
</HEAD>
<BODY>
    <form name="myform">
        <INPUT type="button" value="window.open"
        onclick="openNewWindow('normal');"><BR>
        <INPUT type="button" value="showModalDialog"
        onclick="openNewWindow('modal');"><BR>
        <INPUT type="button" value="showModelessDialog"
        onclick="openNewWindow('modeless');"><br>
        <input type="text" name="txt">
    </form>
</BODY>
</HTML>
```

在上述网页中，当用户单击 window.open 这个按钮时，将会执行"window.open

("ch3_25_1.html","subWin");"这条语句,打开 ch3_25_1.html 网页。window.open() 函数最多可拥有三个参数,第一个是要打开网页的 URL;第二个参数是设定打开窗口的名称,主窗口通过这个名称(如本例的"subWin")就可访问到子窗口(子网页);第三个参数是设定窗口的样式参数。两个窗口之间的关系是打开者与被打开者之间的关系,在被打开的窗口中如要引用主窗口,则使用 opener 这个名称来引用。下面的例子利用 opener 引用父窗口,实现两个网页间数据的传递。如程序 ch3_25_1.html 所示。

【例 3.27】 普通网页与父窗口的传值,程序文件名为 ch3_25_1.html。

```
<HTML>
<SCRIPT LANGUAGE="JavaScript">
    function tran()
    {
        opener.myform.txt.value=document.myform.txt.value;
        window.close();
    }
</SCRIPT>
<BODY>
    <FORM NAME="myform">
        <INPUT TYPE="text" NAME="txt" VALUE="测试">
        <INPUT TYPE="button" VALUE="传递" ONCLICK="tran()">
    </FORM>
</BODY>
</HTML>
```

程序运行结果如图 3-33 所示。

图 3-33 普通网页与父窗口的传值

对话框(包括模式对话框和非标模式对话框)是一种特殊的窗口,它们与主窗口之间的关系是调用与被调用的关系,类似于函数的调用。在父窗口打开对话框时要指定参数对象,这个参数对象就是两个窗口数据交换的桥梁。父窗口使用 window.showModalDialog() 函数来打开模态对话框,这个函数也有三个参数,第一个参数是子网页的 URL,第二参数就是参数对象,第三个参数指定窗口样式。下面的代码以模态对话框的形式打开"ch3_25_2.html"这个网页,代码如下:

```
window.showModalDialog("ch3_25_2.html", myform.txt,    "dialogTop:100px;
dialogLeft: 100px;    dialogWidth: 200px; dialogHeight: 200px; scroll: 1;
status:0;");
```

其中第二个参数"myform.txt"就是指定的参数对象,是 myform 表单中的一个名为 "txt"的文本框。在对话框中使用"window.dialogArguments"来访问父窗口中的参数对象"myfom.txt",通过读取这个参数的值获取父窗口的数据,也可以为这个参数赋值,传回给父窗口,代码如下所示。

【例 3.28】 对话框与父窗口之间的信息双向传递。

```
<HTML>
<SCRIPT LANGUAGE="JavaScript">
    function tran()
    {
        window.dialogArguments.value=document.myform.txt.value;
        window.close();
    }
    function getdata()
    {
        document.myform.txt.value=window.dialogArguments.value;
    }
</SCRIPT>
<BODY>
    <FORM NAME="myform">
    <INPUT TYPE="text" NAME="txt" VALUE="测试">
    <INPUT TYPE="button" VALUE="获取" ONCLICK="getdata()">
    <INPUT TYPE="button" VALUE="传递" ONCLICK="tran()">
    </FORM>
</BODY>
</HTML>
```

程序运行结果如图 3-34 所示。

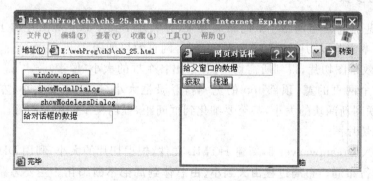

图 3-34 对话框与父窗口之间的信息双向传递

3.5 实验指导

1. 实验目的

（1）熟悉 HTML 静态网页编程技术，熟悉 HTML 的各种标记，特别是表单标记。
（2）熟悉 CSS 编程技术，掌握 CSS 来格式化网页、掌握 CSS 盒式模型、定位技术。
（3）掌握 DIV+CSS 布局，掌握 CSS 设计网页的一般流程。
（4）熟悉 Dreamweaver 的 CSS 设计器。
（5）熟悉 JavaScript 语法。
（6）掌握 JavaScript 函数的创建和调用。
（7）熟悉 JavaScript 对象，特别是浏览器对象。
（8）理解 DOM 模型，掌握 HTML 对象的访问方法，会通过 DOM 改变 HTML 对象的内容、属性和样式。
（9）掌握 JavaScript 事件响应模型，掌握对象事件分配的方法。
（10）熟悉 JavaScript 的典型应用，会用 JavaScript 来对表单进行验证。

2. 实验内容

（1）构思一个信息（新闻）发布网站，主题自选，设计好信息（新闻）类别。
（2）制作主页效果 PSD 图。
（3）用 DIV+CSS 布局主页框架。
（4）利用 HTML 和 CSS 技术对主页进行细化设计。
（5）在主页上内嵌一个登录表单，并用 JavaScript 进行表单验证。

3. 实验仪器及耗材

计算机，Dreamweaver 8、Photoshop 等软件。

4. 实验步骤

（1）构思信息发布网站主页的布局效果，并利用 Photoshop 等图片加工工具设计主页效果图。本实验以"凡夫 News"首页为例。网页效果如图 3-35 所示。
（2）将效果图切片，得到所需切片图，量出各个框的大小（像素）。

例如整个网页的宽，顶部 top 的宽、高，登录框大小，banner 的大小，左边新闻的大小，中间互联网新闻块的大小，甚至要细化到框间距，框内文字的填充距等。图 3-36 列出了几个块的切片图。

（3）进入 Dreamweaver 8，新建 HTML 文件，根据切片的大小，利用 DIV+CSS 的方法对网页进行布局。**布局过程由大到小、由总体到局部不断细化**。主要思路可参照如下框架代码，注释已标注各块的 CSS 属性。

```
<body id="page">          <!--整个页面950宽,居中,背景色 -->
```

图 3-35　"凡夫 News"主页效果图

图 3-36　"凡夫 News"主页部分切片图

```
        <div class="top"></div>         <!--顶部块宽 950px,高 50px-->
    <div class="partA">                 <!--第一块,含右边的登录框和右边的图片-->
        <div class="left">              <!--左边,宽 250px,向左浮动-->
            <div class="login"><form></form></div>      <!--登录框-->
        </div>
        <div class="rightbox">          <!--右边,宽 700px,向左浮动-->
            <div class="banner"></div>  <!--右边的图片-->
        </div>
    <div class="partB">                 <!--第二块,含左边的热点新闻和右边的四个框-->
        <div class="left">  <!--左边,width:240; float:left; magin:0 10px 5px 0; -->
            <h3>热门大事件</h3>         <!--标题-->
            <div class="box">           <!--新闻框,框 1px,填充上面 2px,左右 15px-->
        </div>
        <div class="rightbox">          <!--右边的大框,宽 700px,高 auto,含四个新闻块-->
            <div class="middle">        <!--中间的互联网块-->
                <div class="box"><ul><li>多条新闻列表</li></ul></div></div>
            <div class="right">         <!--右边的数据库块-->
                <div class="box"><ul><li>多条新闻列表</li></ul></div></div>
            <div class="middle"></div>  <!--中间的操作系统块-->
                <div class="box"><ul><li>多条新闻列表</li></ul></div></div>
            <div class="right"></div>   <!--右边的 Java 块-->
                <div class="box"><ul><li>多条新闻列表</li></ul></div></div>
        </div>
    </div>
    <div class="foot"></div>            <!--底部块-->
</body>
```

使用 CSS 美化页面,为各块编写 CSS,达到与效果图一致的效果。注意:这里一定要从大框架入手,然后再来逐步细化,切忌一开始就对某一小块详细细化,要整个布局完成后再细化。

下面介绍在 Dreamweaver 软件里如何编写 CSS。右击代码视图的某个标记,从弹出菜单选择"CSS 样式"→"新建",出现新建 CSS 规则对话框如图 3-37(a)所示。选择选择

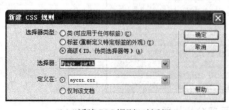

(a) "新建CSS规则"对话框

(b) "类型"选项卡

图 3-37　Dreamweaver CSS 样式设计界面

器的类型,并给选择器命名,如顶部块 HTML 代码为<div class="top">,则选择器为.top;若为 id 选择器,则前面加#号。单击"确定"后,弹出 CSS 规则设计器,如图 3-37(b)所示。该图中的"类型"选项卡主要设置 CSS 的字体属性,"背景"选项卡对应 CSS 的背景颜色属性,"块区"选项卡对应 CSS 的文本属性,"方框"和"边框"选项卡对应 CSS 框模型,"列表"选项卡对应 CSS 列表属性,"定位"选项卡对应 CSS 定位属性。

(4) 从 Dreamweaver 右边的 CSS 属性窗口,可直接添加属性,双击选择器可打开 CSS 设计器进行修改。也可以直接在 CSS 文件里修改,如把所有选择器的外边距、填充距、边框都设为 0,可直接在 CSS 文件添加:

```
* { margin:0; padding:0; border-width:0;}
```

(5) 逐步细化,完成主页界面的制作。
(6) 完成登录表单,并用 JavaScript 进行表单验证。
登录表单的 HTML 代码为:

```
<div class="login" >
< form name =" loginform" id =" loginform" action =""  onsubmit =" return loginvalidate()">
    <label>用户:</label>< input type="text" name="username" id="username" size="20" /><br />
    <label>密码:</label>< input type="text" name="password" id="password" size="20" /><br />
    <input type="submit" value="登录" />   <a href="">注册</a>
</form>
</div>
```

在网页的<head></head>之间加入如下的 JavaScript 代码进行验证:

```
<script  language="javascript" >
    function loginvalidate(){
        if(document.loginform.username.value=="" ){
            alert("用户名不能为空!");
            document.loginform.username.focus();
            return false;
        }
        if(document.loginform.password.value==""){
            alert("密码不能为空!");
            document.loginform.password.focus();
            return false;
        }
        return true;
    }
</script>
```

示例主页的 CSS 代码如下:

```css
*{    margin:0px;    padding:0px;    border-width: 0px;}
a { color: #546F92;   }
a:hover { color: #808080;  }
h3{ background-color:#ccc; padding-left:15px; line-height:35px; vertical-align: middle; }
#page{            /* 页面属性 */
    width:950px;   margin:0 auto;   background: #fff url(../images/bg.gif) repeat-x;
    font: normal  Tahoma, Verdana, Arial, Helvetica, Sans-Serif;
    line-height: 1.6em;    color: #333;    font-size:14px;        }
 /* 顶部 */
.top{width:950px;  height:auto; margin-bottom:10px;}
    #logo {        float: left;       padding: 10px 0 10px 10px;       }
    #logo h1 { color: #000; background: #fff; }
    #menu {
        float: right;       color: #808080;       padding: 18px 1px 11px 0;
        margin: 0;     background-color: #fff;    background-repeat: no-repeat;
        background-position: right bottom;    }
        #menu li {
            padding: 14px 18px 14px 18px;      color: #444;
            background: #fff url(images/bar.gif) no-repeat bottom left;
            display: inline;       }
        #menu li a {
            background: #f8f8f8;   color: #808080;   text-decoration: none;  }
        #menu li a:hover {
            color: #000;          background: #f8f8f8;       }
.box{        /* 给块加实线框,并留出内边距 */
    border:solid #ccc 1px;    margin: 0 0 6px 0;    padding:2px 15px; }
.left {        /* 左边块属性 */
    float: left;    width: 240px;     margin: 0 10px 5px 0;     }
.rightbox {      /* 右边大块 */
    width:700px;   float: left;     margin-bottom: 5px;    }
.partA{ width:950px; height:150px; clear:both;}    /*登录和图片的大块 */
    .login {              /* 登录块 */
        height:120px;     line-height: 2;    background-color: #9CCDCD;
        margin-bottom: 5px;      padding: 10px 20px;         }
    .banner{         /* 图片块 */
        background-image: url(images/intro.jpg); float: right;   width: 670px;
        height: 110px;     padding-left: 30px;      padding-top: 30px;    }
.partB{ width:950px; height:450px; clear:both;}      /* 中部的新闻大块 */
    .middle{         /* 中间的新闻框 */
        float: left;   height: 300px;    width: 345px;     margin: 0 10px 0px 0; }
    .right{        /* 右边的新闻框 */
        float: left;     height: 300px;        width: 345px;         }
.foot {            /* 底部 */
```

```
    width: 950px;      clear: both;    text-align: center;
}
```

习　　题

1. 如何在网页中设置字体？有哪些字体可以使用？
2. 如何在网页中引入一张图片？如何缩小图片大小？
3. 如何使用超链接？如何将下画线去掉？
4. 如何定义表单？表单有几种提交方式？
5. 如何设计框架？
6. 加载 CSS 样式的方式有哪些？如何使用？
7. 如何设置 CSS 的字体属性、文本属性、背景颜色属性、列表属性？
8. CSS 的 width 属性是不是指框(盒子)的宽度？如果不是，框的总宽度如何计算？
9. margin 和 padding 属性有什么区别？
10. CSS 定位常与哪些属性有关？有几种定位坐标？有何区别？
11. 如何理解 CSS 的浮动 float 属性？如何利用 float 属性对框进行布局？
12. 如果框内的元素超过了框的大小，如何不影响整体布局，又能把所有内容显示出来？
13. 如何使列表<ul><li>元素没有前面的小圆点？如何使两个或多个<li>项共处一行？
14. JavaScript 有哪些对象？HTML 对象有哪些常用的事件属性？
15. 什么是 DOM 模型？如何通过 DOM 来访问 HTML 对象？如何改变 HTML 对象的内容、属性和样式？
16. 为 HTML 对象分配事件响应有哪些方法？各方法有哪些特点？
17. 如何利用 CSS 和 JavaScript 设计导航栏，包括水平导航栏和垂直导航栏？
18. 如何利用 CSS 和 JavaScript 使多个版块内容共享一个版块显示空间，通过选项卡技术进行切换？
19. 如何利用 JavaScript 进行表单验证？提交按钮和普通按钮的表单验证有何区别？
20. 如何利用 JavaScript 使两个页面或主页与对话框之间进行数据传递？

第 4 章

Servlet 编程技术

Servlet 技术是 Web 服务器端的编程技术之一,是 Sun 公司最早推出的 Java Web 编程技术,是 JSP 的核心基础,也是实现 MVC 模式中的重要技术之一。Servlet 技术是 Java Web 编程的必备技术,是深刻理解 JSP 技术的基础。本章介绍 Servlet 的概念、功能、生命周期、配置和 Servlet 的常用接口和使用方法。学习本章需要一定的 Java 程序设计基础。

4.1 Servlet 概述

4.1.1 Servlet 的基本概念

Servlet 是 Sun 公司实现 CGI 程序的 Java 技术解决方案,是一种用于服务器端程序设计的 Java API,是 javax 包中的一个扩展包。

Servlet 是服务器端的小程序,在服务器端用来接收和响应客户端的请求。Servlet 与 Java 语言程序设计课程中学过的 Applet 相对应。Applet 是运行在客户端浏览器上的程序,而 Servlet 是运行在 Web 服务器端的程序。Applet 和 Servlet 都是字节码对象,都可以动态地加载和执行。Applet 被称为客户端小程序,所以人们又将 Servlet 称为"服务器端小程序"。这种"服务器端小程序"存放在 Web 服务器的 Servlet 容器中,用户可以通过 HTTP 向这些小程序发出请求,经过一定的处理,再通过 HTTP 来响应客户端的请求。

Servlet 容器是 Servlet 运行的场所,Servlet 容器和普通的静态 Web 容器不同。普通的 Web 容器存放的是静态网页,当收到客户的访问请求后,只是简单地将预先设计好的网页发回给浏览器端显示;而 Servlet 容器存放的是 Serlvet 小程序,接收到客户端的请求后,要在服务器端加载和运行这个 Servlet,再把运行产生的结果(动态网页)发回到浏览器端显示。

Servlet 技术是 Sun 公司最早推出的 Java Web 技术,也是 JSP 的基础。Servlet 是标准的 Java 类,体系结构设计先进,可充分利用 Java 的各种资源,所以其功能非常强大;但它在表示层上的实现存在一些缺陷,它的输出还是采用了传统的 print 语句输出,在编写复杂的表示层时显得很烦琐。

JSP是在Servlet之后产生的,它以Servlet为核心技术,是Servlet技术的一个成功应用。JSP最终会转译成符合Servlet规范的Java类,并编译成一个Servlet,提供服务的也是对应的Servlet,所以JSP的本质仍是Servlet。JSP相对于Servlet,在网页的表示方面做出了重大的改进,允许Java代码、HTML代码和JavaScript代码混合在一起,并可在一些网页设计软件中可视化地编写,极大地方便了网页的设计和修改,但如果大量的Java、HTML、JavaScript代码混合在一起,就会破坏程序的结构和可读性,不利于业务逻辑的处理。总之,Servlet和JSP各有优势,JSP侧重于页面的表现,Servlet更侧重于业务逻辑的实现。在MVC模式中JSP技术主要用于视图层,Servlet主要用于控制层,JavaBean用于模型层。

4.1.2 Servlet的功能

Servlet可以在服务器端完成数据库的访问,调用JavaBean,响应浏览器端的各种请求,向客户端发送页面等,总结起来,Servlet具有如下功能:

- Servlet可以同其他资源交互(例如文件、数据库、Applet、Java应用程序等资源),并能控制外部用户的访问数量及访问性质。
- 创建并返回一个包含基于客户端请求性质的动态的完整HTML页面,也可以创建嵌入到现有HTML页面中的HTML片段。
- 与多个客户机处理连接,同时处理多个浏览器的请求,并在各浏览器间通信,例如Servlet可以是多个用户参与的游戏服务器。
- 与Applet通信。Servlet可以建立服务器与Applet的新连接,并将该连接保持在打开状态。
- 对客户端提交的特殊类型数据进行过滤,例如Servlet处理文件上传、图像转换等。
- Servlet可被连接。Servlet可以调用另一个或一系列Servlet,即成为它的客户端。

4.1.3 Servlet技术的特点

Java Servlet是在服务器端运行的,具有更高的效率,更容易使用,功能更强大,具有更好的可移植性,其特点可归纳为:

- **高效**。在传统的CGI中,每个请求都要启动一个新的进程,如果CGI程序本身的执行时间较短,启动进程所需要的开销很可能反而超过实际执行时间。而在Servlet中,Servlet被客户端发送的第一个请示激活,以后它将继续运行在后台,等待以后的请求,每个请求由一个轻量级的Java线程处理(而不是重量级的操作系统进程)。
- **方便**。Servlet提供了大量的实用工具例程,例如自动地解析和解码HTML表单数据,读取和设置HTTP头,处理Cookie,跟踪会话状态等。
- **功能强大**。在Servlet中,许多使用传统CGI程序很难完成的任务都可以轻松地完成。例如，Servlet 能够直接和 Web 服务器交互，而普通的 CGI 程序不能。Servlet 还能够在各个程序之间共享数据，使得数据库连接池之类的功能很容易实现。
- **可移植性好**。Servlet 用 Java 编写，Servlet API 具有完善的标准。几乎所有的主流服务器都直接或通过插件支持 Servlet，因此 Servlet 可以轻松地在平台间移植，而且无须做任何修改。

4.1.4 Servlet 的生命周期

Servlet 的生命周期可以分为 4 个阶段，如图 4-1 所示。

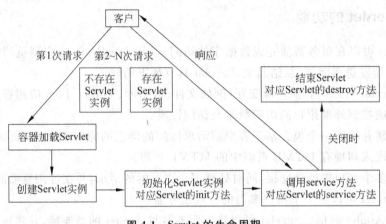

图 4-1 Servlet 的生命周期

1. 加载阶段

Servlet 容器加载一个 Java Servlet 的类，创建 Servlet 的实例。这个阶段发生在 Web 服务器启动时也可能推迟到 Web 客户端请求 Servlet 服务器时。应注意的是，Servlet 只需要被加载一次就可实例化该类的一个或多个实例。

2. 初始化阶段

Servlet 容器调用该实例的 init() 函数，进行初始化。在这个阶段会读取配置信息。如果初始化失败，则会直接卸载，而不调用 destroy() 方法释放资源。

3. 运行阶段

如果客户对该 Servlet 有请求，则调用该实例的 service() 函数，提供服务。在 service() 方法中，有两个参数，一个代表请求的 ServletRequest 类的对象；另一个代表响应的 ServletResponse 类的对象。

4. 结束阶段

调用 destroy() 方法回收 init() 方法中申请的资源。这个阶段发生在 Web 服务器和容器关闭时或 Servlet 被服务器卸载时。容器在 destroy()方法完成后销毁并标记该 Servlet 实例，以便作为垃圾收集。

4.2 Servlet 的创建、配置和调用

4.2.1 Servlet 的创建

使用 MyEclipse 编程环境可以方便地创建、编写和运行 Servlet。基本步骤和前面 JSP 工程的建立步骤一致。首先创建一个 Web 工程，工程名为 ch4_1，然后右击工程的 src 目录，新建一个 Servlet 文件，如图 4-2 所示。

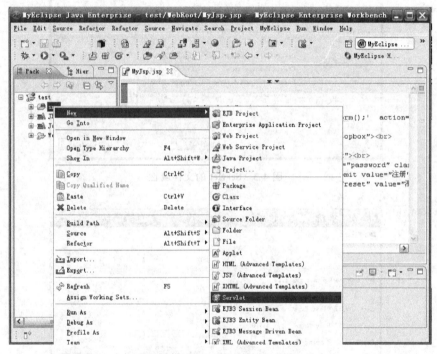

图 4-2　新建一个 Servlet 文件

在 Servlet 文件对话框中需要输入 Servlet 所在的包名和 Servlet 名，在该程序中，分别输入 com 和 j4_01，其他均按照默认选项，如图 4-3 所示。

因为 Servlet 运行需要一个配置文件 web.xml，在该文件中需要配置 Servlet 的类名和访问路径。如果不用集成开发环境，则这个过程需要手动建立。在开发环境中，web.xml 文件是自动更新的。配置界面如图 4-4 所示。

这里一般要修改的往往只有 Servlet URL 访问路径，这里暂时全部使用默认值。完成创建后，会在 src 目录下创建一个包 com，同时在包中 com 创建一个 j4_01.java 文件。可以双击打开该文件，查看内容，如图 4-5 所示。产生的 Java 文件已经包括了 Servlet 的模板，只需要将代码添加进去。

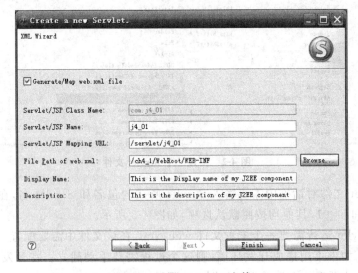

图 4-3　Servlet 的文件属性

图 4-4　配置 Web.xml 文件

4.2.2　Servlet 的文件框架

打开前面建立的 Servlet j4_01.java,认识一下其文件的框架。程序代码见例 4.1。

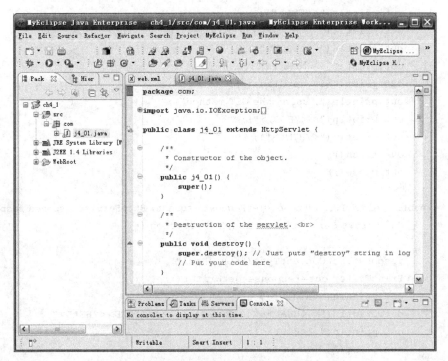

图 4-5 创建好的 Servlet 文件

【例 4.1】 Servlet 的文件框架,程序文件名为 ch4_1/src/com/j4_01.java。

```
package com;
import java.io.IOException;
import java.io.PrintWriter;
import javax.servlet.ServletException;
import javax.servlet.http.HttpServlet;
import javax.servlet.http.HttpServletRequest;
import javax.servlet.http.HttpServletResponse;
public class j4_01 extends HttpServlet {
    public j4_01() {
        super();
    }
    public void destroy() {
        super.destroy(); //Just puts "destroy" string in log
    }
    public void doGet(HttpServletRequest request, HttpServletResponse response)
            throws ServletException, IOException {

        response.setContentType("text/html");
        PrintWriter out=response.getWriter();
        out.println("<!DOCTYPE HTML PUBLIC \"-//W3C//DTD HTML 4.01 Transitional//
        EN\">");
```

```
        out.println("<HTML>");
        out.println("  <HEAD><TITLE>A Servlet</TITLE></HEAD>");
        out.println("  <BODY>");
        out.print("    This is ");
        out.print(this.getClass());
        out.println(", using the GET method");
        out.println("  </BODY>");
        out.println("</HTML>");
        out.flush();
        out.close();
    }
    public void doPost(HttpServletRequest request, HttpServletResponse response)
            throws ServletException, IOException {

        response.setContentType("text/html");
        PrintWriter out=response.getWriter();
        out.println("<HTML>");
        out.println("  <HEAD><TITLE>A Servlet</TITLE></HEAD>");
        out.println("  <BODY>");
        out.print("    This is ");
        out.print(this.getClass());
        out.println(", using the POST method");
        out.println("  </BODY>");
        out.println("</HTML>");
        out.flush();
        out.close();
    }
    public void init() throws ServletException {
        //Put your code here
    }
}
```

Servlet 里主要有五个函数,分别是构造函数、初始化函数 init( )、销毁函数 destroy( )、doGet( )函数和 doPost( )函数。init( )和 destroy( )两个函数是前面 Servlet 生命周期提到的方法。另一个生命周期方法 service( )这里没有重写,只是简单的继承。service( )会调用这里的 doGet( )函数或者 doPost( )函数来提供相应的服务。所以,Servlet 编程的主要任务就是编写 doGet( )或 doPost( )方法。在第 3 章 HTML 部分曾提到 form 表单提交方式 method 有两种方式,分别是 get 方式和 post 方式。这里的在 doGet( )和 doPost( )就是分别用于处理这两种提交方式提交的数据。默认的情况,调用 Servlet 的 doGet( )方法。

4.2.3　Servlet 的配置

前面讲到,在 MyEclipse 集成环境中创建 Servlet 时,会自动在 web.xml 配置文件中添加内容,下面看看 web.xml 中的内容。这个配置文件位于 WebRoot 目录的 Web-INF

目录下,双击打开该文件,代码如下:

```xml
<?xml version="1.0" encoding="UTF-8"?>
<web-app version="2.4"
    xmlns="http://java.sun.com/xml/ns/j2ee"
    xmlns:xsi="http://www.w3.org/2001/XMLSchema-instance"
    xsi:schemaLocation="http://java.sun.com/xml/ns/j2ee
    http://java.sun.com/xml/ns/j2ee/web-app_2_4.xsd">
  <servlet>
    <description>This is the description of the Servlet</description>
    <display-name>j4_01</display-name>
    <servlet-name>j4_01</servlet-name>
    <servlet-class>com.j4_01</servlet-class>
  </servlet>
  <servlet-mapping>
    <servlet-name>j4_01</servlet-name>
    <url-pattern>/servlet/j4_01</url-pattern>
  </servlet-mapping>
  <welcome-file-list>
    <welcome-file>index.jsp</welcome-file>
  </welcome-file-list>
</web-app>
```

这是一个 xml 格式的文件,关于 xml 后面会讲到。在该文件中粗体部分内容是我们刚才创建 Servlet 时自动加入的,如果我们想更改有关选项,可直接在这里改。具体含义如表 4-1 所示。

表 4-1 Servlet 部署文件的标记含义

序号	标记名称	功能描述
1	`<web-app>`	web.xml 的根标记
2	`<servlet>`	该标记标识 Servlet,由服务器处理。一个部署文件中可以有若干个该标记,每个 Servlet 对应一个
3	`<description>`	`<servlet>`标记的子标记,对该 Servlet 简单描述
4	`<display-name>`	`<servlet>`标记的子标记,Servlet 的显示名,可不设置
5	`<servlet-name>`	`<servlet>`标记和`<servlet-mapping>`的子标记,标识 Servlet 的正式名字,名字必须唯一
6	`<servlet-class>`	`<servlet>`标记的子标记,标识 Servlet 的所在的包和类名
7	`<init-param>`	`<servlet>`标记的子标记,Servlet 可用的初始化参数
8	`<param-name>`	`<init-param>`标记的子标记,参数名
9	`<param-value>`	`<init-param>`标记的子标记,参数值
10	`<servlet-mapping>`	与`<servlet>`标记对应出现,用来将 Servlet 映射到一个 URL
11	`<url-pattern>`	`<servlet-mapping>`的子标记,设置 Servlet 的访问 URL,这个 URL 必须以"/"开头,否则会出错,其含义为本工程路径

4.2.4 Servlet 的运行

按照第 2 章介绍的步骤发布该工程到 Tomcat 服务器中,并启动 Tomcat,通过浏览器访问产生的 Servlet。只要在浏览器的地址栏输入刚才配置的 URL 即可,如图 4-6 所示。

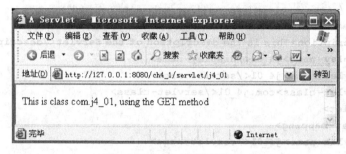

图 4-6 Servlet 的运行结果

4.3 Servlet 的常用接口及使用

4.3.1 Servlet 的体系

1. Servlet API 体系

Servlet API 包含两个包:javax.servlet 和 javax.servlet.http 包。在这两个包中,javax.sevlet 包中定义的类和接口是独立于协议的;而 javax.servlet.http 包中包含了实现了 HTTP 协议的类和接口。javax.servlet.http 包中的某些类或接口继承了 javax.servlet 包中的某些类或接口。表 4-2 按功能分类,列出了 Java Servlet API。其中粗体字部分是常用的类或接口,斜体字部分表示接口。

表 4-2 Servlet API

目 的	类、接口
Servlet 实现	*javax.servlet.Servlet*, *javax.servlet.SingleThreadModel* **javax.servlet.GenericServlet**, **javax.servlet.http.HttpServlet**
Servlet 配置	*javax.servlet.ServletConfig*
Servlet 异常	**javax.servlet.ServletException**, javax.servlet.UnavailableException
请求和应答	*javax.servlet.ServletRequest*, *javax.servlet.ServletResponse* javax.servlet.ServletInputStream, javax.servlet.ServletOutputStream ***javax.servlet.http.HttpServletRequest***, ***javax.servlet.http.HttpServletResponse***
会话跟踪	***javax.servlet.http.HttpSession***, *javax.servlet.http.HttpSessionBindingListener* javax.servlet.http.HttpSessionBindingEvent

续表

目的	类、接口
Servlet 上下文	*javax.servlet.ServletContext*
Servlet 协作	*javax.servlet.RequestDispatcher*
其他	**javax.servlet.http.Cookie**, javax.servlet.http.HttpUtils

2. Servlet 实现相关

创建一个 Servlet 类,它必须直接或间接地实现 javax.servlet.Servlet 接口,在该接口中定义了 Servlet 生命周期中的方法和 Servlet 最基本的方法。实现 Servlet 程序的层次结构如图 4-7 所示。

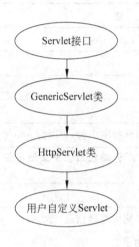

init( ):初始化函数
destroy( ):销毁函数
service( ):服务函数
getServletConfig():获取配置信息

getInitParameter():取初始化参数　getServletCofig():配配置信息
getSevletContext():取上下文对象　log():编写注册Servlet入口
sevice():服务函数,唯一的抽象函数,子类必须重写
getServletInfo():返回空串　　　　getServletName:返回Servlet名字

doGet:处理HTTP GET请求　doPost:处理HTTP POST请求
doPut:处理HTTP PUT请求　doDelete:处理HTTP DELETE请求
sevice():服务函数,实际上请求导向doGet、doPost等函数。不应该覆盖此方法

通常重写下面几个方法,主要任务是编写doGet或doPost方法。
init( ):初始化函数　destroy( ):销毁函数
doPost:处理HTTP POST请求
doGet:处理HTTP GET请求

图 4-7　Servlet 类的层次关系及主要函数

4.3.2　Servlet 请求和响应接口

客户端向服务器发送一个请求,服务器获得该请求后进行处理,并把处理的结果返回到客户端。这一过程建立在 HTTP 协议"请求—响应"模式的基础上,在服务器端 Servlet 程序的运行需要两个基本 Servlet 对象参与,一个是 Servlet 的请求对象,另一个是 Servlet 的响应对象,这两个对象是 doGet()和 doPost()函数的参数。请求对象中封装了客户端请求的一些细节,如请求的方法、请求的文件头等。响应对象中封装了服务器端在响应时的一些细节,如响应的文件类型、响应的编码等。

当服务器端通过 HTTP 协议接收到客户请求后,会将其客户端的信息和请求信息封装在 HttpServletRequest 对象中,并作为参数传递给 Servlet。Servlet 通过这个对象获取客户端的信息和请求,并将其处理后的内容通过 HttpServletResponse 对象回复到服务器端。Web 容器进行整理后用 HTTP 协议向客户端传送响应。

1. Servlet 请求接口

在 javax.servlet.http 包中存在常用的请求对象 HttpServletRequest 和响应对象 HttpServletResponse，这两个对象只处理和 HTTP 协议相关的请求和响应。HttpServletRequest 接口主要继承了 ServletRequest 接口，它封装了客户端 HTTP 的请求，该接口的对象主要在 service()方法、doGet()和 doPost()中获取客户端信息。它可以完成下面几种操作：读取和写入 HTTP 头标，获取和设置 Cookies，取得路径信息，标识 HTTP 会话，获取来自客户端的参数，设置和读取属性值等。

在 HttpServletRequest 接口中有许多常用的方法，按类型分类如表 4-3 所示。表中的粗体部分表示最常用的方法。

表 4-3　HttpServletRequest 接口的常用方法

类别	方　　法	概　　述
协议	String getMethod()	返回 HTTP 请求方法(例如 get、post 等)
	getProtocol	返回协议信息
客户信息	**getRomoteAddr()**	**返回浏览器端的 IP 地址**
	getRomoteHost()	返回远程主机名
	String getRemoteUser()	如果用户通过鉴定，则返回远程用户名，否则为 null
请求 URL	**String getRequestURI()**	**返回 URL 中的一部分，从"/"开始包括上下文但不包括任意查询字符串**
	getRequestURL	**返回完整的请求 URL**
	String getPathInfo()	返回在 URL 中指定的任意附加路径信息
	Strng getServletPath()	返回请求 URL 上下文后的子串
	String getQueryString()	返回查询字符串，即 URL 中后面的部分
	String getPathTranslated()	返回在 URL 中指定的任意附加路径信息，被转换成一个实际路径
	String getContextPath()	返回指定 Servlet 上下文(Web 应用)的 URL 的前缀
头	**int getIntHeader(String)**	**获取整型 HTTP 头标，getHeader()的简化版**
	Enumeration getHeaders(name)	返回请求给出的指定类型的所有 HTTP 头标的名称的枚举值
	Enumeration getHeaderNames()	返回请求给出的所有 HTTP 头标名称的枚举值
	String getHeader(String name)	**返回指定的 HTTP 头标**
	Enumeration getHeaderNames()	返回请求给出的所有 HTTP 头标名称的枚举值
	Long getDateHeader(name)	将输出转换成适合构建 Date 对象的 long 类型取值的 getHeader()的简化版
会话	**HttpSession getSession()**	**获取 HpptSession 对象**
	getRequestSessionId()	获取 session id 号

续表

类别	方法	概述
Cookie	**Cookie[]getCookies()**	返回与请求相关 Cookie 的数组
国际化	getCharacterEncoding()	返回字符编码
	getLocale()	得到国际化信息
	setCharacterEncoding()	设置字符编码
输入数据	getContentType	得到文本类型
	String getParameter(name)	获取参数，返回指定参数名的值，类型为字符串
	Enumeration getParameterNames()	获取所有参数名，结果为集合
	Enumeration getParameterValues()	获取所有参数的值，结果为集合
	getInputStream()	获取字节输入流
	getReader()	获取字符输入流
属性	**Object getAttribute(string name)**	获得属性数据，要强制转换为原来的类型
	getAttributeNames()	获取所有属性的名称，为集合
	romoveAttribute(stirng name)	移除属性
	setAttribute(string，Object)	设置属性，参数为属性名和属性值（只能为对象）

【例 4.2】 通过 HttpServletRequest 接口获取客户端的信息和请求参数。工程名为 ch4_2，文件名为 src/com/RequestInfo(节选)。

```
public void doGet(HttpServletRequest request, HttpServletResponse response)
    throws ServletException, IOException {
    PrintWriter out=response.getWriter();
    String s;
    //getMethod
    s="<br><b>request.getMethod():</b>"+request.getMethod();
    out.print(s);
    //getRequestURI
    s="<br><b>request.getRequestURI:</b>"+request.getRequestURI();
    out.print(s);
    //getProtocol
    s="<br><b>request.getProtocol():</b>"+request.getProtocol();
    out.print(s);
    //getParameter
    s="<br><b>request.getParameter(\"a\"):</b>"+request.getParameter("a");
    out.print(s);
    s="<br><b>request.getParameter(\"b\"):</b>"+request.getParameter("b");
    out.print(s);
    //getQueryString
```

```
s="<br><b>request.getQueryString():</b>"+request.getQueryString();
out.print(s);
//getHeaders
java.util.Enumeration e=request.getHeaderNames();
while(e.hasMoreElements()){
    String headerName=(String)e.nextElement();
    String herderValue=request.getHeader(headerName);
out.print("<br><b>"+headerName+"</b>    ");
    out.print("----"+  herderValue);
}
}
```

发布工程,启动 Tomcat,打开浏览器在地址栏输入 http://127.0.0.1:8080/ch4_2/servlet/RequestInfo?a=1&b=2,注意"?"后面的参数,运行结果如图4-8所示。

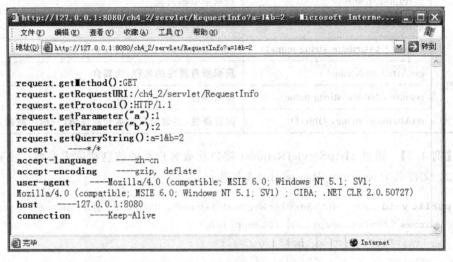

图 4-8　RequestInfo 程序执行结果

2. Servlet 响应接口

在 Servlet 中,通过 HttpServletResponse 接口的方法来响应请求,通过该接口可以设置输出缓冲区的大小,设置头标信息,设置国际化信息,写 Cookie 信息,获取输出流,重定向 URL 和发送状态信息等。该接口的常用方法如表4-4所示。

表 4-4　HttpServletResponse 接口的常用方法

类别	方法	概述
缓冲区	flushBuffer()	清空并输出
	getBufferSize()	得到缓冲区大小
	reset()	重置
	setBufferSize()	设置缓冲区大小

续表

类别	方 法	概 述
响应 URL	sendRedirect(String url)	重定向到指定 URL,可为任意的 URL 地址
头	addHeader() addDateHeader() addIntHeader() setHeader() setDateHeader() setIntHeader()	增加头标 增加 Date 型头标 增加 Int 型头标 设置头标 设置 Date 型头标 设置 Int 型头标
Cookie	addCookie()	增加 cookie
国际化	getCharacterEncoding() setCharacterEncoding() getLocal() setLocal()	获取字符编码 设置字符编码 获取国际化信息 设置国际化信息
输出数据	setContentType() getOutputStream() getWriter()	设置文本类型 获取字节输出流 获取字符输出流
状态错误	sendError() setStatus()	发送错误 设置状态

3. Servlet 请求和响应接口的典型应用

1) Servlet 处理表单数据

表单信息处理在任何 B/S 架构编程语言中都是非常重要的内容,Servlet 和 JSP 主要使用 HttpServletResquest 接口处理表单操作。主要的方法有:

- getParameter(string name):得到表单参数的值。
- getParameterNames():得到当前请求中所有参数的完整列表,类型为枚举。
- getParameterValues(String name):得到多次出现的参数(如复选框)的值,返回字符串数组。

如果参数存在但没有相应的值,那么 getParameter()返回空的 String;如果没有这样的参数,则返回 null。需要注意的是,参数名区分大小写。

【例 4.3】 Servlet 处理表单数据。

表单程序:ch4_2/WebRoot/reg.html
```
<html>
  <head><title>reg.html</title></head>
  <body>
  <form action="servlet/ProcessFormData  ">
  username:<input type=text name=username><br>
  passwrod:<input type=password name=password><br>
  interest: <input type="checkbox" name="interest" value="music">music
```

```
            <input type="checkbox" value="basketball" name="interest">basketball
            <input type="checkbox" value="reading" name="interest">reading
    <br><input type=submit value=submit>
    </form>
    </body>
</html>
```

Servlet 程序:ch4_2/src/com/ProcessFromData.java

```
    public void doGet(HttpServletRequest request, HttpServletResponse response)
        throws ServletException, IOException {
    response.setContentType("text/html");
    PrintWriter out=response.getWriter();
    String username=request.getParameter("username");
    String password=request.getParameter("password");
    out.print("<br><b>username:</b>"+username);
    out.print("<br><b>password:</b>"+password);
    String interest[]=request.getParameterValues("interest");
    out.print("<br><b>interest:</b>");
    for(int i=0;i<interest.length;i++)
    {
        out.print(interest[i]+";   ");
    }
}
```

程序运行结果如图 4-9、图 4-10 所示。

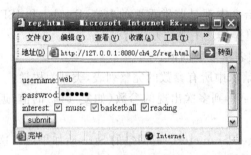
图 4-9 表单运行结果

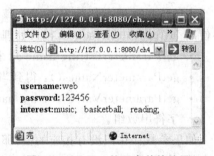
图 4-10 Servlet 处理表单的结果

2) 请求重定向

HttpServletResponse 的 sendRedirect("绝对或相对 URL")方法,可以实现网页重定向,改变处理的流程。

【例 4.4】 请求重定向。

程序名:ch4_2/src/com/Redirect.java

```
public class Redirect extends HttpServlet {
    public void doGet(HttpServletRequest request, HttpServletResponse response)
        throws ServletException, IOException {
```

```
    String username=request.getParameter("username");
    if(username.equals("admin"))
       response.sendRedirect("admin.jsp");
    else response.sendRedirect("index.jsp");
  }
}
```

程序根据参数 username 重定向到不同网页,如 username 为"admin"页面立即跳转到 admin.jsp,其他用户跳转到 index.jsp 页面。

3) 页面自刷新

我们有时需要对网页的内容实现实时更新,如"网上文字直播"等,这需要用到页面自刷新技术。利用 HttpServletResponse 的 setIntHeader("Refresh",时间)方法,可以使页面定时刷新,时间单位是秒。

【例 4.5】 页面自刷新。

程序名:ch4_2/src/com/Refresh.java
```
public class Refresh extends HttpServlet {
    static int i=0;   //静态成员变量
    public void doGet(HttpServletRequest request, HttpServletResponse response)
         throws ServletException, IOException {
      PrintWriter out=response.getWriter();
      response.setIntHeader("Refresh",5);//设置每隔 5 秒钟自动刷新一次页面
      out.print(i++);
   }
}
```

页面最初显示为 0,然后每 5 秒自动刷新一次,数字加一。

4) 页面定时跳转

我们在网上经常可看到"页面定时跳转"的功能,比如注册完成后几秒钟自动跳转到某个功能页面。在 Servlet 中可以利用 HttpServletResponse 接口的 setHeader("Refresh","时间;url=绝对或相对 URL")方法来实现。

【例 4.6】 5 秒后自动跳转到主页面。在 doGet( )或 doPost( )中加入如下的代码:

```
response.setHeader("Refresh", "5;index.html");
```

注意:是两个参数而不是 3 个参数,第二个参数的字符串里含有时间和 URL,中间用分号隔开。

4.3.3　Servlet 环境 API 接口

Servlet 环境 API 接口包括 ServletConfig 接口和 ServletContext 接口,通过它们可以获得 Servlet 执行环境的相关数据。

ServletConfig 对象接收 Servlet 特定的初始化参数。通过这个对象,Servlet 容器可以配置一个 Servlet,每一个 ServletConfig 对象对应着唯一的一个 Servlet。ServletContext 接

收 webapp 特定的初始化参数，ServletContext 是整个应用程序的执行上下文环境，为所有的 Servlet 和 JSP 所共有。这两个类都在 javax.servlet 包中。

1. ServletConfig 接口

ServletConfig 对象是 Servlet 的配置对象，Servlet 初始化时通过 ServletConfig 接口来读取 Servlet 的初始化参数，并保存在一个名为 transient 的 ServletConfig 对象中。这个初始化参数在配置文件 web.xml 中已经设置。

有两种方法可以获得 ServletConfig 对象，一种在重写 init(ServletConfig config)方法中取到，另一种通过从父类 GenericServlet 继承过来的 getServletConfig()方法得到。

【例 4.7】 通过重写 init(ServletConfig config)方法获取 ServletConfig 对象。

```
public class Test extends HttpServlet
{
    ServletConfig config;
    public void init(ServletConfig config) throws ServletException {
        super.init(config);
        this.config=config;    //保存 ServletConfig 对象，方便以后使用
    }
}
```

说明：在 GenericServlet 中定义了两个 init 函数，一个是无参的 init()，另一个是 init (ServletConfig config)。容器首先调用第二个 init 方法，读取初始化的参数，并把这个配置对象保存，以后可以通过 getServletConfig()方法得到。然后再调用无参的 init()函数。所以一般我们只要重写第一个无参的 init()。如果要重写第二种 init()方法，那么应该在子类的该方法中，包含 super.init(config)代码调用。

在 ServletConfig 接口中有 4 个常用的方法，如表 4-5 所示。

表 4-5 ServletConfig 接口的常用方法

名 称	概 述
getServletName()	返回一个 Servlet 实例的名称，该名称由服务器管理员提供
getServletContext()	返回一个 ServletContext 对象的引用。主要用来获取 Servlet 容器的环境信息
getInitParameter()	返回一个由参数 String name 决定的初始化变量的值，如果该变量不存在，则返回 riull，该变量是在 web.xml 文件中初始化的
getInitParameterNames()	返回一个存储所有初始化变量的枚举函数。如果 Servlet 没有初始化变量，则返回一个空枚举函数

下面通过一个例子说明通过 ServletConfig 对象获得初始化参数。这些参数是在 web.xml 文件定义的，有效的值类型是 Boolean、Double、Float、Integer 和 String 等对象。

【例 4.8】 通过 ServletConfig 接口读取 Servlet 初始化参数。

新建一个 Web 工程，工程名为 ch4_3。创建一个名为 ConfigServlet 的 Servlet，配置 web.xml 文件，设置初始化参数。主要代码如下：

名称:设置初始化参数
文件名:**ch4_3/WebRoot/Web-INF/web.xml**(节选)

```xml
<servlet>
    <description>This is the description of my J2EE component</description>
    <display-name>ConfigServlet</display-name>
    <servlet-name>ConfigServlet</servlet-name>
    <servlet-class>com.ConfigServlet</servlet-class>
    <init-param>
        <param-name>username</param-name>
        <param-value>webUser</param-value>
    </init-param>
    <init-param>
        <param-name>password</param-name>
        <param-value>123456</param-value>
    </init-param>
</servlet>
<servlet-mapping>
    <servlet-name>ConfigServlet</servlet-name>
    <url-pattern>/servlet/ConfigServlet</url-pattern>
</servlet-mapping>
```

名称:读取初始化参数
文件名:**ch4_2/src/com/ConfigServlet.java**(节选)

```java
public class ConfigServlet extends HttpServlet {
    public void doGet(HttpServletRequest request, HttpServletResponse response)
            throws ServletException, IOException {
        PrintWriter out=response.getWriter();
        ServletConfig config=getServletConfig();
        //getInitParameter 方法
        String username=config.getInitParameter("username");
        String password=config.getInitParameter("password");
        out.print("username:"+username+"<BR>");
        out.print("password:"+password+"<br>");
        //集合方法
        java.util.Enumeration e=config.getInitParameterNames();
        while(e.hasMoreElements()){
            String paraName= (String) e.nextElement();
            String paraValue=config.getInitParameter(paraName);
            out.print("<br><b>"+paraName+"</b>----"+paraValue);
        }
    }
}
```

ServletConfig 类没有包含在默认的框架中,可以让开发环境自动加入 java.servlet.ServletConfig 类,单击左边的小灯炮或叉号,然后会出现一些提示,选择第一项"import

Servlet Config",如图 4-11 所示。

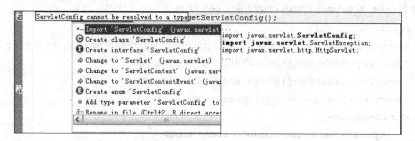

图 4-11 自动加导入类

小技巧：在 MyEclipse 集成环境中，如程序代码编译出错，在出错的地方会出现红线，在左边会出现红叉号和黄色的小灯泡，单击小灯泡会提示一些解决方案，选择某一方案可快速解决问题。

程序运行结果如图 4-12 所示。

图 4-12 读取 Servlet 初始化参数

2. ServletContext 接口

对于 Web 容器来说，ServletContext 接口定义了一个 Servlet 环境上下文对象，通过使用这个对象，Servlet 可以记录事件，得到资源并得到来自 Servlet 的引擎类等。

Servlet 容器在启动时会加载 Web 应用，并为每个 Web 应用创建唯一的 ServletContext 对象，可以把 ServletContext 看成是一个 Web 应用的服务器端组件的共享内存，在 ServletContext 中可以存放共享数据，它提供了 4 个读取和设置共享数据的方法。

另外，ServletContext 对象只在 Web 应用被关闭的时候才被销毁。对于不同的 Web 应用，ServletContext 各自独立存在。

一个 Web 应用由 JSP、Servlet、JavaBean 等 Web 组件的集合构成。对于每一个 Web 应用，容器都会有一个环境上下文对象，而 javax.servlet.ServletContext 接口就提供了访问这个上下文对象的途径，如表 4-6 所示。可以通过一个 Servlet 实例的 getServletContext()方法得到该 Servlet 运行的环境上下文对象，从这个环境上下文对象中可以访问如下信息资源：

- 初始化参数；

- 存储在环境上下文中的对象；
- 与环境上下文关联的资源；
- 日志。

表 4-6 ServletContext 接口的常用方法

名 称	概 述
getInitParameter(name)	返回一个由参数 String name 决定的初始化变量的值，如果该变量不存在，则返回 null。该变量是在 web.xml 文件中初始化的
getInitParameterNames()	返回一个存储所有初始化变量的枚举函数。如果 Servlet 没有初始化变量，则返回一个空枚举函数
getAttribte(name)	返回 ServletContext 中的一个指定字符串绑定的对象
setAttribue(name,value)	存储一个对象到 ServletContext 中，并与指字的字符串绑定
removeAttriblue(name)	删除 ServletContext 中指定的对象
getRealPath(url)	返回 URL 的物理路径
log()	访问日志

【例 4.9】 ServletContext 接口的使用，工程名为 ch4_4。

在 web.xml 文件中的＜web-app＞与＜/web-app＞之间加入下面的初始化参数配置代码。

配置初始化参数：

```
<context-param>
    <param-name>charset</param-name>
    <param-value>GBK</param-value>
</context-param>
```

创建一个名为 ContextServlet 的 Servlet 来读取初始化参数，并获取工程的相关信息，代码如下：

程序名：**ch4_4/src/com/ContextServlet.java**
```
package com;
import java.io.*;
import javax.servlet.*;
import javax.servlet.http.*;
public class ContextServlet extends HttpServlet {
    public void doGet(HttpServletRequest request, HttpServletResponse response)
        throws ServletException, IOException {
        ServletContext context=getServletConfig().getServletContext();
        //读取配置文件的初始化参数(字符编码)，并设置指定的编码
        String charset=context.getInitParameter("charset");//获取初始化参数:字符
                                                            编码
        request.setCharacterEncoding(charset);   //设置请求参数等的字符编码
        response.setCharacterEncoding(charset);  //设置响应输出网页的字符编码
```

```
        PrintWriter out=response.getWriter();
        out.print("获取并设定了预设的字符集:"+charset+"<br>");
        //获取工程相关信息
        out.print("获得了工程的绝对路径:"+context.getRealPath("/")+"<BR>");
        out.print("获取了 Tomcat 的信息:"+context.getServerInfo()+"<br>");
        out.print("获取了 JNDI:"+context.getResource("/")+"<br>");
    }
}
```

部署工程,并启动 Tomcat,从浏览器访问该 Servlet,结果如图 4-13 所示。

图 4-13 ServletContext 接口的使用

4.3.4 Servlet 的请求转发接口

在 Web 编程中,一个 Servlet 接收到一个请求后,可能要把这个请求转发给其他 Servlet 或 JSP 网页甚至 html 网页进行处理。特别是在 MVC 开发架构中,控制器专门接收客户端的请求,然后再把请求转发给其他 Servlet、JSP 等来处理。这个转发的过程就要用到 RequestDispatcher 接口。

1. RequestDispatcher 接口

RequestDispatcher 对象由 Servlet 容器创建,用于封装一个由路径所标识的服务器资源。利用 RequestDispatcher 对象,可以把请求转发给其他 Servlet 或 JSP 页面。在 RequestDispatcher 接口中定义了两种方法:forward()和 include()方法。

- forward()方法

```
public void forward(ServletRequest request, ServletResponse response)
    throws ServletException, java.io.IOException
```

该方法用于将请求从一个 Servlet 传递给服务器上另外的 Servlet、JSP 页面或者是 HTML 文件。在 Servlet 中,可以对请求做一个初步的处理,然后调用这个方法,将请求传递给其他资源来输出响应。要注意的是,这个方法必须在响应被提交给客户端之前调用,否则它将抛出 IllegalStateException 异常。在 forward()方法调用之后,原先在响应缓存中没有提交的内容将被自动清除。

- include()方法

```
public void include(ServletRequest request, ServletResponse response)
    throws ServletException, java.io.IOException
```

该方法用于在响应中包含其他资源（Servlet、JSP 页面或 HTML 文件）的内容。和 forward()方法的区别在于：利用 include()方法将请求转发给其他 Servlet，被调用的 Servlet 对该请求做出的响应将并入原先的响应对象中，原先的 Servlet 还可以继续输出响应信息。利用 forward()方法将请求转发给其他 Servlet，将由被调用的 Servlet 负责对请求做出响应，而原先 Servlet 的执行则会终止。

2. RequestDispatcher 的获取方法

有三种方法可以用来得到 RequestDispatcher 对象。一是利用 ServletRequest 接口中的 getRequestDispatcher()方法：

```
public RequestDispatcher getRequestDispatcher(String path)
```

另外两种是利用 ServletContext 接口中的 getNamedDispatcher()和 getRequestDispatcher()方法：

```
public RequestDispatcher getRequestDispatcher(String path)
public RequestDispatcher getNamedDispatcher(String name)
```

可以看到 ServletRequest 接口和 ServletContext 接口各自提供了一个同名的方法 getRequestDispatcher()，那么这两个方法有什么区别呢？两个 getRequestDispatcher()方法的参数都是资源的路径名，不过 ServletContext 接口中的 getRequestDispatcher()方法的参数必须以斜杠"/"开始，被解释为相对于当前上下文根（context root）的路径。例如：/myservlet 是合法的路径，而../myservlet 是不合法的路径；而 ServletRequest 接口中的 getRequestDispatcher()方法的参数不但可以是相对于上下文根的路径，而且可以是相对于当前 Servlet 的路径。例如：/myservlet 和 myservlet 都是合法的路径，如果路径以斜杠"/"开始，则被解释为相对于当前上下文根的路径；如果路径没有以斜杠"/"开始，则被解释为相对于当前 Servlet 的路径。ServletContext 接口中的 getNamedDispatcher()方法则是以在部署描述符中给出的 Servlet（或 JSP 页面）的名字作为参数。

3. 请求转发的应用实例

在这个例子中，编写一个 PortalServlet。在 Servlet 中，首先判断访问用户是否已经登录。如果没有登录，则调用 RequestDispatcher 接口的 include()方法，将请求转发给 LoginServlet，LoginServlet 在响应中发送登录表单；如果已经登录，则调用 RequestDispatcher 接口的 forward()方法，将请求转发给 WelcomeServlet，向用户显示欢迎信息。实例的开发主要有下列步骤。

步骤 1：编写 PortalServlet 类。

新建名为 ch4_5 的 Web 工程，新建为 PortalServlet 的 Servlet，代码如例 4-10 所示。

【例 4.10】 登录验证的 Servlet：PortalServlet。

```java
package com;
import java.io.*;
import javax.servlet.*;
import javax.servlet.http.*;
public class PortalServlet extends HttpServlet {
    public void doGet(HttpServletRequest request, HttpServletResponse response)
        throws ServletException, IOException {
    response.setContentType("text/html;charset=GBK");
    PrintWriter out=response.getWriter();
    out.println("<HTML><HEAD><TITLE>登录页面</TITLE></HEAD><BODY>");
    String name=request.getParameter("username");
    String psw=request.getParameter("password");
    if("Web".equals(name) && "123456".equals(psw)){
        out.print("这里是 PortalServlet!<BR>);
        out.print("登录成功,下面把请求转发给 wellComeServlet!<br>");
        RequestDispatcher rd=  request.getRequestDispatcher("WellcomeServlet");
        rd.forward(request,response);
    }
    else{
        //经常写成一句
        out.print("这里是 PortalServlet!<BR>没有登录或用户名密码错误!<br>");
        out.print("下面通过 include()把登录表单 loginForm.html 导入<br>");
        request.getRequestDispatcher("/loginForm.html").include(request, response);
    }
    out.println("   </BODY></HTML>");
    out.flush();
    out.close();
    }
}
```

在上面的程序中,首先读取用户名和密码,然后验证用户名和密码的正确性(这里只是假定用户名只能为"Web",密码为"123456")。如果验证没通过,则通过 RequestDispatcher 接口的 include()方法把请求转发给 loginForm.html,显示表单并包含到 PortalSelvlet 中来,用户输入用户名和密码重新登录。如果验证通过,则通过 RequestDispatcher 接口的 forword( )方法把请求转发给 WelcomeServlet 显示欢迎界面,不再返回 PortalServlet 中。

步骤 2：编写 loginForm.html。

登录表单的程序代码如例 4.11 所示。注意表单 action 属性的写法,试试 action="servlet/PortalServlet" 和 action="/servlet/PortalServlet"能不能访问到 PortalServlet。

【例 4.11】 登录表单,程序名为 loginForm.html。

```html
<html>
```

```
    <head>
        <title>登录表单</title>
        <meta http-equiv="Content-type" content="text/html;charset=GBK">
    </head>
    <body>
    <form action="../servlet/PortalServlet">
    用户名:<input type=text name=username><br>
    密  码:<input type=password name=password><br>
        <input type=submit value="提交">  
        <input type=reset vlaue="重置">
    </form>
    </body>
</html>
```

步骤 3：编写 **WelcomeServlet.java**。

欢迎界面 Servlet 的代码如下所示。

```
public void doGet(HttpServletRequest request, HttpServletResponse response)
        throws ServletException, IOException {
    response.setContentType("text/html;charset=GBK");
    PrintWriter out=response.getWriter();
    out.println("<HTML><HEAD><TITLE>wellcome</TITLE></HEAD><BODY>");
    out.print("这里是 WelcomeSerlvet!<br><br>");
    out.print("欢迎"+request.getParameter("username")+"的到来!");
    out.println("  </BODY></HTML>");
    out.flush();
    out.close();
}
```

思考：

(1) 为什么这里可以用 request.getParameter("username")来读取 username 这个参数？

(2) ServletResponse 接口的重定向方法 sendRedirect（url）与请求转发 RequestDispatcher(url)接口的 forword()和 include()方法有何区别？如果 PortalServlet 用 sendRedirect（）重定到 WellcomeServlet 中，能否再用 request.getParameter("username")来读 username 这个参数。

打开浏览器，输入地址 http://127.0.0.1：8080/ch4_5/servlet/PortalServlet，程序运行结果如图 4-14 所示。

在图 4-14 中输入用户名和密码，如果有错误，则重新输入。如果正确，则转到如图 4-15 所示的欢迎界面。

在上述例子中，地址栏的地址始终是 PortalServlet 的地址，没有改变，说明是同一个请求。这个请求先后转发到登录表单 loginFrom.html 和欢迎页 WelcomeServlet。请求对象 request 在三个程序中转发和共享。如果把数据（对象）存储在 request 对象中（通过

图 4-14 登录界面

图 4-15 登录成功后的欢迎页

request.setAttriblue(name, object)），则可以实现请求作用域的数据共享，这在 Web 应用中有着广泛的用途。

一般来说，一次请求对应一个用例，一个用例可能涉及多个 Servlet 或 JSP 页面。这就需要把请求进行转发，把前一步处理的结果存到 request 作用域中，以便后一步使用。在 MVC 模式中，控制器接收请求，然后把请求转发给另一个 Servlet（业务逻辑层），进行复杂的业务处理，处理的结果存放在 request 作用域中，然后再把请求转发给视图层进行显示，在视图层取出业务层处理的结果进行显示。

ServletResponse 接口的重定向 sendRedirect( ) 和请求转发有着本质的区别。重定向后地址栏的地址发生改变，是两次不同的请求。原来的请求对象以及存入里面的数据（对象）将结束生命历程，不会转到另一个请求中。而请求转发属同一个请求，地址不发生改变，请求对象及里面的数据可能共享。

4.3.5　Servlet 会话跟踪接口

session 会话是指客户与服务器的一次交互过程，包含了一系列活动，直到会话结束。用户在浏览某个网站时，从进入网站到退出网站（可能为主动注销、浏览器关闭或活动超时）所经过的这段时间内的所有活动，就是客户与服务器的一次会话过程。

会话管理是 Servlet 最有用的功能之一，简单地将无状态的 HTTP 协议转换成高度集成的无缝活动线程，使得 Web 应用程序感觉上就像一个应用程序。服务器为每个来访的客户创建一个 Session 对象,并分配一个唯一的 ID,这个 ID 号将发回给客户端,一般存储在一个名为 jsessionid 的 Cookie 中,这样服务器端的 Session 的 ID 号和客户端的 Cookie 里 ID 号形成了一一对应的关系,如果匹配即为同一次会话。所以 Session 管理一般需要客户端支持 Cookie,主流的浏览器都支持这一功能。如果浏览器不支持 Cookie,就需要在 URL 中通过参数显式地说明 Session 的 ID 号,该参数名必须为 jsessionid,值必须是服务器所分配的唯一 ID 号,这种技术叫作 URL 重写。

在 Servlet 技术中,会话跟踪管理是通过 HttpSession 接口来实现的,这种技术不用开发人员关心具体的实现细节,也不用显式的操作 cookie 或 URL 上附加信息,一切都是自动完成的。作为程序员只要关心 HttpSession 接口提供了哪些方法。

1. HttpSession 接口

HttpSession 接口是 java.servlet.http 包中的一个接口,封装了会话的概念。我们可以通过 HttpRequest 接口的 getSession() 方法来得到这个 Session 对象,语法为 "HttpSession session=request.getSession();"为了有效管理会话的生命周期,Servlet API 提供了下面的方法。

(1) public long getCreationTime()方法:返回会话的创建时间,为从 1970 年 1 月 1 日 00:00:00 GMT 以来的毫秒数。

(2) public String getId()方法:返回一个字符串,其中包含赋予会话的唯一标识符。

(3) public long getLastAccessedTime()方法:返回会话最后一次被客户访问的时间,为从 1970 年 1 月 1 日 00:00:00 GMT 以来的毫秒数。

(4) public int gettMaxlnactivelnterval()方法:返回以秒为单位的时间长度,会话在失效之前,请求之间非活动的最长时间间隔。

(5) public int setMaxlnactivelnterval(int interval)方法:设置会话在失效之前,两个连续请求之间间隔的最长时间。可以在程序中用这个方法来设置会话的非活动的时间间隔。当超过这个时间间隔后,Web 容器就会自动认为该会话已经失效。

(6) public boolean isNew():如果会话尚未和客户(浏览器)发生任何联系,则返回 true。

(7) public void invalidate():将会话作废,释放与之关联的对象。

(8) public Enumeration getAttribute:用来获得一个属性值。

(9) public Enumeratlon getAttributeNames():用来获得所有属性的名称。

(10) public void removeAttribute(String name):用来删除一个属性。

(11) public void setAttribute(String name,Object value):用来添加一个属性。

大家可能已经注意到 HttpRequest、HttpSession 和 ServletContext 接口均有下面四个方法:

(1) public Enumeration getAttribute():用来获得一个属性值。

(2) public Enumeratlon getAttributeNames():用来获得所有属性的名称。

(3) public void removeAttribute(String name):用来删除一个属性。

(4) public void setAttribute(String name,Object value):用来添加一个属性。

我们经常把 HttpRequest、HttpSession 和 ServletContext 归为一类,我们可以把数据(对象)存放到这三种对象中,也可以从中读取出来,它们之间的差别只是作用域不同。ServletContex 对象的作用域最大,为整个 Web 应用,具有全局的概念,存放在里面的数据(对象)为所有客户所共享。HttpSession 对象的作用域次之,为整个会话过程,为同一用户的一次活动所共享。ServletRequest 的作用域最小,在同一次请求范围,存入的数据(对象)在同一请求内有效。上面三种作用域内的数据(对象)均能实现数据共享,只不过范围不同。还有一种对象我们并没有把它存入任何共享作用域中,这种数据(对象)就是最普通的对象,是临时变量。它只能在当前页面内有效,所以有时又把这种变量(对象)叫作 page 作用域内的对象。

2. Session 的应用

Session 应用最典型的例子就是登录与权限管理。用户登录后我们把有关的用户权限信息记载在 Session 作用域内,当用户访问其他网页时,查看 Session 里的信息,检查其是否有相应的权限。如果没有,则禁止访问。很显然这种权限信息不能存储在请求作用域或环境上下文中,前者会出现每次请求都要求重新登录,后者会出现所有的用户均能访问,达不到权限控制的目的。有关 Session 版的登录权限管理系统将在下一节项目实战中介绍。

Session 的另一个典型应用就是电子商务中的"购物车"。购物车在一次购物活动中是一直伴随用户的。用户可在商城的不同网店里购物,把商品加入购物车,直至结账离开。因此购物车的存活范围是在 Session 范围内,应存储在 Session 对象中。

4.4 项目实战——登录与权限系统

本系统是一个简单的登录与权限系统。系统功能主要有:
- 显示登录界面供用户输入信息。
- 在后台完成登录信息验证。
- 权限控制。禁止未登录或权限不够的用户访问。

系统的文件主要有:
- 登录界面文件:login. html。
- 登录信息验证的 Servlet:LoginServlet. java。
- 权限控制的 Servlet:管理员页面 AdminServlet. java 和普通用户页面 NormalServlet. java。

系统的具体实现如下:

新建一个 Web 工程,工程名为 ch4_6。然后按下面的步骤编写相关文件并测试运行。

步骤 1:编写登录表单文件 login. html。

这只是一个简单的登录表单,没有实现客户端表单的验证,读者可以自己用 JavaScript 来实现。

```html
<html>
  <head><title>用户登录</title>
    <meta http-equiv="content-type" content="text/html; charset=GBK">
  </head>
<body>
  <form method="POST"  action="/ch4_6/servlet/LoginServlet">
    用户：   <input type=text name=username><br>
    密码:<input type=password name=password><br><br>
    <input type=submit value="提交">  
         <input type=reset vlaue="重置">
  </form>
</body>
</html>
```

步骤 2：编写登录验证的 **Servlet**，文件名为 **LoginSevlet. java**。

实现思路如下：

（1）**密码验证**：读取用户名和密码，然后验证其正确性。这里只能简单设计为固定的用户名和密码，在实际的系统中，应访问数据库进行验证。

（2）**信息记录**：根据验证的结果，如果是合法用户，则把相关的登录信息（包括用户名和权限）存储在 Session 中。如果验证不通过，则通过请求转发接口把登录表单包含进来，重新登录。

（3）**重定向**：根据不同类型的用户重定向到不同的页面。

LoginSevlet. java 的代码如下：

```java
package com;
import java.io.*;
import javax.servlet.*;
import javax.servlet.http.*;
public class LoginServlet extends HttpServlet {
    public void doPost(HttpServletRequest request, HttpServletResponse response)
            throws ServletException, IOException {
        response.setContentType("text/html;charset=GBK");
        PrintWriter out=response.getWriter();
        String name=request.getParameter("username");
        String psw=request.getParameter("password");
        if("admin".equals(name) && "888888".equals(psw)){//管理员用户
            HttpSession session=request.getSession();
            //把登录信息(用户名和用户权限等级)存储在 Session 中。
            session.setAttribute("username",name);
            session.setAttribute("role", "admin");
            //重定向到管理员页面
            response.sendRedirect("AdminServlet");
        }
        else if("normal".equals(name) && "123456".equals(psw)){//普通用户
            HttpSession session=request.getSession();
```

```java
        //把登录信息(用户名和用户权限等级)存储在Session中
        session.setAttribute("username",name);
        session.setAttribute("role", "normal");
        //重定向到管理员页面
        response.sendRedirect("NormalServlet");
    }
    else{//非法用户
        out.print("<BR>用户名或密码错误!请重新登录!<br>");
        //通过请求转发把登录表单包含进来
        request.getRequestDispatcher("/login.html").include(request, response);
    }
  }
}
```

步骤3：编写管理员和普通用户的Servlet。

文件名为AdminSevlet.java和NormalSerlvet.java

这一步主要是权限的控制,这些页面必须是合法的用户才能访问。实现的思路是：
(1) 读取Session中的权限信息,并进行验证。
(2) 根据结果控制是否访问。如果是非授权用户,则转登录页面；如果是合法用户,则显示工作页面。

```java
//文件名:AdminSerlvet.java
package com;
package com;
import java.io.*;
import javax.servlet.*;
import javax.servlet.http.*;
public class AdminServlet extends HttpServlet {
    public void doGet(HttpServletRequest request, HttpServletResponse response)
            throws ServletException, IOException {
        response.setContentType("text/html;charset=GBK");
        PrintWriter out=response.getWriter();
        HttpSession session=request.getSession();
        //获取Session中的用户权限信息
        String name= (String) session.getAttribute("username");
        String role= (String) session.getAttribute("role");
        //如果不是管理员,则重定向到登录页面
        if(!"admin".equals(role)) {
            response.sendRedirect("../login.html");
        }
        //合法用户
        out.println("<HTML>");
        out.println("   <HEAD><TITLE>管理员页面</TITLE></HEAD>");
        out.println("   <BODY>");
        out.println("<br>欢迎"+name+"管理员!");
```

```
        out.println("  </BODY>");
        out.println("</HTML>");
        out.flush();
        out.close();
    }
}
```

普通用户页面和管理页面类似,这里不再给出代码。

步骤 4:程序测试运行。

(1) 没登录直接访问 AdminServlet,看能否进行权限控制。结果立即转向登录界面,如图 4-16 所示。

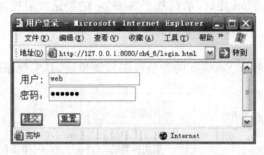

图 4-16　登录表单页面

(2) 在图 4-16 中输入一个非法用户,结果显示如图 4-17 所示,说明已把登录表单包含到 LoginServlet 中。

图 4-17　非法用户,重新登录

输入管理员合法用户名"admin"和正确密码"888888",如图 4-18 所示。

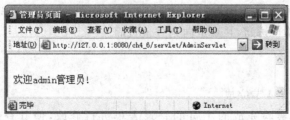

图 4-18　管理员页面

4.5 实验指导

1. 实验目的

（1）熟悉 Servlet 的创建和运行流程。
（2）会在 web.xml 中配置 Servlet 的 URL。
（3）熟悉请求 request 和响应 response 接口。
（4）熟悉请求转发接口 requestDispatcher 接口。
（5）熟悉会话 Session 接口，掌握基于 Session 的登录权限控制。

2. 实验内容

本实验完成一个基于 Session 的登录权限控制模块，其实现原理如图 4-19 所示。

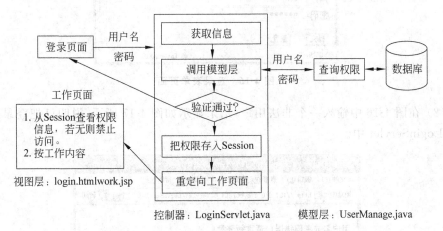

图 4-19 登录权限控制子系统的实现原理

具体的实验要求如下：

（1）登录页面的编写，可以使用上一章实验完成的主页（含登录表单），也可单独设计登录界面。

（2）登录控制器 LoginServlet 的实现。根据用户名和密码验证用户权限，如果用户名或密码不正确，则把登录表单页面包含进来。如果验证通过，则要为后续其他页面的访问提供权限信息。

（3）工作页面权限控制的实现。对于某些页面必须登录才能访问，如新闻发布页面。如果没有登录，则禁止访问，并重定向到登录页面。

3. 实验步骤

本实验可参照 4.4 节完成。
（1）对上一章实验完成的主页的登录表单进行修改，使其登录后能转到控制器

LoginServlet。①为了安全起见,不让登录名和密码在浏览器的地址栏出现,把表单提交方式为改为"POST"方式,即增加 method="post"。②填写登录处理页面地址,例如 action="admin/LoginServlet",其中 admin/LoginServlet 为登录处理的 Servlet 的 URL。注意,要根据自己的登录处理 Servlet 的 URL 填写,Servelt 的 URL 可在配置文件 web.xml 中查看和修改。

(2) 单独编写一个登录页面 login.html。页面功能与跟主页内嵌的表单一致,只是对界面的美化不同。

(3) 编写登录处理 Scrvct:LoginScrvlct,访问 URL 为"admin/LoginServlet",这个路径要与表单的 action 属性设置的路径一致。在 LoginServlet 中完成四项任务;①参数(用户名和密码)的读取;②用户名和密码的验证;③登录信息在 Session 中的记载;④根据密码验证结果请求转发或重定向到其他网页。

(4) 编写一个需权限控制的页面,如后台的主页、新闻发布页面。在这些页面中如果没有登录或权限不够,则给出提示,重定向到登录页面。在这些页面中,首先要把记载在 Session 的登录信息读取出来,然后根据这些信息判断是否有权限访问本页面。如没有权限,则禁止访问,转到登录界面,对于有权限的用户才显示本页内容。由于后台的所有页面都需进行权限控制,我们可以单独编写成一个页面来处理权限控制,在需要的地方把它包含进来。

习 题

1. 简述 Servlet 与 Applet 的联系与区别。
2. 简述 Servlet 与 JSP 的联系与区别,以及各自的应用重点。
3. 如何设置和修改 Servlet 中的访问路径 URL?
4. 如何获取表单提交的数据?
5. 如何获取 IP 地址、主机名等客户端的信息?如何获取 URI?
6. 如何实现网页的自刷新和定时跳转?
7. 如何实现网页的重定向?
8. 如何实现网页的请求转发?它与重定向有何本质区别?
9. 请求转发的 include()方法和 forward()方法有何不同?
10. 如何实现登录和权限控制?
11. Session 有何特点?它的主要应用有哪些?
12. 通过 setAttribute 存放在 ServletRequest、HttpSession 和 ServletContext 中的对象,其作用域有何区别?

第 5 章

JSP 编程技术

JSP 是 Web 动态网页设计中最实用的技术,是 Java Web 编程的核心内容之一。本章主要介绍 JSP 的基本语法、内置对象。

5.1 JSP 概述

5.1.1 JSP 简介

JSP 技术是一种建立在 Servlet 规范提供的功能之上的动态网页技术。它与 ASP、PHP 类似,都是在 HTML 网页文件中嵌入脚本代码来生成动态内容,不过 JSP 文件中嵌入的是 Java 代码和 JSP 标记。Java 代码位于<% %>之间。JSP 标记是以 JSP 开头的标记,形如<jsp: forward >。

JSP 技术是在 Servlet 技术上发展起来的,JSP 最终也将编译成一个 Servlet,所以其本质仍是一个 Servlet。这个编译过程发生在首次访问 JSP 页面的时候,编译完成后其实是一个 Servlet 对外提供服务。当后继的访问者再访问这个 JSP 时,不再重新编译,直接由 Servlet 响应请求。这也是为什么 JSP 网页比其他动态网页响应更快的原因。

Servlet 全部使用输出流来输出,形如 out.print()或 out.write()这样的语句,这对于复杂的网页来说非常不方便。JSP 对 Servlet 输出部分作出了重大的改进,允许直接使用 HTML 和 JavaScript 来输出,并可在一些工具中可视地编写网页,极大地方便了网页的设计和修改,但大量 Java、HTML、JavaScrpt 三种代码混合在一起,会影响程序的结构和可读性,不利于业务逻辑的处理。为了增强程序的可读性,应尽量减少 Java 脚本的使用,可以使用 JSP 标记或第三方的标记完成 Servlet 中较复杂的功能,减少甚至完全不用 Java 脚本。

JSP 技术虽然从 Servlet 技术发展而来,但它主要用于表现层,在网页中主要的代码是 HTML 标记和 JSP 标记,这些 HTML 代码是 JSP 网页的模板,是显示的框架。和普通的 HTML 网页不同的是:HTML 网页里的内容是静态的,而 JSP 网页里的内容可以是动态的。这种动态的含义是指内容可以变化,要由程序运行的结果来决定,所以可以把 JSP 页面看成是加强版的 HTML,它由各种元素组成,可实现动态交互。

Sevlet 和 JSP 各有优点,JSP 侧重于页面的表现,Servlet 更侧重于业务逻辑的实现。

在 MVC 模式中，JSP 技术用于表现层（View）；Servlet 用于控制层（Controller），负责业务逻辑的调度；JavaBean 用于模型层（Model），负责业务逻辑的真正实现。

5.1.2 理解 JSP 程序的执行

前面说过可以把 JSP 页面看成加强版的 HTML，这主要是从表现形式上说的，实际上 JSP 和 HTML 有着本质的区别。HTML 网页是静态，这些网页早就存放在 Web 服务器的 Web 容器中。通过 HTTP 协议访问时，Web 服务器只是简单地把该网页发回给浏览器进行显示。JSP 网页的内容是动态的，其内容事先并没有固定。访问 JSP 网页时，Web 服务器把该请求转发给后端的 JSP 容器，JSP 容器把该 JSP 编译成 Servlet，然后转到 Servlet 容器，并运行这个 Servlet，产生的输出形成一个网页，再由 Web 容器发回给浏览器显示。运行机制如图 5-1 所示。

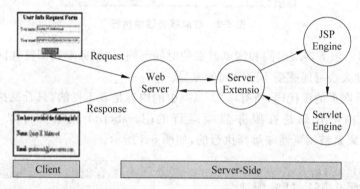

图 5-1 JSP 程序的运行机制

在 JSP 文件中 HTML 代码是直接输出的，而 <% %> 内的代码是 Java 代码，是要被 Web 服务器扩展执行的。下面通过一个例子来加深理解服务器端执行。

【例 5.1】 理解服务器端执行。

新建一个名为 ch5_1 的 Web 工程，参考 2.3.5 节的步骤新建和运行 5_01.jsp 文件。

程序名：ch5_1/WebRoot/5_01.jsp
```
<%@page language="java" contentType="text/html;charset=GBK"%>
<%@page import="java.util.*"%>
<%
    Date dnow=new Date();
    int dhours=dnow.getHours();
    int dminutes=dnow.getMinutes();
    int dseconds=dnow.getSeconds();
out.print("服务器时间:"+dhours+":"+dminutes+":"+dseconds);
%>
<SCRIPT LANGUAGE="JavaScript">
    var dnow=new Date();
    dhours=dnow.getHours();
```

```
            dminutes=dnow.getMinutes();
            dseconds=dnow.getSeconds();
            document.write("<br>浏览器时间:"+dhours+":"+dminutes+":"+dseconds);
        </SCRIPT>
```

发布工程,启动 Tomcat,打开浏览器输入地址"http://127.0.0.1:8080/ch5_1/5_01.jsp"访问该网页,显示结果如图 5-2 所示。

图 5-2 理解服务器端执行

图 5-2 显示服务器端时间和浏览器端的时间不同,如服务端和浏览在同一计算机上,由于运行速度太快可能感受不到时间的差异。

查看显示网页的源代码,所有＜％ ％＞中的内容是看不见的,只看见执行的结果,因为＜％ ％＞内的代码是在服务器端运行的;JavaScript 代码是可以看到的,因为 JavaScript 代码是被浏览器端解释执行的,如图 5-3 所示。

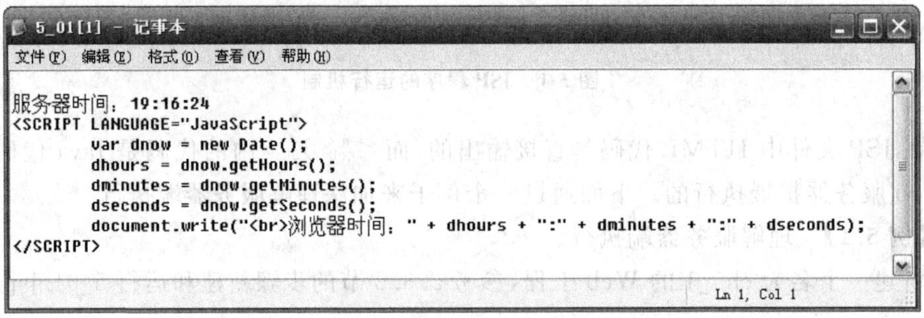

图 5-3 查看 5_01.jsp 运行结果的源代码

5.2 JSP 页面元素

5.2.1 JSP 页面的基本结构

JSP 页面是由多种元素构成的,可以分为注释、指令、脚本元素、动作和模板数据 5 个部分。JSP 页面组成元素结构如图 5-4 所示。

其中:

(1) 模板数据是指 HTML 页面元素和静态文本。

(2) 脚本元素指的是嵌入在 JSP 页面中的 Java 代码,即＜％ ％＞间的内容。包括声

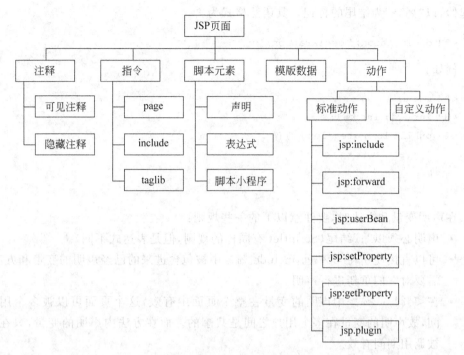

图 5-4　JSP 页面组成元素结构

明(Declaration)、表达式(Expression)和脚本代码(Scriptlet)。

（3）指令标识主要是针对 JSP 容器设计的，它并不直接产生任何输出，而是控制 JSP 容器如何处理 JSP 页面的相关信息，如指定脚本语言，指定处理错误的页面等。

（4）动作标识是在客户端请求时动态执行的，用来控制客户端与服务器端的某种动作行为。比如将请求转向另一页面，动态包含另一页面的内容等。

5.2.2　JSP 的脚本元素

脚本标识(Script)包括三个部分：声明(Declaration)、表达式(Expression)和脚本代码(Scriptlet)，如表 5-1 所示。

表 5-1　JSP 的脚本标识

元素名称	标　记　符	功　　能
声明(Declaration)	<%! declaration;[declaration;]…%>	用于声明变量和方法
表达式(Expression)	<%= Expression %>	用于计算一个 Java 表达式的值
脚本代码(Scriptlet)	<% Scriptlet %>	用于执行一段 Java 程序代码

1. 声明(Declaration)

声明的作用是在其脚本元素中声明可以使用的变量、方法和类。声明是以"<%!

为起始,以"%>"为结尾的标记。其语法格式为:

```
<%! declaration;[ declaration;]… %>
```

例如:

```
<%! int a; %>
<%! int i,j; int k=1; %>
<%! public long area(long x){
      return (x * x);
    }
%>
```

在声明变量和方法时,要注意以下的一些规则:
- 声明必须以";"结尾(Scriptlet 有同样的规则,但是表达式不同)。
- 可以直接使用在<% @ include %>中被包含进来的已经声明的变量和方法,不需要对它们重新进行声明。
- 在<%!   %>中声明的变量在整个页面中有效,这个页面可以被多个用户访问,故声明的变量在多个用户之间是共享的。而在方法内声明的变量,只在方法被调用期间有效。

JSP 文件最终将转换成 Servlet,我们在 JSP 文件中用<%! %>内声明的变量或方法将变成为 Servlet 的成员变量或成员方法,这些变量或方法将被所有访问该页面的线程所共享,不具有线程安全性。因此应尽量不要用声明来定义变量,若需要局部变量,则直接在 Java 脚本代码(Scriptlet)中定义。下面通过一个例题来加深理解。

【例 5.2】 变量的声明和使用。

程序名:**5_02.jsp**
```
<%@page contentType="text/html;charset=GBK" %>
```
<%!int i=0;   %>
```
<%
    i++;
    out.print(i);
%>
```
个人访问本站

执行程序,并刷新浏览器,可以看到值是增加的,如图 5-5 所示。这说明变量 i 为所

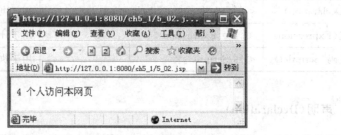

图 5-5 变量的声明与使用

有访问该页面的人所共享。

这种共享变量或方法是一种临界资源,可能会发生与时间有关的错误,我们可以在声明时在变量或方法前加上 synchronized 关键字,互斥访问这些共享资源,当一个用户访问该变量或方法时,其他用户必须等待,直到该用户完成操作,使用方法如例 5-3 所示。

【例 5.3】 互斥访问函数的声明与使用。

程序名:**5_03.jsp**

```
<%@page contentType="text/html;charset=GBK" %>
<%!
    int number=0;
    synchronized void countPeople(){
        number++;
    }
%>
<%countPeople();  %>
您是第<%out.print(number);%>个访问本站的客户。
```

2. 表达式(Expression)

每一种编程语言都支持表达式,下面是 JSP 表达式的语法格式:

```
<%=Expression %>
```

例如:

```
<font color="blue"><%=map.size() %></font>
    <%=(new java.util.Date()) %>
```

表达式被执行后的结果自动转化为字符串返回到客户端。表达式等效于 JSP 预定义变量 out 的 print()方法。

例如:<%=5*4 %> 等效于 <% out.print(String.valueOf(5*4)); %>

在 JSP 中使用表达式时请记住以下几点:

- 不能用分号(";")来作为表达式的结束符,但是同样的表达式用在声明中就需要以分号来结尾。
- 表达式元素能够包括任何在 Java 中有效的表达式。一个表达式在形式上可以很复杂,可能由一个或多个表达式组成,而这些表达式的运算顺序是从左到右,依次计算,然后转换为字符串。
- 因表达式的结果自动转化为字符串,所以表达式可以出现在任何需要字符串的地方。表达式也能作为其他 JSP 元素的属性值。

例如:

```
<%a=800; %>
<table width=<%=a %>height=<%=a/2 %>>……  </table>
```

程序把表格的宽设置为 a 的值,高设置为 a/2。可见表达式的使用非常灵活。

3. 脚本代码(Scriptlet)

脚本代码是在客户请求处理期间要执行的 Java 程序代码。脚本代码可以产生输出，并将输出返回到客户端。Scriptlet 包含在＜％和％＞之间，它遵循 Java 语法规则。一个 JSP 页面可以有一个或者多个 Scriptlet，在经过容器编译后，生成一个完整的 Servlet。

其语法格式为：

```
<%Scriptlet %>
```

脚本代码可以用于声明 JSP 变量和方法、显示表达式以及调用 JavaBean 等，也可以与 HTML 混合使用。下面是脚本代码与 HTML 混合的实例。

【例 5.4】 脚本代码与 HTML 混合。

```
<%
    if(x<0){
%>
    <b>X 是负数</b><br>
<%
    }
    else {
%>
    <b>X 是正数</b><br>
<%}%>
```

这些看似不完整的 Scriptlet 代码，在 JSP 容器将 JSP 页面转换为 Servlet 类时，将会转换成以下完整的形式：

```
if(x<0){
    out.println("<b>X 是负数</b><br>");
    }
    else{
    out.println("<b>X 是正数</b><br>");
    }
```

在 JSP 网页翻译成 Servlet 时，所有的 HTML 代码以字符串参数形式转移到 out. println()中，作为输出的内容串；而 Java 代码直接复制，不作任何改变，最后合成为完整的 Sevlet 程序。out. println()方法所输出的 HTML 语句的字符串在服务器端不做任何处理，在 JSP 容器看来，它就是一个普通的字符串，只有在客户端浏览器解释执行时，HTML 标记才会起作用。

程序运行结果如图 5-6 所示。

5.2.3 JSP 的注释

一般来说，JSP 注释可分为两种，一种是可以在客户端显示的注释，称为 HTML 注

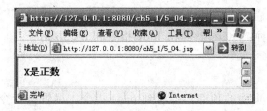

图 5-6　脚本代码与 HTML 混合使用

释,另一种是客户端不可见,仅供服务器端 JSP 开发人员可见的注释,称为 JSP 注释。

HTML 注释的语法格式为:

`<!--comment [<%=expression %>]-->`

例如:

`<!--这个是 HTML 注释,客户端可见--%>`

在 HTML 注释中,可以包含 JSP 代码。这些代码将被 JSP 容器处理,处理结果将作为注释的一部分显示在客户端。例如:

`<!--变量 m 的值为<%=m%>-->`

可以显示变量 m 的值,其主要作用是在调试网页时帮助用户查找错误。

JSP 注释的语法格式为:

`<%--comment--%>`

JSP 注释不会被 JSP 容器编译执行,不仅能对 JSP 页面中的代码提供解释说明,同时还可以随时屏蔽 JSP 代码,而不用担心会被传送到客户端。

由于 JSP 页面的脚本代码是使用 Java,所以也支持 Java 中的注释机制。如下面两种注释:

`<%/*comment*/%>`

`<%/**comment**/%>`

另外需要注意的是,JSP 注释内容部分不能出现"--％＞",否则会出现编译错误,如果必须使用"--％＞"作为注释内容,请使用"--％\＞"代替。

5.2.4　JSP 的指令

JSP 指令(Directives)是为 JSP 引擎设计的。指令元素不直接产生任何可见的输出内容,只是告诉引擎如何处理其余的 JSP 页面部分,如控制页面的编码方式、语法、信息等。这些指令被括在"<％@ ％＞"标记中。其语法格式为:

`<%@directive attr="value" }%>`

可以为某个 JSP 指令指定多个属性,如:

```
<%@directive attr1="value1" attr2="value2"  ... attrn=="valuen" %>
```

JSP 指令包括三种：page 指令、include 指令和 taglib 指令。

1. page 指令

几乎在所有 JSP 页面的顶部都会看到 page 指令。尽管该指令不是 JSP 页面所必须具备的，但通过使用 page 指令可以定制 JSP 页面。例如在 JSP 页面引入 Java 类，可以使用 page 指令的 import 属性进行指定，下面代码通过 page 指令的 import 属性导入 Date 类。

```
<%@page import="java.util.Date"  %>
```

page 指令作用于整个 JSP 页面，定义了许多与页面相关的属性，这些属性用于通知 JSP 容器如何处理本页面内的 JSP 元素。其主要属性如下：

```
<%@page  language="java"
    extends="package.class"
    import="package1.class1,package2.class2,…"
    session="true | false"
    buffer="none | 8kb | sizekb"
    autoFlush="true | false"
    isThreadSafe="true | false"
    info="text"
    errorPage="relativeURL"
    isErrorPage="true | false"
    contentType="mimeType[;charset=characterSet] "
    pageEncoding="ctinfo"
%>
```

各属性的含义如下：

- language：设置 JSP 页面使用的脚本语言，默认值为"Java"，也是目前唯一有效的设定值。使用的语法是"<%@ page language="java" %>"。
- extends：用于指定 JSP 页面转换成 Servlet 类的父类，属性的取值是包含类名和所在包名的完整类名。一般情况下不需要进行设置。在默认情况下，JSP 页面的默认父类是 HttpJspBase。例如，当前 JSP 页面转换后的 Servlet 类的父类要继承 mypackage 包下的 example 类，其声明语句为"<%@ page extends="mypackage.example" %>"。
- import：声明需要导入的包，以指定该 JSP 页面可以使用的 Java 包，同 Java 语言中的 import 作用相同。有些包在默认情况下已经被加入到当前 JSP 页面，不需要再声明，包括：java.lang.*、java.servlet.*、java.servlet.jsp.*和 java.servlet.http.*。

在 Page 指令所有属性中，只有 import 属性可以多次使用，其余属性均只能定义一次。如果用一个 import 引入多个包，需要用","隔开。例如：

```
<%@page import="java.util.*,java.lang.*"%>
```

也可以使用分别导入的方式，这也是我们推荐的方式，在 MyEclipse 较高的版本中只能采用这种方式，使用方法如下例：

```
<%@page import="java.util.*" %>
<%@page import="java.lang.*" %>
```

- session：用于指定一个页面是否可以使用 session 对象。默认值为"true"，表明内置对象 session 存在，或者可以重新产生一个 session 对象；如果指定为 false 就无法创建 session 对象。
- buffer：用于指定 out 对象使用的缓冲区大小，其默认值为 8KB。如果 buffer 的属性值设置为 none，则所有操作的输出直接由 ServletResponse 的 PrintWriter 输出。如果指定了一个缓冲区大小，则表示利用 out 对象输出时，并不直接传送到 PrintWriter 对象，而是先经过缓存然后才输出到 PrintWriter 对象。
- autoFlush：指明当缓冲区满时是否需要自动清除，如果设置为 false 则无法自动清除，一旦 buffer 溢出就会抛出异常。默认值为 true。注意，只有当 autoFlush 属性设置为 true 时，buffer 属性才能设置为 none。
- isThreadSafe：用于指定 JSP 页面的访问是否是线程安全的，即是否允许多线程使用。默认值为"true"，代表 JSP 容器会以多线程方式运行 JSP 页面，该页面可以同时被多个客户请求访问。当设定值为"false"时，JSP 页面同一时刻只能处理一个客户请求。
- info：在 JSP 被执行时，用来描述该 JSP 页面的相关信息。该信息可以通过 getServletInfo 方法从 Servlet 中得到。
- errorPage：用来设定当 JSP 页面出现异常（Exception）时，所要转向的页面。如果没有设定，则 JSP 容器会用默认的当前网页来显示出错信息。例如，"<%@ page errorPage= "/error/error_page.jsp" %>"。
- isErrorPage：用来设定当前的 JSP 页面是否作为其他 JSP 页面的错误处理页，默认值是"false"，表明不能使用内置对象 exception。如果设定为"true"，则在该 JSP 页面中可以使用 exception 来处理其他 JSP 页面所产生的异常。
- contentType：用于指定 JSP 页面传送到客户端时所用的 MIME 类型和字符编码方式。这一项必须出现在文件的最顶部，在其他任何字符之前。MIME 类型有 text/plain、text/html（默认类型）、image/gif、image/jpeg 等。默认的字符编码方式为 ISO-8859-1。如果需要显示中文字体，一般使用 GB2312 或 GBK。典型设置为：<%@page contentType="text/html;charset=GBK" %>，初学者典型的错误为：<%@ page contentType=" text/html" charset= "GBK" %>。
- pageEncoding：用于指定 JSP 页面中使用的字符编码方式。如果设置了该属性，则 JSP 页面使用该属性设置的编码方式，如果没有设置，则使用 contentType 属性指定的字符编码方式。

下面看一个使用 page 指令的例子。

【例 5.5】 使用 page 指令。

程序名:5_05.Jsp

```
<%@page contentType="text/html;charset=gbk"
  session="true" buffer="32kb" language="java" import="java.util.*"
  isErrorPage="false" errorPage="error.jsp"%>
<html>
  <head>
    <title>使用了 page 指令</title>
  </head>
  <body>
  <h2>使用了 page 指令
    <%=(new Date()) %></h2>
  </body>
</html>
```

运行效果如图 5-7 所示。

图 5-7　page 指令的使用

2. include 指令

include 指令用于在 JSP 编译时插入一个包含文本或代码的静态文件。该文件可以是 JSP 文件、HTML 文件、文本文件或是一段 Java 程序。其实只要是纯文本的文件就可以包含,它把静态文件的内容(代码)插入到当前位置。

include 指令的语法格式为:

```
<%@include file="relativeURL" %>
```

file 属性为相对于当前 JSP 文件的 URL。file 属性要设置为相对路径,如 error.jsp、/include/foot.jsp。如果路径以"/"开头,那么这个路径主要是参照 JSP 应用的上下文路径。如果路径以文件名或目录名开头,那么该路径就是相对于 JSP 文件的当前路径。

include 指令的作用是在 JSP 文件(*.jsp)转换成 Servlet(*.java)时,静态地包含一个文件的内容。这里"静态"的含义如下。

1) 包含只是简单地复制代码

这种静态的包含只是原封不动地把被包含文件里的代码复制到主文件中<%@include file= %>的地方,和主文件形成一个新文件,然后再统一编译成一个 Servlet。由于是复制式的代码包含,要注意主辅文件中的代码会互相影响,有时会产生冲突。如主辅文件均含有<html>、<head>或<body>等这样唯一性的标记,将产生冲突。
2) 所包含的文件的 URL 必须是静态的
(1) URL 不能为一个 URL 变量或表达式。
例如:<%@ include file="=URL" %>是错误的。
(2) URL 中不能出现任何参数。
例如:<%@ include file="login.jsp? username=admin" %>是错误的。
include 指令通常用来包含网站中经常出现的重复性页面,以减少为每个页面复制相同的 HTML 代码。比如网站的头部、底部等固定不定的内容,而且在每个网页都要出现,我们可以把这部分代码保存为一个文件,在需要时把它包含进来,可避免重复输入这部分代码,也有利于程序的可读性。下面的案例将演示常用的网页设计方法。

案例名称:使用 include 指令实现网页模块化设计。
案例文件:工程名 ch5_2,主页面:index.jsp,头部文件:top.jspf,脚部文件:foot.jspf。样式表文件:styles.css。

主页面:`index.jsp`
```
<%@page language="java" import="java.util.*" pageEncoding="GBK" %>
<html>
  <head>   <link rel="stylesheet" type="text/css" href="styles.css">  </head>
  <body>
   <%@include file="top.jspf" %>
   <div id="main">   <h3><BR>这里是主工作区!</h3>    </div>
   <%@include file="foot.jspf" %>
  </body>
</html>
```

头部文件:`top.jspf`
```
<%@page   pageEncoding="GBK"%>
<div id="top">
     <div id="banner"><img src="images/title.jpg" /></div>
     <div id="mnu">
        <ul><li>商城首页 |</li>    <li>新品上架 |</li>    <li>特价促销 |</li>
    <li>热卖排行 |</li>
           <li>客户留言 |</li>    <li>查看订单 |</li>    <li>购 物 车 |</li>
        </ul>
     </div>
</div>
```

脚部文件:`foot.jspf`
```
<%@page   pageEncoding="GBK"%>
<div id="copyright">
      诚信数码商城客户热线:0xxx-xxxxxxx,xxxxxxx 传真:0xxx-xxxxxxx <br />
      CopyRight &copy; 2009 www.honesty.com 诚信网
</div>
```

样式表文件:`styles.css`
```
* {margin:0px;padding:0px;border:0px;list-style:none; font-size:12px;}
```

```
#top{width:900px;}
#mnu{
    width:900px;    height:20px;
    background-image:url(images/mnubg.jpg);
    padding-top: 8px;   padding-left: 80px;
    color: #FFFFFF;
}
#mnu li {float:left; width:90px; }
#main { height:100;border:#dcdcdc solid 1px;}
#copyright{float:left; width:899px; text-align:center; line-height:20px; }
```

程序运行效果如图 5-8 所示。

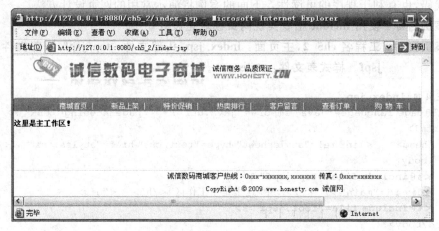

图 5-8　使用 include 指令实现网页模块化设计

在上述的案例中的被包含文件都设置与主文件相同的字符编码，如果不设置，可能会出现汉字乱码现象。这是因为如果不指定编码 MyEclipse 编辑器将按默认编码保存，这种默认的编码与主文件指定的编码不同，将可能出现汉字乱码。

3. taglib 指令

标记是 JSP 元素的一部分，在 JSP 文件中可以有 HTML 标记，还有 JSP 标记，如 <jsp：forward></jsp：forward>、<jsp：plugin></jsp：plugin>等，也可以使用自定义的标记。在使用这些自定义标记之前必须把自定义的标记库导入到当前页面，并指定前缀。taglib 指令正是完成这一任务。由于 JSP 文件中可允许多种标记，为了区别来自不同的标签库，必须在标签的前面加上前缀以示区别，如 JSP 标记的前缀为"jsp"，只有 HTML 标记不要加前缀。

taglib 指令的语法格式为：

```
<%@taglib  uri="tagLibraryURI"  prefix="tagPrefix"  %>
```

其中：

uri 是描述标签库位置的 URI，根据标签的前缀对自定义的标签进行唯一的命名，可以是相对路径或绝对路径。URI 可以是 Uniform Resource Locator(URL)或 Uniform Resource Name(URN)。

Prefix 定义一个 prefix：tagname 形式的字符串前缀，用于定义定制的标记。所保留的前缀为 jsp、jspx、java、servlet、sun 和 sunw。

URI 和 Prefix 在标记库的配置文件中已作定义，此处均直接使用。

下面的例子说明怎样使用 JSTL 标记库。

【例 5.6】 taglib 指令的使用。

步骤 1：下载和导入标记库。

下载 JSTL 标记库并放到 Web-INF/lib 目录中。MyEclipse 已支持 JSTL 标记库，导入方法为：选择当前工程如 ch5_1，在右击的弹出菜单选择 MyEclipse→Add JSTL libralies，或在主菜单中选择 MyEclipse→Project capabilites→Add JSTL libralies 加入 JSTL 库文件。

步骤 2：配置 web.xml 文件，让其他支持 JSTL 标记库。

在 Servlet 2.4 的 web.xml 文件中加入下面代码，在 Servlet 2.5 中可以不要＜jsp-config＞标记。（这里只加入了 JSTL 的核心库，其他库类似）

程序名：**web.xml(加入下面代码)**

```xml
<jsp-config>
  <taglib>
    <taglib-uri>"http://java.sun.com/jsp/jstl/core"</taglib-uri>
    <taglib-location>Web-INF/tld/c.tld</taglib-location>
  </taglib>
</jsp-config>
```

步骤 3：在 JSP 页面中导入 JSTL 标记库和使用 JSTL 标记。

方法如下，要特别注意黑体字部分的写法。

程序名：**5_06.jsp**

```jsp
<%@page contentType="text/html;charset=gbk" %>
<%@taglib uri="http://java.sun.com/jsp/jstl/core" prefix="c" %>
<c:set var="a" value="${1+2}" />
<c:if test="${a}1}">
    a>1：条件为真！
</c:if>
```

程序运行结果如图 5-9 所示。

图 5-9 标记库的使用

5.2.5 JSP 的动作标记

JSP 规范需要所有符合要求的 JSP 容器都支持一组标准的 JSP 动作以及一种开发自定义动作(标记库)的机制。JSP 标准动作是一组形如"<jsp:xxx>"的标记,标记的前缀均为"jsp"。利用 JSP 动作标记可以动态包含文件,将请求转发到另一个页面,调用 JavaBean 和插件等。自定义动作也就是 tablib 标记库,例如 JSTL 标记库、Struts 标记库和用户自定义的标记库等,有关标记库的导入和使用我们前面已经讲过。

JSP 动作标记与 JSP 指令不同的是它们是在请求阶段(运行阶段)起作用,而不是在编译阶段。Servlet 容器在处理 JSP 时,当遇到这种动作标记时,将根据它的标记进行特殊处理。

在 JSP2.0 规范中定义了 20 种标准动作,其中最常用共有 7 个,分别是:<jsp:include>、<jsp:forward>、<jsp:plugin>、<jsp:param>、<jsp:useBean>、<jsp:setProperty>和<jsp:getProperty>,下面介绍这些动作标记。

1. <jsp:include>动作

<jsp:include>动作用于在当前的 JSP 页面中加入静态或动态的资源。

其基本语法为:

```
<jsp:include page="relativeURL | <%=expression%>" flush="true" />
```

其中 page 属性指明需要包含的文件路径为相对路径,或者是代表相对路径的表达式。flush 属性是指清除保存在输出缓冲区中的数据,其默认值为 false,在<jsp:include>动作中该属性必须为 true。

【例 5.7】 jsp:include 动作的用法。

主文件名:**jspinclude.jsp**

```
<%@page language="java" pageEncoding="GBK"%>
<html>
  <head>   <title>jsp:include 使用方法</title>   </head>
  <body>
     <b>演示 jsp:include 动作用法</b><br>
     下面是 jsp:include 包含文件的内容:<br>
     <jsp:include page="include_sub.jsp" flush="true"></jsp:include>
  </body>
</html>
```

被包含文件:**include_sub.jsp**

```
<%@page language="java" pageEncoding="GBK"%>
<html>
  <head>    <title>My JSP 'include_sub.jsp' starting page</title>   </head>
  <body>
     我的内容是,大家好,我是被包含的页面 include_sub.jsp !!
```

```
</body>
</html>
```

运行 jspinclude.jsp 时,不仅显示了本页面的内容,还显示了它包含的页面内容,显示效果如图 5-10 所示。

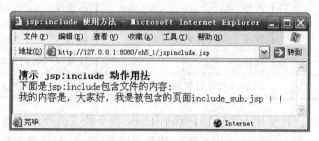

图 5-10 <jsp:include> 的使用

<jsp:include> 允许包含动态文件和静态文件,并且 JSP 容器能够自动识别被包含的文件内容是动态的还是静态的。html 文件、txt 文本文件和无 java 脚本的 jsp 文件都属于静态文件。对于静态文件,那么这种包含仅仅是把包含文件的内容加到 jsp 主文件中去。但如果这个文件动态的,那么这个被包含文件也会被 Jsp 编译器转换成一个单独的 Servlet,主页面只是调用这个次级页面的 Servlet,包含的是次级页面运行产生的输出。需要注意的是:如果被包含的文件含有动态内容,则文件名的后缀应该为 jsp,如果为其他的文件名后缀,编译器将认为是静态文件,不执行编译操作,里面动态内容的代码将被忽略。

<jsp:include> 标记还可以用 <jsp:param> 来传递参数名和参数值。其语法如下:

```
<jsp:include page="relativeURL | <%=expression%>" flush="true" >
    <jsp:param name="paramName1" value="{paramValue1|<%=expression1 %>}"/>
    <jsp:param name="paramName2" value="{paramValue2|<%=expression2 %>}"/>
</jsp:include>
```

<jsp:include> 动作标记与 <%@include%> 指令都可以包含文件,但是它们之间有着本质的区别。它们被调用的时间不同,前者是在页面转换(编译)期间被激活,后者是在请求期间被激活。表 5-2 对两者从各方面进行了对比。

表 5-2 include 指令与 jsp:include 动作的对比

比 较 项 目	include 指令	jsp:include 动作
语法格式	<%@include file="..." %>	<jsp:include page="..." >
发生作用时间	页面转换期间	请求期间
包含的内容	文件的实际内容	页面的运行输出
转换成的 Servlet	主页面和包含页面转换为一个 Servlet	主页面和包含页面转换为独立的 Servlet

续表

比 较 项 目	include 指令	jsp：include 动作
影响主页面	可以	不可以
发生更改时是否需要显式更改主页面	需要	不需要
编译时间	较慢——资源必须被解析	较快
执行时间	稍快	较慢——每次资源必须被解析
灵活性	较差——页面名称固定	更好——页面可以动态指定

两者的差异决定其使用上的区别，使用 include 指令的页面要比使用＜jsp：include＞动作标记的页面难于维护。因为主次页面的代码会相互影响，而且当被包含的代码更新时，包含它的其他页面都要手动重新编译。在这一点上＜jsp：include＞具有很大优势，主次页面互不影响，更新后也无需更改主页面，所以在实现文件包含上应尽可能使用＜jsp：include＞动作标记，虽然在速度上稍有损失。

＜jsp：include＞动作标记与 RequestDispath 接口的 include( )方法本质是一致的，＜jsp：include＞动作标记在编译成 Servlet 时正是调用 RequestDispath 接口的 include( )方法，因此属请求转发范畴，在主次页面共享请求(request)对象。

2. ＜jsp：forward＞动作

＜jsp：forward＞动作标识用于把当前的请求转发到另一个页面上。

其基本语法为：

```
<jsp:forward page="{relative URL | <%=expression%>}"/>
```

其中 page 属性值是将要转发的文件名称或 URL，它可以是一个字符串或者是一个表达式，转发的文件可以是 JSP 页面，也可以是程序段。

该动作标记把当前页面 A 请求转发到另一页面 B 上，在客户端看到的地址仍然是 A 页面的地址，而实际内容显示的是 B 页面的内容。＜jsp：forward＞动作标记编译成 Servlet 时将调用 RequestDispath 接口的 forward( )方法，所以两者的本质是一样的，属于请求转发范畴，在主次页面中共享请求(request)对象。

另外也可以用＜jsp：param＞来传递参数名和参数值。其语法如下：

```
<jsp:forward page="relativeURL | <%=expression%>" >
    <jsp:param name="paramName1" value="{paramValue1|<%=expression1 %>}"/>
    <jsp:param name="paramName2" value="{paramValue2|<%=expression2 %>}"/>
</jsp:forward>
```

但如果用户选择使用＜jsp：param＞标记的功能，那么被重定向的目标文件就必须是一个动态的文件。

【例 5.8】 jsp：forward 的用法。

主页面:**jspforward.jsp**
```
<%@page language="java" pageEncoding="GBK"%>
<html>
  <head>   <title>jsp:forward 使用方法</title>   </head>
  <body>
     演示 jsp:forward 动作用法<br/>
     下面是 jsp:forward 跳转的页面<br/>
     <jsp:forward page="forward_sub.jsp" ></jsp:forward>
  </body>
</html>
```

次级页面:**forward_sub.jsp**
```
<%@page language="java" pageEncoding="GBK"%>
<html>
  <head>   <title>a.jsp</title>   </head>
  <body>
     我的内容是:"大家好,我是 jsp:forward!!!!!"
  </body>
</html>
```

运行 jspforward.jsp 结果如图 5-11 所示。这里只显示被跳转页面的内容,而没有显示原页面的内容,地址栏显示的地址是第一个页面(jspforward.jsp)的地址。

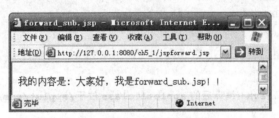

图 5-11　＜jsp：forward＞的使用

3.＜jsp：plugin＞

＜jsp：plugin＞元素用于在浏览器中播放或显示一个对象(典型的就是 applet 和 Bean),这种功能的实现需要浏览器 Java 插件的帮助。

其基本语法为:

```
<jsp:plugin type="bean | applet"   code="objectCode"   codebase="objectCodebase"
[ align="alignment" ]         [ archive="archiveList" ]
[ height="height" ]           [ hspace="hspace" ]
[ jreversion="jreversion" ]   [ name="ComponentName" ]
[ vspace="vspace" ]           [ width="width" ]
[ nspluginurl="URL" ]         [ iepluginurl="URL" ] >
[ <jsp:params>
[ <jsp:param name="PN" value="{PV | <%=expression %>}" />
```

```
    </jsp:params>]
    [<jsp:fallback>text message for user </jsp:fallback>]
</jsp:plugin>
```

当jsp文件被编译后,送往浏览器时,<jsp：plugin>元素将会根据浏览器的版本替换成<object>或<embed>元素。注意,<object>用于 HTML 4.0,<embed>用于 HTML 3.2。一般来说,<jsp：plugin>元素会指定对象类型属性(type)是 Applet 还是 Bean,同样也会指定 class 的名字属性(code)和路径属性(codebase),以及位置属性包含的宽(width)、高(height)、对齐方式(align)、边距(hspace、vspace),另外还会指定将从哪里下载这个 Java 插件(iepluginurl)等。

<jsp：fallback>标记的含义为:加载失败要显示的信息。<jsp：param>是追加参数,具体用法后面再讲解。

【例 5.9】 用<jsp：plugin>加载 Applet。

文件名:usePlugin.jsp
```
<%@page language="java" pageEncoding="GBK" %>
<html>
  <head>   <title>My applet 'applet1' starting page</title>   </head>
<body>
  <jsp:plugin type="applet" code="com.applet1.class" codebase="/applet"
         name="applet1"  width="320"   height="160" >
     <jsp:fallback>connot start Applet!</jsp:fallback>
  </jsp:plugin>
</body>
</html>
```

文件名:**applet1.java (编译后的 applet1.class 位于/applet/com/applet1.class)**
```
package com;
import java.applet.Applet;
import java.awt.*;
public class applet1 extends Applet {
    public void paint(Graphics g){
        g.setColor(Color.blue);
        g.fillRect(0, 0, 300, 100);
        g.setColor(Color.red);
        g.setFont(new Font("TimesRoman",Font.BOLD,30));
        g.drawString("Hello,Beijing", 30, 50);
    }
}
```

程序运行结果如图 5-12 所示。

4. <jsp：param>

<jsp：param>用来为<jsp：include>、<jsp：forward>、<jsp：plugin>等动作标

图 5-12 使用＜jsp：plgin＞加载 Applet

记传递参数。其基本语法为：

<jsp:param name="parameterName" value="parameterValue"/>

其中，name 属性就是参数的名称，value 属性就是参数值。这个参数值可以通过 name 属性在＜jsp：include＞、＜jsp：forward＞、＜jsp：plugin＞中通过 request.gerParameter（参数名）获得。

【例 5.10】 ＜jsp：param 与＜jsp：include＞配合使用。

案例由 paramMain.jsp 和 paramInclude.jsp 两个文件组成，代码如下：

文件名：**paramMain.jsp**

```
<%@page language="java" pageEncoding="gb2312"%>
<html>
    <head>    <title>jsp:param 动作</title>    </head>
    <body>
        jsp:param 动作的使用
        <jsp:include page="paramInclude.jsp" flush="true">
            <jsp:param name="username" value="zhangsan" />
            <jsp:param name="password" value="123456" />
        </jsp:include>
    </body>
</html>
```

文件名：**paramInclude.jsp**

```
<%@page language="java" pageEncoding="gb2312"%>
<html>
    <head>    <title>paramInclude.jsp</title>    </head>
    <body>
        <hr>
        用户名:<%=request.getParameter("username")%><br>
        密码:<%=request.getParameter("password")%>
        <hr>
    </body>
```

```
</html>
```

运行结果如图 5-13 所示。

图 5-13 <jsp：param>的使用

5. <jsp：useBean>、<jsp：setProperty>和<jsp：getProperty>

<jsp：useBean>、<jsp：setProperty>和<jsp：getProperty>都是用来操作 JavaBean 的动作标记。JavaBean 就是一个 Java 类，其特点是取对象值的方法为 getXXX()，而设置对象变量值的方法为 setXXX()，其中 XXX 表示对象变量名。由于 JavaBean 在第 6 章才讲到，因此这里只简单介绍<jsp：useBean>、<jsp：setProperty>和<jsp：getProperty>三种动作标识的概念，具体用法下一章再详细讲述。

<jsp：useBean>动作用来在 JSP 页面中创建一个 JavaBean 实例，并指定它的名字以及作用范围。其基本语法为：

```
<jsp:useBean id="name" scope="page|request|session|application" class=
"package.class"/>
```

其中，id 是用户定义的该实例在指定范围内的名称。scope 参数用于指明该 JavaBean 的作用范围，取值为 page、request、session 和 application 中的一个。class 用于指定需要实例化的类名。

<jsp：setProperty>动作用来为 JavaBean 的各个属性设置属性值。其基本语法为：

```
<jsp:setProperty name="beanName" property="propertyName" value="value"/>
```

其中，name 指明了需要设定属性的目标 Bean，property 表示需要设置值的目标属性，value 是为该属性设置的具体的值。

<jsp：getProperty>与<jsp：setProperty>相对应，用于从 JavaBean 中获取指定的属性值。其基本语法为：

```
<jsp:getProperty name="beanName" property="propertyName"/>
```

其中，name 指明了通过<jsp：useBean>引用的 Bean 的 id 属性，property 属性指定了想要获取的属性名。

5.3 JSP 内置对象

JSP 内置对象是指在 JSP 页面中已经默认存在的 Java 对象,这些对象是 JSP 引擎把 JSP 网页转换成 Servlet 时自动声明并初始化的对象,用户不需要声明就可以直接使用。 JSP 规范共定义了 9 个内置对象,如表 5-3 所示。

表 5-3 9 种 JSP 内置对象

内置对象	类 型	属性范围
request	javax.servlet.http.HttpServletRequest	request
response	javax.servlet.http.HttpServletResponse	page
session	javax.servlet.http.HttpSession	session
application	javax.sevlet.ServletContext	application
config	javax.servlet.ServletConfig	page
pageConext	java.servlet.jsp.PageContext	page
page	java.lang.Object	page
out	javax.Servlet.jsp.JspWriter	page
exception	java.lang.Throwable	page

5.3.1 内置对象的作用范围

在对 JSP 内置对象进一步说明之前,首先来了解 JSP 内置对象的作用范围(scope)。所谓内置对象的作用范围,是指每个内置对象(实例)在多长的时间和多大范围内有效,也即在什么样的范围内可以有效地访问同一个对象实例。在 JSP 中,定义了 4 种属性作用范围,属性范围从小到大依次是:

- page 属性范围:在同一个页面内有效。
- request 属性范围:在同一次服务器请求之内,在请求转发间的页面有效。
- session 属性范围:在某一用户与服务器的一次会话之内,包括一系列请求访问。
- application 属性范围:在整个 Web 应用内有效,为不同用户共享,具有全局性。

1. page 范围

具有 page 范围的对象被绑定到 javax.servlet.jsp.PageContext 对象中。在这个范围内的对象,只能在创建对象的页面中访问。可以调用 pageContext 这个隐含对象的 getAttribute()方法来访问具有这种范围类型的对象。

【例 5.11】 理解 page 范围的作用域。

文件名:scopePageTest1.jsp

```
<%
    pageContext.setAttribute("name","zhangsan");      //设置属性
    out.println(pageContext.getAttribute("name"));//取出属性值并输出
    out.println("<br>");
    pageContext.include("scopePageTest2.jsp");        //include()功能与动作指令
                                                      //的功能一样,为动态包含
%>
```

文件名:**scopePageTest2.jsp**

```
<% out.println(pageContext.getAttribute("name"));%>
```

访问 scopePageTest1.jsp,结果如图 5-14 所示。从该图中可看出两个页面(scopePageTest1.jsp 与 scopePageTest2.jsp)的 pageContex 是不同的,第二个页面无法获取第一个页面设置属性 name 的值:"zhangsan",即使两个页面是包含关系,而且在第一个页面已定义。说明 pageContex 对象的作用域只在当前页面,属于 page 范围。

图 5-14　理解 page 范围作用域

2. request 范围

具有 request 范围的对象被绑定到 javax.servlet.ServletRequest 对象中,可以调用 request 这个隐含对象的 getAttribute()方法来访问具有这种范围类型的对象。在调用 forward()方法转向的页面或者调用 include()方法包含的页面中,都可以访问 request 范围的对象。

【例 5.12】 理解 request 范围的作用域。

scopeRequestTest1.jsp
```
<%
    request.setAttribute("name","zhangsan");
    out.println(request.getAttribute("name"));
    out.println("<br>");
    pageContext.include("scopeRequestTest2.jsp");   //动态包含,请求转发
%>
```

ScopeRequestTest2.jsp
```
<%out.println(request.getAttribute("name"));%>
```

访问 scopeRequestTest1.jsp 显示如图 5-15 所示。两个页面属于同一请求,地址栏的地址没有变化,共享同一个 request 对象,所以被包含的页面能读取 request 中名为

name 的属性值"zhangsan"。

图 5-15 理解 request 范围的作用域

3. session 范围

具有 session 范围的对象被绑定到 javax.servlet.http.HttpSession 对象中,可以调用 session 这个隐含对象的 getAttribute()方法来访问具有这种范围类型的对象。JSP 容器为每一次会话创建一个 HttpSession 对象,在会话期间可以访问 session 范围内的对象。

【例 5.13】 理解 session 范围的作用域。

scopeSessionTest1.jsp
```
<% session.setAttribute("name","zhangsan"); %>
```

ScopeSessionTest2.jsp
```
<%)out.println(session.getAttribute("name"));;%>
```

先访问 scopeSessionTest1.jsp,然后在同一浏览器中再访问 scopeSessionTest2.jsp,结果如图 5-16 所示。虽然两次访问时地址栏的地址是不同,即属于不同的 request 范围,但属于同一次会话,在 session 作用的范围内绑定的对象是共享的,即第二个页面可访问第一个页面绑定的对象。

图 5-16 理解 session 范围的作用域

4. application 范围

具有 application 范围的对象被绑定到 javax.servlet.ServletContext 中,可以调用 application 这个隐含对象的 getAttribute()方法来访问具有这种范围类型的对象。在 Web 应用程序运行期间,所有的页面都可以访问在这个范围内的对象。

【例 5.14】 理解 application 范围的作用域。

ScopeApplicationTest1.jsp
`<%application.setAttribute("name","zhangsan");%>`

ScopeApplicationTest2.jsp
`<%out.println(application.getAttribute("name")); %>`

先访问 1,关闭浏览器再访问 2,结果均不为空。说明保存在 application 对象中的属性具有 application 范围,在整个 Web 应用程序运行期间,都可以访问这个范围内的对象。如果要释放 application 资源,只能重新启动服务器。

5.3.2 out 对象

out 对象的作用域是本页面,即 page 作用域,它是 javax.servlet.jsp.JspWriter 类的一个实例,是一种具有缓存的 PrintWriter 字符输出流。通过它可以向客户端输出数据。通过 page 指令的 buffer 属性可调整缓冲区的大小,甚至关闭缓冲区。默认的缓冲区是 8KB。out 对象的主要方法如表 5-4 所示。

表 5-4 out 对象的方法及其功能

方法	功能
out.print()	输出各种类型的数据,但不自动换行
out.println()	输出各种类型的数据,并且自动换行(在浏览器中不起换行作用)
out.newLine()	输出一个换行符(在浏览器中不起换行作用)
clear()	清除缓冲区的内容,但是不输出到客户端
clearBuffer()	清除缓冲区的内容,并且输出数据到客户端
flush()	输出缓冲区里的内容
int getBufferSize()	返回缓冲区以字节数的大小,如不设缓冲区,则为 0
int getRemaining()	返回缓冲区可使用的空间大小
isAutoFlush()	缓冲区满时,是自动清空还是抛出异常
close()	关闭输出流,清除所有内容

从表中可以看出,out 对象方法分为两类,一类是输出方法,另一类是管理缓冲区的方法。

【例 5.15】 out 对象的使用。

文件名:**out.jsp**
```
<%@page   pageEncoding="GBK" %>
<%out.print("缓冲区总容量="+out.getBufferSize()+"<br>");
   out.print("缓冲区空闲容量="+out.getRemaining()+"<br>");
   out.print("缓冲区是否自动刷新="+out.isAutoFlush());
%>
```

程序运行结果如图 5-17 所示。

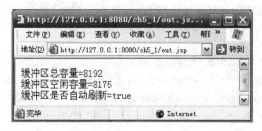

图 5-17　out 对象的使用

5.3.3　request 对象

request 对象的作用域是一次 request 请求，它是 javax.servlet.ServletRequest 的一个实例。来自客户的请求经 JSP 处理后，由 request 对象进行封装。它被作为给 jspService()方法的一个参数，由 JSP 容器传递给 JSP。由 request 对象封装的请求信息内容包括请求的头信息(Header)、系统信息(如编码信息)、请求的方式(如 GET 或 POST)、请求的参数等。

request 对象实现的是 ServletRequest 接口，因此它的方法跟 ServletRequest 接口的方法一样，具体属性和方法请参见 4.3.2 节的表 4-3，这里不再重述。通过这些接口方法能够访问到来自客户端请求的所有信息。

1. 获取请求参数的信息

客户向服务器发出请求的参数通常是通过表单来完成的，也就是说表单元素信息被转化为请求的参数。请求参数还包括 URI 中的参数，也就是"?"后面的参数，如 login.jsp? username=admin&password=123。实际中，当表单提交的方式为 GET 时，表单信息被转化为 URI 的参数。这些参数无论是来自表单还是来自 URI，在 Servlet 容器中均被封装到 request 请求对象中。可以用如下方法取出参数：

- 取出某个参数的值：

String para=request.getParameter("paramName")

- 取出所有参数名，返回值为集合：

Enumeration paramNames=request.getParameterNames();

- 取出某个具有多个值的参数值，如多选框的值，返回为数组：

String[] paramValues=request.getParameterValues("paramName");

【例 5.16】　获取兴趣调查表表单的信息。

兴趣调查表单代码如下，这里表单提交的方式为 POST，注意多选框和单选框的命名。

调查表：**favorities.jsp**

```
<%@page language="java" contentType="text/html;charset=gb2312"%>
<html>    <head><title>兴趣调查表</title></head>
<body>
<p><strong>爱好(可以多选)</strong></p>
<form name="form1" action="showChoice.jsp" method="post">
    <input type=checkbox name="favorities" value="运动">运动
    <input type=checkbox name="favorities" value="读书">读书
    <input type=checkbox name="favorities" value="音乐">音乐
    <input type=checkbox name="favorities" value="书法">书法
    <input type=checkbox name="favorities" value="其他">其他
    <p><strong>性别:</strong></p>
        <input type=radio name="sex" value="男">男
        <input type=radio name="sex" value="女">女</p>
    <p><input type=submit name="submit" value="提交"></p>
    </form>
</body>
</html>
```

表单处理程序，读出表单信息并显示，注意多选框和单选框的读取方法。代码如下：

表单处理程序：**showChoice.jsp**

```
<%
request.setCharacterEncoding("gb2312");
String msg=null;
String sex=request.getParameter("sex");
String[] favorities=request.getParameterValues("favorities");
int len=favorities.length;
boolean tag=true;
if(sex==null)    msg="<font color=red>请选择性别</font><br>";
else    msg=sex.equals("男")?"先生你好!":"女士你好!";
if(len==0){
    msg=msg+"你<font color=red>无</font>爱好";
    tag=false;
}
msg=msg+"<br>你的爱好有:";
for(int i=0;i<len;i++)
    msg=msg+favorities[i]+"、";
msg=tag ?msg.substring(0,msg.length()-1):msg ;
out.print(msg+"<br>谢谢参与。");
%>
```

运行运行结果如图 5-18 和图 5-19 所示。

使用 request 对象获取信息要格外小心，要避免使用空对象，否则会出现 NullPointerException 异常。

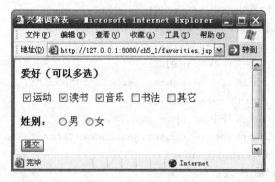

图 5-18 兴趣调查表单

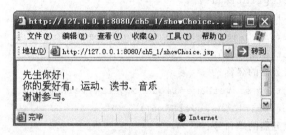

图 5-19 显示调查表结果

2. 获取客户的信息

利用 request 对象可以获得客户提交的信息,如上网的协议、路径信息、客户端的地址及服务器的端口等。下面的例子列举了这些方法的应用。

【例 5.17】 获取客户的信息。

程序名:getRequestInfo.jsp

```
<%@page language="java" import="java.util.*" pageEncoding="GB2312"%>
    <br>客户使用的协议是:
    <%  String protocol=request.getProtocol();
        out.println(protocol);%>
<BR>获取接受客户提交信息的页面:
    <%  String path=request.getServletPath();
        out.println(path);    %>
<BR>接受客户提交信息的长度:
    <%  int length=request.getContentLength();
        out.println(length);     %>
<BR>客户提交信息的方式:
    <%  String method=request.getMethod();
        out.println(method);%>
<BR>获取 HTTP 头文件中 User-Agent 的值:
    <%  String header1=request.getHeader("User-Agent");
        out.println(header1);%>
```


获取HTTP头文件中accept的值：
```
<%   String header2=request.getHeader("accept");
    out.println(header2);%>
```

获取HTTP头文件中Host的值：
```
<%   String header3=request.getHeader("Host");
    out.println(header3);%>
```

获取HTTP头文件中accept-encoding的值：
```
<%   String header4=request.getHeader("accept-encoding");
    out.println(header4);%>
```

获取客户的IP地址：
```
<%   String IP=request.getRemoteAddr();
    out.println(IP);%>
```

获取客户机的名称：
```
<%   String clientName=request.getRemoteHost();
    out.println(clientName);    %>
```

获取服务器的名称：
```
<%   String serverName=request.getServerName();
    out.println(serverName);    %>
```

获取服务器的端口号：
```
<%   int serverPort=request.getServerPort();
    out.println(serverPort);    %>
```

获取头名字的一个枚举：
```
<%   Enumeration enum_headed=request.getHeaderNames();
while (enum_headed.hasMoreElements()) {
    String s=(String) enum_headed.nextElement();
    out.println(s);
}%>
```

获取头文件中指定头名字的全部值的一个枚举：
```
<%    Enumeration enum_headedValues=request.getHeaders("cookie");
while (enum_headedValues.hasMoreElements()) {
    String s=(String) enum_headedValues.nextElement();
    out.println(s);
}%>
```

运行结果如图5-20所示。

3. 处理汉字乱码问题

在J2EE环境特别是JSP/Servlet环境编程中，要特别注意汉字编码的问题。稍不注意就会出现令人头痛的汉字乱码问题。下面我们对这一问题进行探讨。

1）字符集

在编程中常遇到的编码有：
- ISO-8859-1：西方国家的标准编码，是多数程序的默认编码，不支持汉字。
- GBK和GB2312：能支持汉字的编码，GBK是GB2312的超集。GBK中一个英

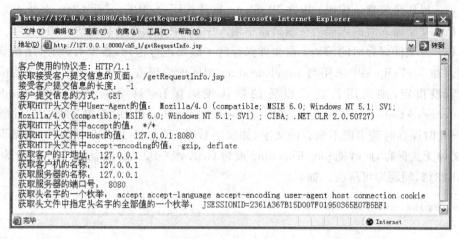

图 5-20 获取客户的信息

文字母占 1 个字节，一个中文字符占 2 个字节，中文按拼音排序，字库中包括繁体字。

- Unicode：通常指 Unicede16，是 Java 中采用的编码。支持全球几乎所有文字，一个字符无论中、英文均占两个字节，高字节在后。中文按偏旁部首笔划排序，字库中包括繁体字。
- UTF-8：Unicode16 的变种，与 Unicode16 一一对应，所以排序规则也相同。一个英文字母占 1 个字节，一个中欧字符占 2 个字节，一个中文字符占 3 个字节。

2）乱码产生的原因和处理方法。

在 Java（Serlet、Jsp）Web 编程中，不同地方涉及不同的编码，它们之间要相互转换，在这一过程中，只要有一个地方出了问题，就可能产生汉字不能正常显示的问题。只有深入了解在不同地方采用的编码，出现了乱码时才能心中有数，采取相应的处理方法。下面介绍 Web 编程中各个流程的编码及可能出现的问题和解决方案。

图 5-21 是 Java 程序运行图，图中涉及多种编码，在任何一个地方出现不兼容都将产生乱码。输入包括源码的输入和其他输入流的输入。输出采用输出流输出到不同的地方。

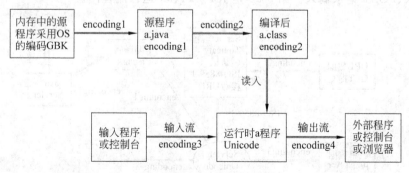

图 5-21 Java 程序运行图

(1) 操作系统默认编码：中文 Windows 默认编码为 GBK，采用 GBK 来处理文字。

(2) 文字输入时的编码：在编辑器中输入中文，采用操作系统编码 GBK 显示。

(3) 源文件保存时的编码：在文件保存时一般要进行选择，若没有，则采用默认编码保存。在 MyEclipse 中采用与 pageEncoding 相同的编码或 contentType 指定的编码保存。若没指定，则采用首选项设置的默认编码保存（这个选项在菜单 window→preferences→General→Content Types→dealut encoding 里，可设置各类文件的默认编码）。此时保存时若出现不兼容的文字（如汉字 GBK 存为 ISO-8859-1），将弹出错误提示框，文件无法保存，此时把 pageEncoding 改为 GBK 或 GB2312，或者把 charset 改为 GBK 或 GB2312，问题即可解决。如：

```
<%@page pageEncoding="GBK" %>
```

或

```
<%@page contentType="text/html;charset=GBK"%>
```

(4) 编译成.class 字节码文件的编码：对源程序.java（.jsp 文件或转化为.java 文件）编译时要指定.class 字节码文件的编码，如 javac -encoding GBK login.java 将按 GBK 编码编译成.class 文件。这里编译一般采用 pageEncodeing 或 charset 指定的编码编译。若没指定，则采用操作系统的默认编码（中文 Windows 为 GBK）编译。

(5) Java 程序运行时的编码：无论.class 采用什么编码，均要转换为 Unicode 代码。内存中的程序和数据均为 Unicode 编码。

(6) Java 程序输出采用的编码：Java 程序采用输出流输出。输出流可指定编码，如没指定则采用 OS 默认编码（GBK）。

在 Servlet 和 JSP 中采用 response.setCharacterEncoding(encoding)设置输出编码。在 JSP 文件中 pageEncoding 指定的编码会在这里使用。若没指定，则采用 charset 的编码，或使用默认编码。

(7) 浏览器显示采用的编码：寻找网页头信息 contentType 中 charset 的编码。这个编码由 response 对象生成，若没指定，按浏览器默认编码显示。

对于 JSP/Servlet 程序，输出端是浏览器，输入数据包括源程序输入、GET 方式 URL 参数输入、POST 请求输入。图 5-22 是 JSP/Servlet 运行流程图。

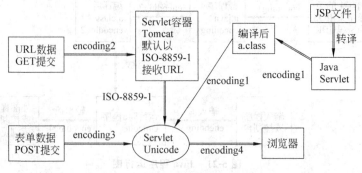

图 5-22　JSP/Servlet 程序运行流程图

（8）**Servlet 容器接收 POST 请求参数封装 request 对象时使用的编码**：Servlet 默认是按 ISO-8859-1 来接收参数，而不管参数原来是什么编码，所以这是经常产生汉字乱码的重要原因。解决方法为：

`request.setCharacterEncoding(原来的编码,如 GBK)`

显式把参数转换为原来的编码（GBK 或 GB2312）。

（9）**Web 容器接收 URL 的编码**：在客户端 URL 按浏览器的默认编码进行编码，一般是 GBK 或 UTF-8（可通过浏览器设置），但 Web 容器接收和处理 URL 时一般按 ISO-8859-1 来处理，这又出了问题，也是乱码产生的重要原因之一。我们知道当表单提交的方式为 GET 时，参数转化为 URL 中的参数，所以这时表单提交的汉字也成了乱码。这就是为什么在程序中使用了 request.setCharacterEncoding("GBK")来处理汉字仍出现乱码的根本原因。而表单用 POST 提交时，参数不出现在 URL 中，封装为数据包，采用前一种方法处理即可。

对于 Web 容器处理 URL 产生的乱码有两种解决方案：

第一种：接收 URL 时不处理，在从 request 中取出参数以后再想办法复原，方法如下：

```
String param=request.getParameter("paramName");
param=new String(param.getBytes("ISO-8859-1"),"GBK");
```

取出参数，然后把参数按 ISO-8859-1 转换为字节数组，再把字节数组按 GBK 重新构造字符串，实现从 ISO-8859-1 到 GBK 的转换。这个方法需要对每一参数显式转换，当参数比较多时，工作量比较大。我们可以把上面的编码转换功能编写为一个转换函数，可减少工作量。

第二种：配置 Web 服务器，设置处理 URI 时的编码。（以 Tomcat 为例）

打开 Tomcat 的安装目录下的 conf/server.xml 配置文件，修改端口号为 8080 的 Connector 的属性：增加 **URIEncoding="GBK"**。这样指定按 GBK 编码来处理 URI。

server.xml 的相关代码：

```
<Connector port="8080"  maxHttpHeaderSize="8192"  maxThreads="150"
        minSpareThreads="25" maxSpareThreads="75"  enableLookups="false"
        redirectPort="8443" acceptCount="100"  connectionTimeout="20000"
        disableUploadTimeout="true"  URIEncoding="GBK"/>
```

前面讲了不同场合的编码及可能产生乱码的原因和处理方法，这里作一个小结：
- 在网页开头部分设定 Encoding 或 charset 为 GBK 或 GB2312。

在 JSP 文件中：

```
<%@page pageEncoding="GBK" %>
<%@page  contentType="text/html;charset=GBK"%>
```

在 Servlet 或 JSP 文件中：

```
response.setCharacterEncoding("GBK");
```

```
response.setContentType("text/html;charset=GBK")
```

- 处理 POST 方法的表单汉字,采用前面第(8)种情况的处理方法:

```
request.setCharacterEncoding("GBK")
```

- 处理 GET 方法的表单汉字或超链接等 URL 中的汉字问题,采用第(9)种情况中的任何一种方法处理。

5.3.4 response 对象

response 对象的作用域是它所在的页面(page),它是 javax.servlet.ServletResponse 类的一个实例。它封装了 JSP 产生的响应,通过 HTTP 返回客户端以响应请求。它是 _jspService() 方法的一个参数,并由 JSP 容器传递给 JSP,在这里 JSP 可以改动它,比如改变响应 MIME 类型或重定向等。由于到客户端的输出流在 JSP 中是进行缓冲的,所以设置 HTTP 状态代码和响应消息的确是合理的,尽管在 Servlet 中这样做是不允许的。response 对象的主要方法如表 5-5 所示。

表 5-5 response 对象的主要方法

方　　法	功　　能
String getCharacterEncoding()	设置响应用的是何种字符编码
ServletOutputStream getOutputStream()	返回响应的一个二进制输出流
PrintWriter getWriter()	返回可以向客户端输出字符的一个对象
void setContentLength(int len)	设置响应头长度
void setContentType(String type)	设置响应的 MIME 类型
void sendRedirect(String location)	重新定向客户端的请求
void setHeader(String name,String value)	设置指定 HTTP 头的值

1. 动态响应 contentType 属性

当一个客户访问 JSP 页面时,如果该页面用 page 指令设置页面的 contentType 属性是 text/html,那么 JSP 引擎将按照这种属性值作出反应。如果要动态改变这个属性值来响应客户,就需要使用 response 对象的 setContentType(String s)方法来改变 contentType 的属性值。

格式:response.setContentType(String s)。

参数 s 的取值为:①普通网页:text/html;②Excel 电子表格:application/x-msexcel;③Word 文档:application/msword 等。

【例 5.18】 动态响应 contentType 属性。

文件名:**setContentType.jsp**

```
<%@page contentType="text/html;charset=GB2312"%>
```

```
<html>
    <head><title>response 对象的动态响应 contentType 属性</title></head>
    <body>
        我正在学习 response 对象的 setContentType 方法<BR>
        将当前页面保存为 Word 文档吗?
        <form action="" method="get" name="form">
            <input type="submit" value="yes" name="submit">
        </form>
        <%   String str=request.getParameter("submit");
        if (str==null) {str="";      }
        if (str.equals("yes")) {
            response.setContentType("application/msword;charset=GB2312");
        }
        %>
    </body>
</html>
```

运行结果如图 5-23 所示。单击 yes,则弹出保存窗口,可以将该页面保存为 Word 文档。

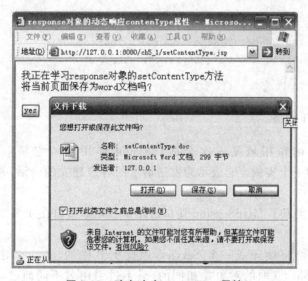

图 5-23 动态响应 contenType 属性

2. Response 重定向

在某些情况下,需要将客户重新引导至另一个页面,可以使用 response 的 sendRedirect(URL)方法实现客户访问的重定向。相应的代码格式为:

`response.sendRedirect(url);`

sendRedirect(URL)方法重定向实际上是改变 URL 中的地址,这个地址可以是服务器内的地址也可以是网络上的任何地址。它与请求转发 RequestDispatcher 接口的 forward()方法或<jsp:forwad>有本质区别,请求转发只能在本网站转发,且地址栏不发生改变。

下面的例子重定向到百度的搜索关键字为"goods"的结果网页,间接实现了调用百度搜索引擎的功能。

```
<%resonse.sendRedirect("http://www.baidu.com/s?wd=goods")%>
```

3. 设置响应标头

通过 response 的相关方法可设置响应标头或改变网页的响应方式,使用语法为:"response.setHeader()"。比如在上一章讲过"网页自刷新"、"网页定时跳转"(具体见 4.3.2 节的相关内容)。这里再举一个通过设置标头禁止页面缓冲的例子。

在实际的 JSP 应用开发中,为了提高安全等级,确保一些敏感信息的安全,有时需要禁止页面缓冲。

【例 5.19】 禁止页面缓冲的设置。

```
<%@page contentType="text/html;charset=GBK" %>
<%
    response.setHeader("Pragma", "No-cache");
    response.setHeader("Cache-Control", "no-cache");
    response.setDateHeader("Expires", -1);
%>
```

5.3.5　session 对象

session 对象的作用域是一次会话(session 作用域),它是 javax.servlet.http.HttpSession 类的一个实例。它表示为发送请求的客户建立的会话,并只对该 HTTP 请求有效。

session 对象实现了 HttpSession 接口,HttpSession 接口在 4.3.5 节已经介绍过,这里不再重述。

由于 JSP 最终将编译成一个 Servlet,因此 JSP 中的 session 对象与 Servlet 通过 request.getSession()获取的对象是相同的,只不过引用名不同而已。session 对象的作用主要是会话跟踪,有关知识在前一章已经详细介绍。

5.3.6　application 对象

application 的作用域是整个 Web 应用,为所有访问者共享。它是 javax.servlet.ServletContext 类的一个实例。它用于在多个用户间保存数据,所有用户都共享一个 application 对象,因此从中读取和写入的数据都是共享的。

application 对象实现了 ServletContext 接口,有关这个接口的方法在前一章的相关部分(4.3.3 部分)已经介绍,这里不再重述。

application 的作用主要是存储全局性的数据、操作日志和读取上下文的配置信息。有关读取上下文配置信息的例子在前一章的相关内容已经介绍，这里着重介绍另外两个用途。

1. 用 application 对象存储的全局性数据

application 对象最显著的特点就是全局性。服务器启动后，一旦创建了 application 对象，这个 application 对象就会永远保持下去，直到服务器关闭为止。

利用 application 对象全局性的特点，经常把多用户共享的数据存储在 application 对象中。如网站的计数器、聊天室里内容常存储在 application 对象中。

【例 5.20】 application 对象的应用——网站计数器。

程序名：**applicationApply.jsp**

```jsp
<%@page contentType="text/html;charset=GB2312"%>
<html>
<head>    <title>网站计数器</title>    </head>
<body>
<%
    if (application.getAttribute("count")==null) {
        application.setAttribute("count", "1");
        out.println("欢迎,您是第 1 位访客!");
    } else {
        int i=Integer.parseInt((String) application.getAttribute("count"));
        i++;
        application.setAttribute("count", String.valueOf(i));
        out.println("欢迎,您是第"+i+"位访客!");
    }
%>
</body>
</html>
```

运行程序,如图 5-24 所示。发现 i 的值在从 1 开始不断递增,即便关掉窗口重新打开,i 还是从原来的基础上递增,直到服务器关闭,i 才会重新赋值。

图 5-24　application 对象的应用——网站计数器

2. 用 application 对象记录日志

Servlet 和 JSP 程序运行过程中需要把一些信息记录在日志文件中。比如，为了了解用户登录信息和登录之后的行为，可以把用户的登录/退出时间、登录 IP 地址、用户在网站中的行为(浏览了哪些网页，进行哪些操作，特别是增、删、改的操作等)记载在日志文件中，以后通过日志文件的分析可了解用户的行为动向，出现问题后，可进行责任追溯。对于商业性的网站，分析用户行为信息可以发现巨大的商机。门户网站、入口网站、电子商务网掌握了海量的用户行为数据，是典型的大数据，这些大数据是企业的核心资产，是企业的核心竞争力。日志文件一般还记载了服务器程序运行状态等重要信息，如异常信息。这些日志信息有助于了解服务器的运行状态，是服务器诊断、管理和维护的重要依据。日志文件操作的一个可行的方法是使用 application 对象。

1) public void log(String msg)

形参是待记录的日志信息，例如将客户的 IP 地址写入日志：

```
<%
    String IP=request.getRemoteAddr();
    application.log (IP)
%>
```

这段代码执行后，Servlet 容器将把客户访问的 IP 地址写入日志文件。在 Tomcat 的安装目录的 logs 文件夹下，有多个以日期为文件名的日志文件，日期是系统的日期，文件名类似于"localhost.2009-08-20.log"。

2) public void log(String msg, Throwable thwoable)

这个方法用于记录日志信息及异常堆栈信息。第一个参数是自定义的日志信息，第二参数是异常对象。

【例 5.21】 用 application 记录操作日志。

```
<%try{
    String s=null;
    out.print(s.length());
}
catch(Exception e){
application.log("发现以下异常", e);
}
%>
```

程序的第 2 行定义的 s 为空，第 3 行调用 s.length() 会引发异常。异常对象被 catch 模块捕获，application.log("发现以下异常"，e)把异常信息记录在日志中。

5.3.7 其他内置对象

1. config 对象

config 对象的作用域是本页面，它是 javax.servlet.ServletConfig 类的一个实例，是

Servlet 的配置对象。config 对象是在一个 Servlet 初始化时,JSP 容器向它传递配置信息用的,此信息包括 Servlet 初始化时所要用到的参数(由属性名和属性值构成)以及服务器的有关信息(通过传递一个 ServletContext 对象)。

config 对象的主要方法如下:(其他请参见前一章的相关部分)
- ServletContext getServletContext() 返回含有服务器相关信息的 ServletContext 对象。
- String getInitParameter(String name) 返回初始化参数的值。
- Enumeration getInitParameterNames() 返回 Servlet 初始化所需参数的枚举。

2. exception 对象

JSP 页面在运行时发生异常,系统会生成一个异常对象,把相关的运行时异常信息封装在异常对象中,这个异常对象被传递给异常处理页面作进一步处理。如果一个 JSP 页面中设定了<%@pageisErrorPage="true"%>,则这个 JSP 页面属于异常处理页面,页面中自动包含 exception 对象,通过 exception 对象可读出相关的运行时异常信息。如果 JSP 页面中设定<% page isErrorPage="false"%>或没有设定该属性(默认为 false),则 exception 对象在此页面中不可用。

exception 隐含对象是 java.lang.Throwable 类型的,Throwable 是 Java 中所有异常类的父类。Throwable 中关键的方法为:public StackTraceElement[] getStackTrace()。这个方法返回堆栈跟踪元素的数组,每个元素表示一个堆栈帧。数组的第零号元素(假定数据的长度为非零)表示堆栈顶部,堆栈顶部的帧表示生成堆栈跟踪的执行点,异常信息一般是通过访问数组的零号元素而获得。

exception 对象的主要方法如下:
(1) String getMessage():返回描述异常的消息。
(2) void printStackTrace():以标准错误的形式输出异常及其堆栈。
(3) String toString():以字符串的形式返回对异常的描述。
(4) Throwable FillInStackTrace():重写异常的执行堆栈。
(5) int getLineNumber():返回异常发生点在 *.java 文件中的行号。
(6) int String getMethodName():返回发生异常的方法名。

3. page 对象

page 对象的作用域是本页面,它是 java.lang.Object 类的一个实例。它指的是 JSP 实现类的实例,换句话说就是 JSP 页面本身,相当于 java 中的 this 指针。实际上,page 对象很少在 JSP 中使用。

4. pageContext 对象

pageContext 对象的作用域是它所在的页面,它是 javax.servlet.jsp.PageContext 类的一个实例。它提供了对 JSP 页面内所有的对象及名字空间的访问,所有的隐含对象都是通过 pageContext 对象来赋值的;通过 pageContext 不仅可以访问所有隐含对象,还可以访问本页所在的 request、session 和 application 作用域的对象,它是 JSP 页面中所有功能的集大成者。

pageContext 中常用的方法有:

1) 获得其他隐含对象

调用 pageContext 对象中的 getException()、getPage()、getRequest()、getResponse()、getSession() 和 getServletConfig() 方法可获得相应的 JSP 隐含对象。例如,在 JSP 页面的 Servlet 实现类中,有如下初始化操作:

```
application=pageContext.getServletContext();;
config=pageContext.getServletConfig();
session=pageContext.getSession();
out=pageContext.getOut();
```

2) 实现转发跳转或包含

(1) 实现转发跳转的方法

```
void forward(String relativeUrlPath)
```

(2) 实现转发包含的方法

```
void include(String relativeRrlPath)
```

这两个方法和 RequestDispatcher 接口的 forward(url) 和 include(url) 两个方法的功能是一样的,与<jsp:include>和<jsp:forward>动作标记实现的功能也是一样的,它们都属于请求转发。

3) 设置和获取属性

pageContext 可通过 setAttribute(name)、getAttribute、romoveAttribute 来设置、获取、删除属性,这些属性的作用域为 page 范围。

pageContext 还可以获取其他作用域的属性,方法为:

```
getAttibute(String name, int scope);
```

第一个参数为属性名,第二个参数为作用域范围,其取值为:PageContext.PAGE_SCOPE、PageContext.REQUEST_SCOPE、PageContext.SESSION_SCOPE、PageContext.APPLICATION_SCOPE 中的一个,分别对应 page、request、session 和 application 作用域。

5.3.8 Cookie 对象

Cookie 对象并不是 JSP 的内置对象,需要在程序中显式地创建或获取,但由于在 JSP 中有时要用到 Cookie 对象,所以相关的内容在这里讲述。

Cookie 对象是由 Web 服务器端产生并保存到浏览器中的信息。Cookie 对象可以用来在浏览器中保存少量的信息。目前主流的浏览器(IE、Google Chrome、Netscape Navigator)都支持 Cookie。

1. 将 Cookie 写到浏览器中

其方法如下：

```
Cookie c=new Cookie(cookieName, cookieValue);
response.addCookie(c);
```

首先创建一个 Cookie，有两个参数，第一个参数为 Cookie 的名字，第二个参数为要存的信息；然后通过 response.addCookie()写入浏览器。

2. 读取 Cookie

其方法如下：

```
Cookie Cookies[]=request.getCookies();              //读出所有 Cookie
for(int i=0; i<cookies.length; i++){                //循环遍历所有 Cookie
    if(cookies[i].getName().equals(cookieName));    //通过名字找到我们的 Cookie
        cookies[i].getValue();                      //读出 Cookie 的值
}
```

首先用 request.getCookies()读出所有的 Cookie。然后通过遍历的方法找到原先存入的 Cookie，最后再把它的值读出。

在使用 Cookie 时，有以下一些注意事项。

- Cookie 的存储场所是浏览器，但并不是每一种浏览器都具有 Cookie 功能。同时，在客户端浏览器的安全性设置中可以禁用 Cookie。所以不能保证 Cookie 的写入一定能够成功。
- Cookie 对象不能单独使用，必须和 request 对象(Cookie 读取)或 response 对象(Cookie 对象的写入)结合使用。
- 不同浏览器中存储的 Cookie 是不能通用的，例如：IE 存储的 Cookie 只有 IE 自己可以使用。
- 存储在浏览器中的 Cookie 对任何 Web 服务器都是开放的，所以写入的 Cookie 可能被其他网页读取或覆盖掉。

5.4 项目实战——基于 Cookie 的权限控制模块

在项目的实践中，有时希望能记住用户的登录权限等信息，下次登录时无需再次输入登录信息，就能访问相关的内容，尽可能地方便用户。这种功能的实现实际上就是基于 Cookie 的会话跟踪。

本模块涉及到 3 个文件：

- 登录界面 login.html。
- 登录验证的页面：loginValidate.jsp。
- 需要权限控制的页面：work.jsp（工作页面，需会员用户才能访问）。

系统具体实现如下：

新建一个 Web 工程，工程名为 ch5_3。然后按下面的步骤编写相关文件并测试运行。

步骤 1：编写登录表单文件 **login.html**。

这只是一个简单的登录表单，没有实现客户端表单的验证，读者可以自己用 JavaScript 来实现。这个登录页面相比上一章的登录页面，只是多了几个保存信息周期的选项而已。

登录表单文件：**login.html**
```
<html>
    <head><title>用户登录</title>
      <meta http-equiv="content-type" content="text/html; charset=GBK">
    </head>
<body>
    <form method="POST"  action="loginValidate.jsp">
      用户：   <input type=text name=username><br>
      密码：<input type=password name=password><br><br>
       <input type="radio" name="age" value="7">将登录信息保存一周 <br>
       <input type="radio" name="age" value="30">将登录信息保存一个月<br>
       <input type="radio" name="age" value="0" checked="checked">不保存<br>
       <input type=submit value="提交">  
          <input type=reset vlaue="重置">
    </form>
</body>
</html>
```

步骤 2：编写登录验证的页面，文件名为 **loginValidate.jsp**。

实现思路如下：

(1) **密码验证**：读取用户名和密码等参数，然后验证其正确性。这里只能简单设计为固定的用户名和密码，在实际的系统中，应访问数据库进行验证。

(2) **信息记录**：根据验证结果，如果是合法用户，创建 Cookie，并把相关的登录信息记录在 Cookie 中，并设置最大的存活期。如果原来有 Cookie，当更换用户名登录时会把原来的信息覆盖。

(3) **转向**：如果验证不通过，则通过 pageContext.include() 方法把登录表单包含进来，重新登录。如果验证通过，重定向到工作页面。详细代码如下：

登录验证的页面：**loginValidate.jsp**
```
<%@page  pageEncoding="GBK"%>
<%
    //获取用户名和密码和保存时间信息
String username=request.getParameter("username");
    String password=request.getParameter("password");
    String age   =request.getParameter("age");
    int cookieAge= (age==null)?0: Integer.parseInt(age);
```

```jsp
//用户信息验证,这里是简单设定为合法用户,实际上要访问数据库进行验证
if("web".equals(username) && "123456".equals(password) ||
    "jsp".equals(username) && "888888".equals(password) )
{
    Cookie mycookie=new Cookie("cookie_username",null);//新建 Cookie
    //把登录信息存入 Cookie
    mycookie.setValue(username);
    if(cookieAge!=0) a.setMaxAge(cookieAge * 24 * 3600);  //设置最大的存活期,
                                                         //单位为秒
    response.addCookie(a);                  //把 Cookie 写入浏览器
    response.sendRedirect("work.jsp");      //重定向到工作页面
}
else{
    out.print("<p><b>你没有登录或用户名密码错误!请重新登录!</b><p>");
    pageContext.include("login.html");      //动态包含
}
%>
```

步骤 3:编写工作页面,文件名为 **work.jsp**。

这一步主要是权限的控制,这些页面必须是合法的用户才能访问。实现的思路是:

(1) 读取 Cookie 中的权限信息,并进行验证。

(2) 根据结果控制是否可访问。如果是非授权用户,转登录页面;如是合法用户,显示工作页面。

(3) 把下面的权限控制的内容单独保存为一个文件,在需要权限控制的工作页面把它包含进来,即可静态包含也可动态包含,这样实现功能模块的重用。

工作页面:**work.jsp**

```jsp
<%@page pageEncoding="GBK" %>
<%
    String username=null;
    Cookie c[]=request.getCookies();        //读出所有 Cookies
    if(c!=null){                            //如果存在 Cookie
        for(int i=0; i<c.length; i++)       //遍历所有 Cookies,查找需要的 Cookie
        {
            String cookieName=c[i].getName();
            if(cookieName.equals("cookie_username"))   //找到
                username=c[i].getValue();              //取出值
        }
    }
    else{//如果不存在 Cookie,重定向到登录界面
        response.sendRedirect("login.html");
    }
    if(null==username || 0==username.length()) //遍历结束后没找到所需的 Cookie
        response.sendRedirect("login.html");   //转重新登录
```

```
else{ //找到所需 Cookie
    out.print("<p><b>欢迎"+username+"</b></p>");
    out.print("这里是工作页面的内容……");
}
%>
```

步骤 4：运行测试。

(1) 直接打开 work.jsp。由于从没登录过,将直接被重定向到登录界面,如图 5-25 所示,说明权限控制成功。

图 5-25 登录界面

(2) 在图 5-25 中输入一个非法用户名,单击提交,如图 5-26 所示。说明登录信息验证成功,子页面包含操作成功。

图 5-26 用户名或密码有误,重新登录界面

(3) 在图 5-26 中输入合法用户信息如 Web 和 123456,并选择把登录信息保存一周。再次单击提交,如图 5-27 所示,说明权限控制成功。

(4) 关闭浏览器后再次打开,直接访问工作页面,仍出现如图 5-27 所示界面,说明 Cookie 存活期权限控制操作成功。

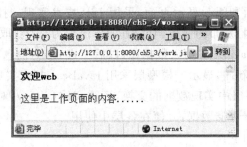

图 5-27 工作页面

5.5 实 验 指 导

1. 实验目的

(1) 熟悉 JSP 的声明、表达式和脚本。
(2) 熟悉 JSP 编译指令,动作标记。
(3) 熟悉 JSP 的隐含对象。
(4) 正确理解 request、session、application 三个对象的作用域。
(5) 正确处理汉字乱码问题。
(6) 熟练使用 JSP 技术来编写网页。

2. 实验内容

本实验将要完成一个信息(新闻)发布与阅读显示子系统,涉及到信息(新闻)发布页面设计(news_publish.jsp)、信息(新闻)发布业务逻辑的实现(NewsPublish.java)、信息(新闻)阅读显示功能的实现(showNews.jsp)。本子系统采用 MVC 架构,如图 5-28 所示。

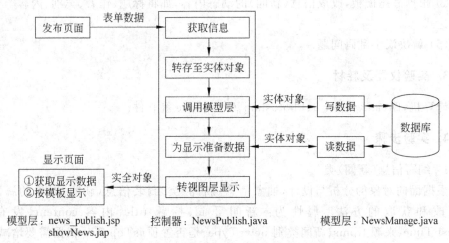

图 5-28 信息发布与显示子系统实现原理

视图层有发布页面和阅读显示页面,采用 JSP 技术实现。控制层用 Servlet 技术实现,主要负责信息(新闻)发布的业务调度,其业务流程为:①获取发布信息②转存到信息(新闻)对象中③调用 JavaBean 写入数据库(以后实现)④为信息显示准备数据⑤请求转发到显示页面⑥信息(新闻)显示。模型层采用 JavaBean 技术实现,将在后续的实验中完成。为了在 MVC 中各层中实现数据的交换,还需实体(entity)对象,即信息(新闻)对象(News.java),主要用于存储数据,方便在各层中使用。

具体的实验任务如下:

(1) 编写一个信息(新闻)java 类,用 MyEclipse 自动产生 getter 和 setter 函数。

(2) 编写管理员的信息(新闻)发布页面。

要求如下:

① 信息(新闻)撰写界面至少包括标题、所属栏目、作者、内容等内容。

② 发布界面用 CSS 进行美化。

③ 权限控制,必须是管理员用户才能访问,跟前面实验的登录与权限控制关联起来。

(3) 编写一个信息(新闻)发布控制器(Servlet)来处理新闻发布页面提交的表单。

要求:

① 读取表单各项内容,并把存入一个信息(新闻)对象中(在后面的实验中会通过 JavaBean 把这个对象写入数据库)。

② 把信息(新闻)对象绑定在 request 对象中,并转发到新闻显示页面。

(4) 编写一个信息(新闻)显示页面。

要求:

① 编写信息(新闻)显示页面的静态模板,这个静态模板不含有任何 Java 代码,可以是 HTML 文件也可是 JSP 文件,页面用 DIV+CSS 设计。

② 把静态 HTML 网页改为动态 JSP 网页,利于 Java 脚本获取要显示的数据(信息或新闻)。这里假定信息(新闻)对象已在控制器(Servlet)存入 request 对象中,这里只需从 request 中取出信息(新闻)对象。

③ 根据静态模板,改成信息(新闻)的动态内容,如将标题、作者、类别、内容等信息改为表达式。

(5) 解决汉字乱码问题。

3. 实验仪器及耗材

计算机、Dreamweaver 8、Photoshop、MyEclipse 等软件。

4. 实验步骤

1) 编写信息(新闻)类

根据面向对象的分析与设计,抽象信息(新闻)类,封装信息(新闻)对象的属性和属性更改和获取的方法。属性为:新闻号 id、标题 title、内容 content、发布时间 publishTime、来源 froms、新闻类别 newsType、是否置顶 isTop 等。根据需要增减,每个属性对应两个方法:"获取"和"设置"方法,如 id 属性对应 getId()和 setId()。这些方法可利用 MyEclipse 的"source"菜单的"generate Getters and Setters"命令来自动完成。代码如下:

```
public class News {
    private int id;
    private String newsType;
    private String title;
    private String froms;
    private String publishTime;
    private String content;
    private bool isTop;
    public int getId() {
        return id;    }
    public void setId(int id) {
        this.id=id;    }
    ……//省略其他属性的方法}
```

2) 编写管理员的含富文本编辑器的新闻发布页面/admin/news_publish.jsp

效果如图 5-29 所示。

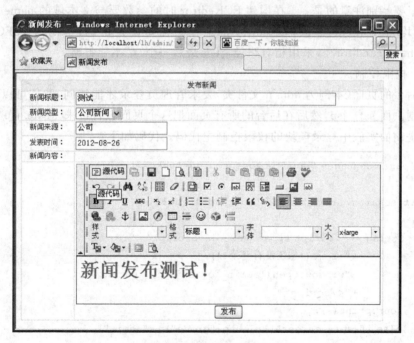

图 5-29 新闻发布页面

具体步骤如下:

(1) 制作一个信息(新闻)发布表单,让发布者填写信息(新闻)标题、信息(新闻)类别、发布时间、信息来源和信息内容等。其中信息(新闻)内容为文本域,文本域的内容由下面嵌入的富文本编辑器进行编辑。

（2）嵌入一个富文本编辑器，来完成复杂信息（新闻）网页的编写。这个网页编辑器可以利用网上现成的富文本编辑器，如 FCKeditor 编辑器，就是一个用 JavaScript 语言编写的编辑器。

首先，从网上下载一个 FCKeditor 编辑器，解压后把整个文件夹"fckeditor"放在和 news_publish.jsp 相同的文件夹下，如本例为 admin（管理员的文件夹）。

然后，在网页的头部把这个 fckeditor 导入，代码为＜script type="text/javascript" src="fckeditor/fckeditor.js"＞＜/script＞，这是标准的 JavaScript 文件导入方法。

最后，在网页编辑的内容区加入下面代码，让编辑器来替换文本域的内容。

```
<textarea name="content" cols="75" rows="20"></textarea>
<script type="text/javascript">
    var oFCKeditor=new FCKeditor('content');
    oFCKeditor.BasePath="fckeditor/";
    oFCKeditor.Height=350;
    oFCKeditor.ToolbarSet="Default";
    oFCKeditor.ReplaceTextarea();
</script>
```

这里要特别注意的是：①在构建 FCKeditor 时的参数要与文本域的 name 属性值相同，本例均为"content"。②FCKeditor 的工作路径要设置正确，本例为：oFCKeditor.BasePath="fckeditor/"，采用相对路径，注意最后一个"/"不能省略。

（3）权限控制。

因后台的页面（本例为 admin 文件夹）要求管理员登录才能访问，我们可以编写一个权限控制页面 safe.jsp，然后在后台的所有页面把这个页面包含进来。safe.jsp 的主要代码也就是前面实验中登录模块的权限控制主代码。代码如下：

```
<%@page language="java" pageEncoding="gbk"%>
<%
  if(session.getAttribute("username")=null )
  {
    String s="<script type='text/javascript'>"
        +"alert('您还没有登录!');"
        +"window.open('admin_login.jsp','_parent');"
        +"</script>";
    out.print(s);
  }else if(session.getAttribute("grade")=="admin")
  {
      String s="<script type='text/javascript'>"
        +"alert('管理员登录成功!');"
        +"</script>";
      out.print(s);
  }
%>
```

在信息发布页面中包含权限控制页面：＜jsp：include page＝"safe.jsp"＞＜/jsp：include＞。

3）编写一个 Servlet 来处理新闻发布页面提交的表单

新建一个名为 NewsPublish.java 的 Servlet，访问路径为/admin/NewsPublish。设定表单提交方式为 post，在 NewsPublish.java 的 doPost()中编写代码完成以下几项子任务。

（1）读取信息（新闻）发布表单的各项数据，转存在信息（新闻）对象中。代码如下：

```
News news=new News();                                    //构造一个空新闻对象
news.setTitle(request.getParameter(title));              //读取标题并存入新闻
                                                         //对象的标题属性中
news.setPublishTime(request.getParameter(publishTime));  //转存发布时间
news.setNewsType(request. getParameter (newsType));      //转存新闻类别
news.setContent(request. getParameter (content));        //转存新闻内容
news.setFroms(request. getParameter (froms));            //转存新闻来源
```

（2）把信息（新闻）对象 news 保存在 request 对象中，并将请求转发到信息（新闻）显示页面 showNews.jsp 中显示，代码如下：

```
request.setAttribute("news",news);  //新闻对象 news 保存在 request 对象中
request.getRequestDispatcher("../showNews.jsp").forward(request, response);
```

4）编写信息（新闻）显示页面 showNews.jsp

信息（新闻）显示页面首先应把要显示的（信息）新闻对象读取出来，然后再制作精美的显示模板把信息（新闻）对象的各个属性显来出来。

（1）读信息（新闻）数据。上一步在名为 NewsPublish.java 的 Servlet 中，已把信息（新闻）对象保存在 request 中，因此这里只需把数据读出即可，代码如下：

```
News news=(News) request.getAttribute("news");
```

（2）利用 CSS 和 HTML 知识制作显示模板，效果如图 5-30 所示。

图 5-30　信息显示页面

模板中显示格式与静态页面完全一致，只是涉及具体的信息（新闻）属性时用 JSP 的表达式代替。图 5-30 中的花括号中的内容为 JSP 的表达式，如标题为：＜％＝news.getNewsType()％＞，内容为：＜％＝news.getContent()％＞。在网页中凡是需要字

符串或文本的地方均可以用表达式代替,HTML 静态显示模板变成 JSP 动态模板时只需把数据部分改为表达式即可,其余均不变。

5. 汉字乱码的解决

在 JSP 或 Servlet 中,字符的默认编码为 ISO-8859-1,不支持汉字,所以会出现令人头痛的汉字乱码问题,具体解决方法参照 5.3.3 节的相关知识。

习　题

1. 简述 JSP 和 Servlet 的联系和区别。
2. 如何理解 JSP 动态页面和 HTML 静态页面的本质区别?
3. 如何在 JSP 中导入所需的类或库?
4. JSP 有哪几个编译指令?
5. include 编译指令和 jsp:include 动作标记有何区别?
6. jsp:include 和 jsp:forword 动作标记有何相同点和不同点?
7. 简述 request、session、application 对象相同点和不同点,并说明数据共享范围的选择原则。
8. 简述汉字乱码的解决方案。
9. 简述基于 Cookie 的登录系统的实现原理。
10. 简述 session 的实现机制。
11. 简述 application 对象的特点及其常见的应用。

第 6 章

JavaBean 技术

JavaBean 技术是 MVC 设计模式中 Model 实现技术之一，主要负责业务逻辑的实现，是实现软件可重用的重要技术。基于组件的开发是现在软件开发的主要方向。本章介绍组件技术、JavaBean 的特点和规范、JavaBean 的编写与使用以及常用的第三方 JavaBean 组件。

6.1 JavaBean 概述

6.1.1 组件技术与 JavaBean

代码重用是现代软件工程追求的一个方向，而组件技术则是代码重用的最主要的技术手段。一个组件是一个功能独立的模块，就是一个黑盒子。作为使用人员只需要知道其功能而不必关心其内部结构，类似于电脑 CPU、内存等组件。通过组件技术可以像电脑 DIY 或小孩搭积木一样快速地搭建应用程序。

软件复用技术的发展史就是软件工程的发展史。软件工程经历了面向过程的开发、面向对象的开发、面向组件的开发和面向服务的开发四个阶段。面向组件的开发是在面向对象技术的基础上发展起来的，目前已成为最主流的开发模式。面向服务的开发是近几年兴起的技术，但实际采用还比较少。目前，代表性的组件技术有微软的 COM、COM+，Sun 的 JavaBean 和 EJB(Enterprise Java Bean)，另外还有 CORBA(Common Object Request Broker Architecture，公共对象请求代理结构)。

JavaBean 是 Java 平台下的一种简单易用的组件模型。Sun 公司对 JavaBean 的定义为："一个 JavaBean 是一个能在可视化 IDE 编程工具中使用的、可重用的软件组件"。JavaBean 允许软件开发人员基于 Java 语言，开发并重用代码组件。JavaBean 是一种特殊的 Java 类，是可执行的代码组件，可以在由应用程序构造工具所提供的应用程序设计环境中运行。JavaBean 可以在可视化的应用程序构造工具的支持下进行组合。用于组合 JavaBean 的可视化编程工具有 Borland 公司的 JBuilder、IBM 公司的 Visual Age 和 Eclipse、Sun 公司的 NetBean 等。JavaBean 同时具有设计环境接口和运行环境接口。通过设计环境接口，JavaBean 可以向应用程序构造工具提供信息，以便用户对 JavaBean 进行定制。

6.1.2 JavaBean 的分类与特点

1. JavaBean 的分类

JavaBean 可分成两大类：可视化的和不可视的 JavaBean，在 Web 程序中主要使用不可视的 JavaBean。

- 不可视的 JavaBean
  这种组件一般是用来封装业务逻辑、数据库操作等，可以很方便地实现业务逻辑与前台表现层的分离，系统具有更好的健壮性、灵活性和可维护性。JSP＋JavaBean＋JDBC 是一种基本的、典型的、轻量级的 JSP 应用开发方案。
- 可视化的 JavaBean
  它涉及 Java 的 Windows GUI 程序设计，可视化 JavaBean 必须继承 Java.awt.Component 类，只有这样才能将其添加到可视化容器中。例如把一个逻辑做好后，设计一个可视化的 JavaBean 添加到 JBuilder 的组件栏中，在 JBuilder 的可视化 IDE 中使用它。

2. JavaBean 的特点

JavaBean 作为一个组件，具有重用性、封装性和独立性等特点，可以在应用程序中使用，也可以提供给其他应用程序使用。它能构成复合组件、小程序、应用程序或 Servlet。JavaBean 的任务就是"Write once, run anywhere, reuse everywhere"，即"一次性编写，可以到处运行和重用"。一个开发良好的软件组件应该是一次性地编写，而不需要重新编译代码来增强或完善其功能。因此，JavaBean 的目标是提供一个实际的方法来增强现有代码的利用率，而不需要在原有代码上重新进行编程。

6.1.3 JavaBean 规范

JavaBean 的编写必须体现 JavaBean 的可重用性、封装性和独立性等特点。一个 JavaBean 应该是一个功能独立的模块，对数据具有很好的封装性，为外面提供一定的访问接口，为了达到可重用性在接口的名字上还必须满足一定的规范。这些为体现可重用性、封装性和独立性等 JavaBean 特点的一些技术规定又叫做 JavaBean 规范。

一个完整的 JavaBean 应遵守以下 4 项规定：

（1）类中对外方法的访问属性必须是 public 的，确保用户能通过接口访问。

（2）类中如果有构造方法，那么这个构造方法是 public 的，并且是无参数的。这项规定确保用户可以正确地构造 JavaBean 对象，而不必关心是否有参数，是何参数。

（3）如果类的成员变量的名字是 xxx，那么为了更改或获取成员变量的值，在类中使用两个方法：getXxx() 获取属性 xxx，setXxx() 修改属性 xxx。

（4）对于 boolean 类型的成员变量，允许使用 is 代替 get 和 set。

其中（3）和（4）规定了通用的命名规定，以方便不同的用户来设置和访问属性。

6.2 JavaBean 编程

JavaBean 的编程过程大致分为两步：第一步编写好 JavaBean，并发布到 Web-INF/classes 目录下。第二步在 JSP 或 Servlet 中导入和使用 JavaBean。

6.2.1 编写 JavaBean

编写 JavaBean 就是编写一个普通的 Java 类，只要注意满足 JavaBean 规范即可。下面我们编写一个用户信息的 JavaBean。属性有姓名（name）、密码（password）、性别（sex）、Email 等。

在 MyEclispe 中新建一个工程，本章工程名为 ch5。新建一个名为 bean 的包专门存放 JavaBean。在包中新建一个名为 UserInfo.java 的 java 类。输入如下代码，一个有关用户信息的 JavaBean 就建好了。

在 MyEclipse 提供一些自动生成 JavaBean 的 getter 和 setter 方法的工具。先定义四个属性，这里全为 String 类型，为提供良好的封装性，访问属性全为 private，用户只能通过接口访问。然后通过工具能自动产生接口方法。

单击菜单 Source→Generate Getters and Setters…，弹出如图 6-1 所示的界面。

图 6-1 自动生成 Setter 和 Getter 方法

选择所需产生 Getter 和 Setter 方法的属性，单击 OK 按钮，自动为我们生成 Getter 和 Setter 方法，非常方便。用户信息的 JavaBean 代码如下：

文件名：**UserInfo.java**
```
package bean;
```

```java
public class UserInfo {
    private int id;
    private String name;
    private String password;
    private String sex;
    private String email;
    private String usertype;
    public int getId() {
        return id;
    }
    public void setId(int id) {
        this.id=id;
    }
    public String getName() {
        return name;
    }
    public void setName(String name) {
        this.name=name;
    }
    public String getPassword() {
        return password;
    }
    public void setPassword(String password) {
        this.password=password;
    }
    public String getSex() {
        return sex;
    }
    public void setSex(String sex) {
        this.sex=sex;
    }
    public String getEmail() {
        return email;
    }
    public void setEmail(String email) {
        this.email=email;
    }
}
```

6.2.2 使用 JavaBean

1. JavaBean 的作用域

任何对象都有它的生命周期,都有它的作用域,JavaBean 也不例外。在 Web 应用中

JavaBean 对象的作用域可分为 page、request、session、application 四种。

(1) page：JavaBean 只能在当前页面中使用。在 JSP 页面执行完毕后，该 JavaBean 将会被当作垃圾回收。

(2) request：JavaBean 在整个请求作用域中有效，也就是请求转发过程中的各个页面间有效。

(3) session：JavaBean 在整个用户会话过程中都有效。

(4) application：JavaBean 在当前整个 Web 应用的范围内有效。

这四个作用域和上一章讲述的 JSP 内置对象的作用域是一致的。

2. 作为普通对象来使用 JavaBean

JavaBean 也是一个普通的对象，所以可采用新建对象和使用对象的方法来调用 JavaBean。下面通过例子来说明 JavaBean 的使用。

在工程 ch6 中新建一个名为 userJavaBean 的 Servlet，核心代码如下：

文件名：**useJavaBean.java**(节选)
访问路径：**http://127.0.0.1:8080/ch6/servlet/useJavaBean**
```
public void doGet(HttpServletRequest request, HttpServletResponse response)
      throws ServletException, IOException {
  response.setContentType("text/html;charset=GBK");
  PrintWriter out=response.getWriter();
  out.print("这里是 Servlet,正在使用 JavaBean!");
  UserInfo user1=new UserInfo();              //新建 JavaBean 对象
  user1.setName("张三");                       //设置 JavaBean 属性
  user1.setPassword("123456");
  HttpSession session=request.getSession();   //获取 Session
  session.setAttribute("user1", user1);       //把 JavaBean 存储在 Session 中
}
```

上述代码新建一个 UserInfo 类的 JavaBean，名为 user1。然后设置它的姓名和密码属性。最后把这个 JavaBean 作为 session 的属性存储到 session 对象中，属性名为 user1。这样这个 JavaBean 的作用域就是 session 范围的作用域。如果上述代码删除最后一句，那么这个 JavaBean 只能在当前页面中有效，是局部变量，这也是默认的作用域。如果存储在请求对象 request 中，则 Bean 的作用域为 request。同时如果存储在 ServletContext 接口的对象中，则具有 application 作用域，在整个 Web 应用中有效。JavaBean 的作用域就看它存储在什么对象中，与存储对象具有相同的作用域。

新建一个 JSP 文件，在 JSP 文件调用 Servlet 中创建的 JavaBean，代码如下：

文件名：**useBean1.jsp**
```
<%@page  pageEncoding="GBK" %>
<%@page import="bean.UserInfo;"%>
<%
    //取出 Session 里的 JavaBean
```

```
UserInfo user1= (UserInfo) session.getAttribute("user1");
out.print(user1.getName());              //读取 JavaBean 的属性,并输出
out.print("<BR>");
out.print(user1.getPassword());
%>
```

在上述程序中,首先通过 session.getAttribute(beanName)方法取出 JavaBean。这里要注意的是通过 getAttribute()方法取出的对象均为 Object 类型,要强制转换成原有的类型。然后调用 JavaBean 的 Getter 方法,读出 JavaBean 的属性。

先访问 userJavaBean 这个 Servlet,再访问 userBean.jsp,运行结果显示如图 6-2、图 6-3 所示。

图 6-2　在 Servlet 中创建 JavaBean

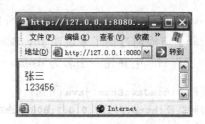

图 6-3　在 JSP 中调用 JavaBean

3. 用 JSP 动作标记来使用 JavaBean

在 JSP 中专门提供了 3 个动作指令来与 JavaBean 交互,分别是 jsp:useBean 指令、jsp:setProperty 指令和 jsp:getProperty 指令,这三个标记在上一章有所提及,这里详细介绍其用法。

1) jsp:useBean 标记

<jsp:useBean>动作标记在指定 JSP 页面中创建或使用 JavaBean,具体的语法格式为:

```
<jsp:useBean id="beanid" scope="page | request | session | application" class="package.class"/>
```

其中,id 是当前页面中引用 JavaBean 的名字,是必须指定的属性,JSP 页面中的 Java 代码将使用这个名字来访问 JavaBean。class 指定 JavaBean 的包和类名,也是必须指定的属性。scope 指定 JavaBean 的作用域,取值是 page、request、session、application 四种作用域,此属性是可选项,默认的作用域为 page。

jsp:useBean 的功能是:在指定的 scope 范围内寻找类型为 class 属性值的、名字为 id 属性值的 JavaBean。若找到,则声明在本页可以使用;没找到,则新建一个名为 id 属性值的、类型为 class 属性值的 JavaBean,并把 JavaBean 存储在指定的范围内。

例如:

```
<jsp:useBean id="user1" class="bean.UserInfo" scope="session"></jsp:useBean>
```

指定页面可使用名为 user1 的、类型为 UserInfo 的 JavaBean,作用域为 session。上

面的代码等价于下面的 Scriptlet 脚本代码：

```
<%
  bean.UserInfo user1=null;
  if(session.getAttribute("user1")!=null)              //已存在
    user1=(bean.UserInfo) session.getAttribute("user1");//使用原有 JavaBean
  else{                                                //不存在,新建
    user1=new bean.UserInfo();
    session.setAttribute("user1",user1);               //存储在指定的作用域中
}
%>
```

很显然用<jsp：useBean>标记要简单得多，因此在 JSP 2.0 中主张尽量使用标记，少用 Scriptlet 脚本代码。

2) jsp：getProperty 标记

jsp：getProperty 标记的功能是获取 JavaBean 的属性值并输出。其语法格式为：

`<jsp:getProperty name="beanName" property="propertyName"/>`

等价于：

`<%=beanName.propertyName %>`

其中，name 用来指定 JavaBean 的名字，也就是<jsp：useBean>中 id 的值，property 为属性名。

3) jsp：setProperty 标记

jsp：setProperty 动作标记的功能是设置某个 JavaBean 的属性值。语法格式有二。

(1) <jsp：setProperty>第一种格式

`<jsp:setProperty name=" beanName" property=" propertyName" value="propertyValue" />`

其中，name 为 JavaBean 的名字，这里为 user1；property 指定属性名，这里为 password；value 指定要设置的属性值，这里为"888888"。

上述代码等价于：<% user1.setPassword("888888")；%>

下面我们来看一个通过动作标记来使用 JavaBean 的例子。用 useBean2.jsp 来代替前面的 useBean1.jsp，代码如下：

文件名：**useBean2.jsp**

```
<%@page  pageEncoding="GBK" %>
<%@page import="bean.UserInfo"%>
<html><body>
  读取 Servlet 设置的 session 范围内 JavaBean<BR>
  <jsp:useBean id="user1" class="bean.UserInfo" scope="session"></jsp:useBean>
  用户名:<jsp:getProperty name="user1" property="name"/><BR>
```

```
密码:<jsp:getProperty name="user1" property="password"/><BR>
<hr>修改密码为:
<jsp:setProperty name="user1" property="password" value="888888"/>
<jsp:getProperty name="user1" property="password"/>
</body></html>
```

程序访问了 Servlet 中创建的 session 范围的 JavaBean,并修改了密码属性。运行结果如图 6-4 所示。

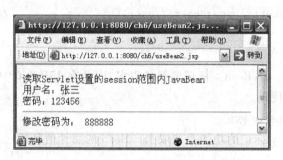

图 6-4 用动作标记来使用 JavaBean

(2) <jsp:setProperty>第二种格式

```
<jsp:setProperty name="beanName " property=" propertyName" [param="paramName " ] />
```

这种格式用于把来自客户端的指定参数为 JavaBean 的指定属性赋值。比如我们可以把一个登录表单提交的参数自动存储到相应的 JavaBean 的对应属性中。这里 name 仍为 JavaBean 的 id 值,property 仍为要设置的属性名,param 为参数名。这样能把指定的参数名存储到指定的属性名中。

例如:

```
<jsp:setProperty name="user1" property="name" param="username" />
<jsp:setProperty name="user1" property="password" param="password" />
```

这样可以把来自客户提交的参数(经常是通过表单提交的)转存到 javaBean 的对应属性中。这里参数和属性是一一对应的关系。

如果参数名和属性是相同的,就可以不一一指定其对应关系,只需把 property 设为"*"号,省略 param 属性,这样系统会自动转存。

```
<jsp:setProperty name="user1" property="*"  />
```

只要参数名和属性名匹配,就可转存,否则不进行转存。这样提供了一个快速转存的方法,在编程中非常实用。

下面的例子说明第二种方法的使用。

文件名:**useBean3.jsp**

```
<%@page  pageEncoding="GBK" %>
<%@page import="bean.UserInfo"%>
```

```
<html><body>
    读取 session 范围内原有的 JavaBean:<BR>
    <jsp:useBean id="user1" class="bean.UserInfo" scope="session"></jsp:useBean>
    用户名:<jsp:getProperty name="user1" property="name" /><BR>
    密码:<jsp:getProperty name="user1" property="password"/><BR>
    <hr>从参数为属性重新赋值,修改后为:<br>
    <jsp:setProperty name="user1" property=" * " />
    用户名:<jsp:getProperty name="user1" property="name"/><BR>
    密码:<jsp:getProperty name="user1" property="password"/><BR>
</body></html>
```

在地址栏中输入 http://127.0.0.1:8080/ch6/useBean3.jsp?name=李四&password=666666 访问 userBean.jsp,并通过 URL 传递 name、password 参数。程序首先读出原有的 JavaBean,并输出了属性。然后从参数获取数据自动为属性重新赋值,并显示修改后的结果,如图 6-5 所示。

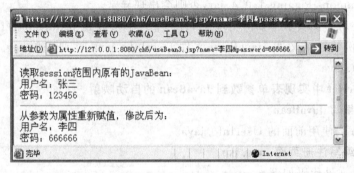

图 6-5 JSP 中实现参数与 JavaBean 属性的自动映射

4. 在 Servlet 中实现参数与 JavaBean 属性自动映射

在 Web 编程中,经常需要把参数转存到 JavaBean 中,特别是把表单数据存储到 JavaBean 中,这种 Bean 经常叫作表单 Bean。在 MVC 模式中,JSP 主要用于表现层,控制层一般用 Servlet 来实现。在控制层的 Servlet 中要接收来自客户端的表单数据,并存储在 JavaBean 中,再调用相关的组件(模型层)来处理。那么在 Servlet 中能不能也像在 JSP 中那样实现参数到 JavaBean 属性的自动转存呢?答案是肯定的。

在 Servlet 中没有类似<jsp:setProperty name="" property=" * " />这样的转储机制,如果用 request.getParameter()逐个取出再赋值又太烦琐,且缺乏灵活性。在 Apache 的 Commons 组件中,提供了一个有用的工具类 BeanUtils,利用它能够方便地将表单元素的值填充到 JavaBean 中。相关方法如下:

1) request.getParameterMap()

在 ServletRequest 接口中,getParameterMap()方法的作用是将客户端传来的参数封装在一个 Map 对象中。这些参数可以是以 GET 方式提交的,也可以是以 POST 方式提交的。

2）BeanUtils.populate()

这个方法的作用是：将存储在 Map 中的参数填入给定的一个 JavaBean 对象中。此方法的声明为：

```
public static void populate(java.lang.Object bean, java.util.Map propertyes)
        throws java.lang.IllegalAccessException, java.lang.
reflect.InvocationTargetException
```

这是一个静态方法，可直接调用，如 BeanUtils.populate()。第一个参数是 JavaBean 对象，第二个参数是 Map 对象，也就是存储表单元素的 Map 对象。

beanutils 工具包是 apache 开源组织的一个子项目，可以从 http://www.apache.org/dist/commons/beanutils/binaries/下载，这里面包括所需的 commons-beanutils.jar 文件，也包括技术文档和源文件。把 commons-beanutils.jar 这个文件拷贝到 Web-INF/lib 目录下。由于 BeanUtils 类要使用 Java 写日志的包，因此还需下载一个 Java 写日志的 jar 包：commons-logging-1.0.4.jar，否则会出现异常。

下面的注册案例演示了如何实现 Servlet 中表单参数到 JavaBean 的自动转储（自动映射）。该案例共三个文件：javaBean 文件 UserInfo.java、注册表单 reg.jsp、Servlet 文件 RegServlet.java。

案例：Servlet 中实现表单参数到 JavaBean 的自动映射。

步骤 1. 编写 JavaBean。

JavaBean 仍使用前面的 UserInfo.java。

步骤 2. 编写注册页面：reg.jsp。

注册表单文件代码如下：

注册页面：**reg.jsp**

```jsp
<%@page language="java" import="java.util.*" pageEncoding="GBK"%>
<html>
  <head><title>会员注册</title></head>
  <body>
    <p><b>会员注册信息</b></p>
    <form action="RegServlet" method="post">
       姓名:<input type="text" name="name"><br>
       密码:<input type="password" name="password"><br>
       性别:<input type="radio" name="sex" value="男" checked="checked">男
           <input type="radio" name="sex" value="女">女<br>
       Email:<input type="text" name="email"><br>
       <input type="submit" value="提交">
    </form>
  </body>
</html>
```

步骤 3. 编写会员注册信息 Servlet：RegServlet.java，如图 6-6 所示。

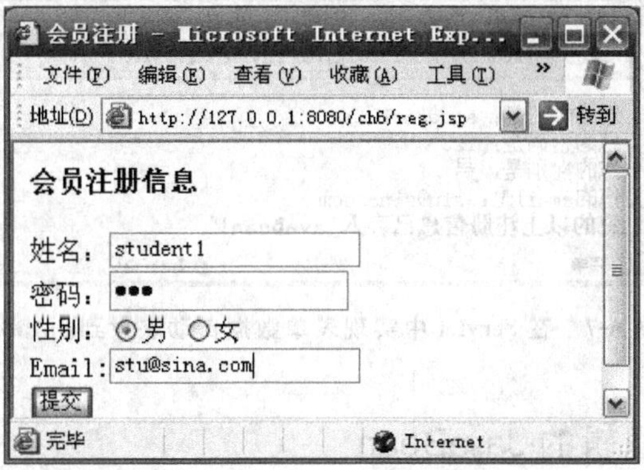

图 6-6　会员注册页面

在 Servlet 中实现表单元素自动转存到表单 Bean 中的基本方法是：首先用 request.getParameterMap( ) 获得存储表单元素的 Map 对象，再利用 BeanUtils.populate( ) 将 Map 对象中的表单值填入 JavaBean 对象中。

文件名：**RegServlet.java**(节选)
```java
import bean.UserInfo;
import java.util.Map;
import org.apache.commons.beanutils.*;
public class RegServlet extends HttpServlet {
    public void doGet(HttpServletRequest request, HttpServletResponse response)
         throws ServletException, IOException {
        response.setContentType("text/html;charset=GBK");
        PrintWriter out=response.getWriter();
        UserInfo userInfo=new UserInfo();
        Map map=request.getParameterMap();
        try{
            BeanUtils.populate(userInfo, map);
        }catch(Exception e){
            e.printStackTrace();
        }
        out.print("<br>您的姓名是："+userInfo.getName());
        out.print("<br>您的密码是："+userInfo.getPassword());
        out.print("<br>您的性别是："+userInfo.getSex());
        out.print("<br>您的 email 是："+userInfo.getEmail());
        out.print("<br>您的以上注册信息已存入 JavaBean!");
    }
}
```

步骤 4. 测试运行，结果如图 6-7 所示。

图 6-7 在 Servlet 中实现表单数据自动映射到 JavaBean

6.2.3 封装业务逻辑的 JavaBean

按照 JavaBean 的定义，它是一个可重用的软件组件，是一个功能独立的软件模块。JavaBean 常用来完成数据的封装，如我们前面使用的用户信息 Bean：UserInfo.java、表单 Bean 都属于数据的封装。JavaBean 的另一个重要用途就是对业务逻辑的封装。在 MVC 模式中，业务逻辑层主要通过用 JavaBean 或 EJB 来完成。封装业务逻辑的 JavaBean 是应用程序最核心的部分。

1. 业务逻辑 JavaBean

JavaBean 是一个功能独立、可重用的软件组件。我们建立的 JavaBean 必须体现封装性、独立性和可重用性的特点。一个规范的 JavaBean 对于使用者来说就是黑盒子，对数据和业务逻辑完全封装在黑盒子里，使用者只能通过接口来访问。为了提高可重用性，JavaBean 对外部的依赖性应尽可能少。

不同的业务对应不同的 JavaBean，业务逻辑 JavaBean 是建立在对业务逻辑分析的基础之上。下面以会员管理为例来说明业务逻辑 JavaBean 的创建。

一个简单的会员管理系统至少应包括：

（1）数据：会员信息。

（2）业务逻辑：

- 会员的注册；
- 会员登录验证；
- 会员信息显示；
- 会员信息列表；
- 会员信息修改；
- 会员信息删除。

会员信息封装在数据 Bean：UserInfo.java 中，这个 Bean 前面已经创建。

业务逻辑封装在名为 UserInfoManage.java 的 JavaBean 中，每一项具体的业务是 JavaBean 的一个方法，具体的业务逻辑的实现封装在方法体中，作为使用者只需通过接口（public 方法）来访问，无需关心其具体实现。

业务逻辑 Bean：UserInfoManage.java 接口定义如下。至于功能的实现，由于涉及数据库的操作，下一章学完有关知识后再完成。

```
package bean;
import bean.UserInfo;
```

```java
import java.util.*;
public class UserManage {
    /**
     * 功能:把注册信息存入数据库
     * @param userInfo,用户信息的 javaBean
     * @return boolean
     */
    public boolean reg(UserInfo userInfo)
    {...}


    /**
     * 功能:登录验证
     * @param userInfo,用户信息的 JavaBean
     * @return boolean,成功:true, 不成功:false
     */
    public boolean login(UserInfo userInfo)
    {...}


    /**
     * 功能:登录验证
     * @param useName:用户名
     * @param password:密码
     * @return boolean,成功:true, 不成功:false
     */
    public boolean login(String useName, String password) //重载
    {...}


    /**
     * 功能:根据 Id 获取用户信息
     * @param id
     * @return UserInfo:用户信息的 JavaBean
     */
    public UserInfo getUserById(int id)
    {...}


    /**
     * 功能:获取所有用户信息
     * @return ArrayList<UserInfo>: 用户信息线性表
     */
    public java.util.ArrayList<UserInfo>getAllUser()
    {...}


    /**
     * 功能:分页浏览用户信息
```

```
 * @param pageid: 页号
 * @param pageid: 每页显示的用户数
 * @return boolean
 */
public java.util.ArrayList<UserInfo>getUsersByPage(int pageid, int pagesize)
{...}


/**
 * 功能:修改用户信息
 * @param userInfo:用户信息 JavaBean
 * @return boolean
 */
public boolean modify(UserInfo userInfo)
{...}


/**
 * 功能:根据 id 删除用户信息
 * @param id
 * @return
 */
public boolean delete(int id)
{...}
}
```

上述功能涉及到增、删、改、查几项功能,这些功能具有一定的普遍性,是所有系统均需实现的功能。我们还可以根据实际的业务需要增加相应的功能函数,如修改密码,查询某类用户的信息等。在每个接口的前面最好加上文档性注释,这种注释描述了接口功能、参数和返回值等信息,而且这种注释会出现在调用 JavaBean 的编程工具的提示中,为 JavaBean 的使用提供帮助。

2. 工具类 JavaBean

在工程中,我们会遇到一些经常要使用的功能小模块,如编码的转换、日期的显示、分面导航条、动态验证码的生成、水印等。这种小功能模块重复性非常高,不仅在一个系统中多次重复出现,而且在不同系统中也可重复使用,把这些功能小模块封装成 JavaBean,编译打包成 jar 文件,作为编程工具。

案例:动态验证码的生成和使用。

案例包含四个文件:

- 动态验证码的 JavaBean:VerifyCode.java。负责生成验证码和验证码图像的组件。
- 动态图片生成页面:verifyCode.jsp。调用动态验证码的 JavaBean,生成验证码及图片,输出图片,并设置 Session。
- 登录页面:login.jsp,登录界面。使用<img src=verifyCode.jsp/>包含验证码

子页面。
- 登录验证页面：loginSevlet.java。验证用户输入验证码与 Session 里的验证码是否一致。

步骤 1：创建动态验证码的 javaBean。

主要接口为：

String runVerifyCode(int)：参数为验证码的位数，返回验证码字符串。

BufferedImage CreateImage(String code)：参数为验证码，返回验证码图像。

具体实现如下,思路请参考程序中的注释。

```java
/******************************************************
 * 源文件名：  VerifyCode.java
 * 功    能：  验证码
 ******************************************************
 */
package bean;                                          //指定类所在的包
import java.awt.*;                                     //导入类
import java.awt.image.*;
import java.util.*;
public class VerifyCode {
    static Random r=new Random();                      //生成随机数
    static String ssource="ABCDEFGHIJKLMNOPQRSTUVWXYZ" +
            "abcdefghijklmnopqrstuvwxyz"+"0123456789"; //设定可能的字符
    static char[] src=ssource.toCharArray();
    //产生随机字符串
    private static String randString (int length){
        char[] buf=new char[length];
        int rnd;
        for(int i=0;i<length;i++){
            rnd=Math.abs(r.nextInt()) % src.length;
            buf[i]=src[rnd];
        }
        return new String(buf);
    }
    //调用该方法,产生随机字符串，参数 i：为字符串的长度
    public String runVerifyCode(int i){
        String VerifyCode=randString(i);
        return VerifyCode;
    }
    //给定范围获得随机颜色
    public Color getRandColor(int fc,int bc)
    {
        Random random=new Random();
        if(fc>255) fc=255;
```

```java
        if(bc>255) bc=255;
        int r=fc+random.nextInt(bc-fc);
        int g=fc+random.nextInt(bc-fc);
        int b=fc+random.nextInt(bc-fc);
        return new Color(r,g,b);
    }
    //调用该方法将得到的验证码生成图像
    //sCode:传递验证码 w:图像宽度 h:图像高度
    public BufferedImage CreateImage(String sCode)
    {
        try{
            //字符的字体
            Font CodeFont=new Font("Arial Black",Font.PLAIN,16);
            int iLength=sCode.length();                         //得到验证码长度
            int width=22 * iLength, height=20;                  //图像宽度与高度
            int CharWidth= (int)(width-24)/iLength;             //字符距左边宽度
            int CharHeight=16;                                  //字符距上边高度
            //在内存中创建图像
            BufferedImage image=new BufferedImage(width,height,BufferedImage.
            TYPE_INT_RGB);
            Graphics g=image.getGraphics();                     //获取图形上下文
            Random random=new Random();                         //生成随机类
            g.setColor(getRandColor(200,240));                  //设定背景色
            g.fillRect(0, 0, width, height);
            g.setFont(CodeFont);                                //设定字体
            g.setColor(getRandColor(10,50));                    //画随机颜色的边框
            g.drawRect(0,0,width-1,height-1);
            //随机产生 155 条干扰线,使图像中的认证码不易被其他程序探测到
            g.setColor(getRandColor(160,200));
            for (int i=0;i<155;i++)
            {
                int x=random.nextInt(width);
                int y=random.nextInt(height);
                int x1=random.nextInt(12);
                int y1=random.nextInt(12);
                g.drawLine(x,y,x+x1,y+y1);
            }
            for (int i=0;i<iLength;i++)
            {
                String rand=sCode.substring(i,i+1);
                //将认证码显示到图像中
                g.setColor(new Color(20+random.nextInt(60),20+random.nextInt
                (120),20+random.nextInt(180)));
                g.drawString(rand,CharWidth * i+14,CharHeight);
```

```java
        }
        g.dispose();                                //图像生效
        return image;
    }catch(Exception e){
        e.printStackTrace();
    }
    return null;
    }
}
```

步骤2：生成验证码图片的子页面。

编程思路如下：

(1) 页面要用到三个类：

生成验证码的 JavaBean：bean.VeryfiyCode；

图像输入类：java.imageio.IamgeIO；

字节输出流：OutputStream。

(2) 禁止页面缓存，使动态验证码不被缓存。

(3) 调用生成验证码的 JavaBean，生成验证码并存储在 session 内。

(4) 调用生成验证码的 JavaBean，生成验证码图像，并用图片流输出类的 Write 输出图片。

(5) 解决调用 response.getOutputStream() 和 response.getJspWriter() 之间的冲突。

详细代码如下，注意注释。

```jsp
<%@page contentType="text/html; charset=GBK" language="java" %>
<%@page import="javax.imageio.*,java.io.*,"%>
<%@page import="bean.VerifyCode"%>
<%      //设置页面不缓存
    response.setHeader("Pragma","No-cache");
    response.setHeader("Cache-Control","no-cache");
    response.setDateHeader("Expires", 0);
    response.reset();
    try{
        //将认证码存入SESSION
        //调用 runVerifyCode(int i),把 i 改成所要的验证码位数
        VerifyCode VC=new VerifyCode();
        String  sVerifyCode=VC.runVerifyCode(4);
        session.setAttribute("VerifyCode",sVerifyCode);
        //输出图像到页面
        OutputStream outs=response.getOutputStream();
        ImageIO.write(VC.CreateImage(sVerifyCode),"JPEG",outs);
        //解决调用 response.getOutputStream()和 response.getJspWriter()之间的
        //冲突
```

```
        out.clear();
        out=pageContext.pushBody();
    }catch(Exception e){
        return;
    }
%>
```

步骤3：引用验证码图片的子页面。

在需要验证码图片的页面加入"<img src="verifyCode.jsp">"即可。例如在登录页面 login.jsp 加入下面的代码：

```
验证码:<input type="text" name="verifycode">
        <img src="verifyCode.jsp" /><br>
```

登录页面效果图如图 6-8 所示。

图 6-8　带图片验证码的登录页面

步骤4：表单处理程序中的验证处理。

在登录控制器 LoginServlet 中，这里比普通的登录多了一项验证码的验证。需要取出用户提交的验证码参数和 session 里的验证码进行配对，配对成功再进行下一步操作，不成功则需要禁止访问或重新登录。有关代码请参阅本书的电子资源。

6.3　实用的第三方 JavaBean 组件

有很多著名的公司都开发了外部的 JavaBean，而 JSP 的强大在很大程度上依赖于外部组件的使用。比较常用的组件有：Email 组件、图形组件、文件上传组件和 Word、Excel 操作组件等。本节介绍文件上传组件和 E-mail 组件。

6.3.1　使用 JspSmartUpload 实现文件上传与下载

文件上传与下载在网站及 Web 开发中是常用的功能之一。在 Java 开发中，文件上传功能主要依赖于 JavaBean，比较有名的上传组件是 JspSmartUpload。下面以 JspSmartUpload 组件为例介绍如何实现上传与下载。

JspSmartUpload 是一个免费的上传与下载文件的 JavaBean，比较适合小量的上传和下载。JspSmartUpload 中常用的类如下：

1. com.jspsmart.upload.SmartUpload 类

这个类主要完成文件的上传和下载操作。关键的方法如下：

- public SmartUpload()：构造方法，生成 SmartUpload 对象。
- initialize(pageContext)：初始化函数，参数为 JSP 中的 pageContext 对象。
- initialize(ServletConfig, request, response)：初始化函数，主要用于 Servlet 中，第一个参数为 Servlet 的配置对象，后面两个分别为请求和响应对象。
- upload()：上传文件。
- setMaxFileSize(long)：设置单个文件的大小。
- setTotalMaxFileSize(long)：设置一次上传最大总容量。
- setDeniedFilesList(String)：设置禁止的文件类型列表，参数格式形如"EXE|exe|BAT|bat|JSP|jsp"将禁止这三种文件上传。
- setAllowedFilesList(String)：设置允许的文件类型列表，默认为所有的文件类型。
- int save(path)：保存在指定的路径，返回保存的文件数。
- getSize()：返回本次上传的总容量。
- getFiles()：返回上传的文件集合 Files。
- getRequest()：返回 SmartUpload 自带的 Request 对象。
- downloadFile(filePathName)：下载，参数为路径和文件名。
- downloadFile(sourceFilePathName, contentType, destFileName)：下载，第一个参数为源文件路径和文件名，第二个参数为文件类型，第三个参数为目标文件名。

2. com.jspsmart.upload.Files 类

组件自带的上传文件集合类，上传成功后可获取这个对象。关键方法有：

- int getCount()：返回本次上传的文件数。
- long getSize()：返回本次上传的总容量。
- File getFile(int index)：返回指定索引号的文件对象。

3. com.jspsmart.upload.File 类

自带的文件 File 类，与 java.io.File 类有所不同，这里 File 对象表示一个上传的文件。关键方法为：

- Boolean isMissing()：判断上传文件是否存在。
- saveAs(destFilePathName)：把上传文件保存在指定的路径，参数为保存路径名。
- getFileName()：返回上传的文件名。
- getFileExt()：返回上传文件的扩展名。
- getSize()：返回上传文件大小，单位为字节。

4. com.jspsmart.upload.Request 类

上传表单 MIME 类型一定要设置为"multipart/form-data",这时表单元素不能通过 HttpRequest 类的 getParameter()方法来获取参数值,它会返回 null 值。如果在程序中要获取参数,只能通过 com.jspsmart.upload.Request 类的 getParameter()来获取。主要方法有:

- String getParameter(String name):获取参数。
- Enumeration getParameterNames():取得所有参数名。
- String[] getParameterValues(String name):取得某一参数的所有值。

下面用一个文件上传的案例来演示 SmartUpload 组件的使用。

案例名称:用 SmartUpload 一次传多个文件的应用。

案例文件:上传表单 upload.jsp;上传处理 Servlet,uploadServlet.java;下载页面 download.jsp。

步骤 1:设计上传表单文件:upload.jsp。

文件上传表单与普通表单不同,提交方式只能为 post 即 method="post"。要设置 enctype 为"multipart/form-data",表示上传的是文件数据。在表单中添加三个文件 <input> 和一个文本框指定保存路径。

程序名:**upload.html**

```html
<html>
  <body>
    <form enctype="multipart/form-data" method="post" action="servletUpload">
    文件名称:<input type="file" name="ulfile">
    <BR>存储到服务器上的路径:
    <input type="text" name="path"><BR>
    <input type="submit" value="上传">
    <input type="reset" value="清除">
    </form>
  </body>
</html>
```

步骤 2:上传请求处理页面:**uploadServlet.java**。

创建上传请求处理页面的 Servlet。先将 jspsmart.jar 文件拷贝到"Web-INF\lib"目录下,再建 uploadServlet.java。

文件上传处理一般流程为:

①调用构造函数创建上传对象→②初始化→③设置有关参数(如大小限制,类型限制)→④保存所有文件→或⑤取出所有文件到 Files 集合→⑥用 for 循环单个处理→⑦取某文件 File 对象处理(保存,取其名,取其扩展名,取其大小)。

处理文件上传的 Servlet 程序代码如下:

程序名:**uploadServlet.Java**

```
package servlet;
```

```java
import java.io.*;
import javax.servlet.*;
import javax.servlet.http.*;
import com.jspsmart.upload.*;
public class uploadServlet extends HttpServlet {
public void doPost(HttpServletRequest request,
        HttpServletResponse response) throws ServletException, IOException {
    response.setContentType("text/html; charset=GBK");
    PrintWriter out=response.getWriter();
    try {
        SmartUpload smartupload=new SmartUpload();  //构造上传组件
        smartupload.initialize(super.getServletConfig(), request, response);
                                            //初始化
        smartupload.upload();               //上传
        //获取文件保存的目的路径
        String path=smartupload.getRequest().getParameter("path");
        Files  files=smartupload.getFiles();        //得到本次上传的文件集合
        File file=null;
        String fileName=null;
        int fileNumber=0;
        //分别处理上传的文件
        for(int i=0; i<files.getCount();i++){
            file=files.getFile(i);                 //从文件集合中取得文件
            fileName=file.getFileName();           //取文件名
            if(!file.isMissing())                  //如果文件存在
            {
                file.saveAs(path+"/"+file.getFileName());   //保存文件
                out.print("<br>==========上传的文件信息========");
                out.print("<br>文件名:"+fileName);
                //做下载链接
                out.print("<a href='../download.jsp?path="+path
                    + "&filename="+file.getFileName()+"' >下载</a>");
                out.print("<br>文件名后缀:"+file.getFileExt());
                out.print("<br>文件大小:"+file.getSize());
                fileNumber++;
            }
        }
        out.print("<br>共计上传文件数:"+fileNumber);
    } catch (Exception e) {
        out.println("upload failed!<br>");
        out.println("ErrorMessage:"+e.toString());
    }
}
}
```

步骤3：上传测试。

运行结果如图 6-9 和图 6-10 所示，说明上传成功。

图 6-9 上传表单

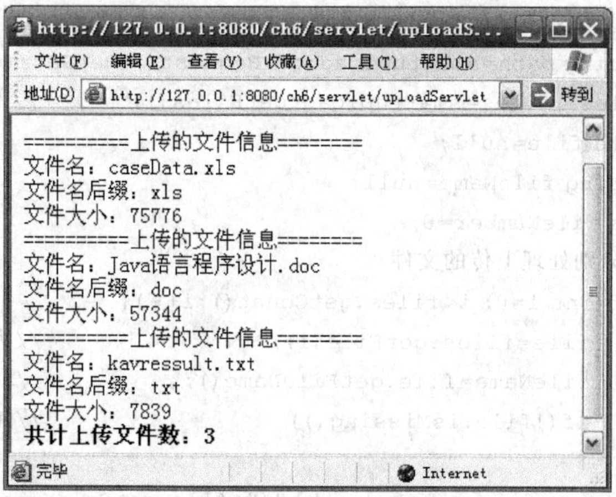

图 6-10 上传处理

步骤4：编制文件下载目录列表：downloadFileList.jsp。

显示下载目录中可供下载的文件列表（本案例下载目录为/uploadFile）。这里通过 java.io.File 类来获取整个目录的文件列表，并为每个文件做下载链接。具体实现代码如下：

```jsp
<%@page language="java" import="java.io.File" pageEncoding="GBK"%>
<html>
  <head><title>文件下载目录</title>  </head>
  <body>
  <h2>选择要下载的文件</h2>
  <%
      String webroot=request.getRealPath("/");      //获得 Web 应用的物理路径
      String path=webroot+"\\uploadFile";            //形成完整的下载路径
      File dir=new File(path);                       //新建目录文件对象
      String  filesnames[]=dir.list();               //得到目录下的所有文件名
```

```
    for(int i=0; i<filesnames.length; i++){          //为每个文件做下载链接
        String filename=filesnames[i];
        out.print(filename+"  <a href='download.jsp?path=\\uploadFile"+
                "&filename="+filename+"' >下载</a><br>");
    }
%>
</body>
</html>
```

文件下载目录提供可供下载的文件列表,运行效果如图 6-11 所示。

图 6-11　文件下载目录列表

步骤 5:编制下载页面:**download.jsp**。

这是一个后台运行的页面,参数为路径和文件名,运行后提示下载。我们在步骤 4 的下载列表页面做了下载链接,路径和文件名在链接中提供,单击链接后调用 download.jsp 进行下载。

文件名:**download.jsp**
```
<%@page import="com.jspsmart.upload.*" pageEncoding="gbk"%>
<%
    String path=request.getParameter("path");         //获取路径参数
    String filename=request.getParameter("filename"); //获取文件名参数
    String pathFileName="/"+path+"/"+filename;        //合成完整的文件名
    SmartUpload su=new SmartUpload();                 //创建上传对象
    su.initialize(pageContext);                       //初始化
    su.setContentDisposition(null);                   //设置为 null,否则自动打开.doc 文档,
                                                      //不出现提示保存框
    su.downloadFile(pathFileName);                    //下载
//解决下载中 OutputString 字节流和 JSP 中 out 对象 JspWriter 字符流的冲突,否则将出现
//异常
    out.clear();
    out=pageContext.pushBody();
%>
```

在下载列表中单击下载链接,便能正常下载。对于含有中文字符的文件名虽可下载,但不能正常显示文件名,会出现中文名乱码现象,这种现象产生的根本原因是在 JspSmartUpload 组件中没有以正确编码获取文件名。笔者经过分析对原有 JspSmartUpload 组件进行了改进,现已支持中文文件名的文件下载和显示,改进后的组件可到本书的电子资源中找到。

6.3.2 使用 java Mail 组件发送邮件

电子商务和电子政务系统中,经常需要通过电子邮件与用户沟通。例如,客户在网上购物时,接收到用户钱款后,系统给用户发送通知信息;商品发货后,系统自动给用户发送通知信息等。

Java Mail 是 J2EE 的组成部分之一,它定义了一组抽象类和接口,为 Java 应用程序提供邮件系统支持。Java Mail 提供两部分 API,一部分独立于邮件协议,主要用于邮件操作;另一部分与协议相关,用于封装 SMTP、POP、IMAP、NNTP 等协议。这种设计方法便于开发独立于协议的邮件程序。JAF(JavaBeans Activation Framework)是开发邮件程序必不可少的组件,它主要用于处理附件,与 JavaMail API 共同使用,可以实现构造、传输及管理邮件的应用程序。

简单邮件传输协议(SMTP)通过 TCP/IP 协议把消息从一个电子邮件服务器传送到其他电子邮件服务器,它默认的网络端口号是 25。SMTP 是 Internet 电子邮件服务的基础,但它是个简单的子协议,除传输邮件外不能完成诸如差错检测等其他功能,这些功能由 POP 和 IMAP 等高级邮件协议负责完成。

邮局协议(POP)依靠 SMTP 向用户提供电子邮件的集中式存放。该协议最新版本为 POP3,默认的网络端口号为 110。

用 Java Mail 组件实现邮件收发常用到下面的 7 个类。

1. java.util.Properties 类

Properties 类表示一个持久的属性集。Properties 可保存在流中或从流中加载。属性列表中每个键及其对应的值都是一个字符串。

因为 Properties 继承了 Hashtable,所以可对 Properties 对象应用 put 和 putAll 方法。但这两个方法不建议使用,因为它们允许调用者插入键或值不是 String 的项。建议使用 setPorperty 方法。如果在"有危险"的 Properties 对象(即包含非 String 的键或值)上调用 store 或 save 方法,则该调用失败。

在创建 javax.mail.Session 对象时,需要用 Properties 对象为之提供邮件发送时需要的信息,例如,邮件发送服务器的域名、邮件用户名和密码等。

Properties 类中关键的方法有:

1) public Properties()

创建一个无默认值的空属性列表。

2) public Object setProperty(String key, String value)

将一个"key-value"对写入 Hashtable 中。

3) public String getProperty(String key)

在属性列表中搜索指定 key 的属性值。如果未找到此属性值,则接着递归检查默认属性值列表及其默认值;如果仍未找到属性值,则此方法返回 null 值。

2. javax.mail.Session 类

Session 类定义了一个基本邮件 Session 通信,是 Java-Mail API 最高层入口类。所有其他类都是经由这个 Session 才得以生效。类中关键的方法有:

1) public static Session getInstance(java.util.Properties props)

获得一个 Session 对象。形参是一个 Properties 对象。发信时,Properties 对象中至少要求提供发信主机域名及主机是否要求验证用户身份。

2) public Transport getTransport(java.lang.String protocol)

throws NoSuchProviderException

获得指定协议的发送器对象。如果是发信,则协议写为"smtp"。

3) public void setDebug(boolean debug)

形参为布尔值。当设定调试状态为 true 时,操作过程中的有关调试信息会显示在 Tomcat 命令行窗口中。利用此方法可跟踪发信过程各步操作的情况。

3. javax.mail.internet.MimeMessage 类

早期的电子邮件只能发送普通文本,现在的 MIME 邮件可以包含各种格式的信息,例如邮件中可以包含图片、二进制文件等内容。一个 MimeMessage 对象代表一个 MIME 类型的邮件信息。

客户端要发送邮件时,一般首先创建一个 MimeMessage 对象,再在其中添加其他信息,例如,收信人地址、发信人地址、抄送的地址、邮件的主题及内容等。这些信息要用专用的类封装后再添加到 MimeMessage 对象中。类中常用的方法有:

1) public MimeMessage(Session session)

默认的构造方法,用于创建一个空的消息对象。

2) public void setFrom(Address address) throws MessagingException

将发信人地址写入 From 报头中,地址要求用 Address 或其子类封装。如果 From 报头信息已经存在,则调用此方法会重新设定报头的值,如果地址信息为空,则表示删除 From 报头。

3) public void setSender(Address address) throws MessagingException

设定发信人,发信人地址要求用 Address 或其子类封装。

4) public void setReplyTo(Address[] addresses) throws MessagingException

将回复地址写入"Reply-To"报头中,回复地址事先存储在 Address 或其子类的数组中。

5) public void setRecipients(Message.RecipientType type, Address[] addresses)

throws MessagingException

将信件以抄送、密送或转发等方式发送给指定地址的用户,用户地址写在 Address

数组中。信件发送方式可用符号常量表示为：

Message. RecipientType. TO

Message. RecipientType. CC

Message. RecipientType. BCC

MimeMessage. RecipientType. NEWSGROUPS

最后一种发送方式为新闻组方式。如果要将信件群发给一组用户，可将发送方式定义为：Message. RecipientType. TO 等方式。

6) public void setSentDate(java. util. Date d)throws MessagingException

定义发信日期。

7) public void setSubject(java. lang. String subject) throws MessagingException

定义邮件主题。

8) public void setText(java. lang. String text) throws MessagingException

设定邮件正文，这时正文以普通文本方式发送。如果要发送 HTML 格式的邮件，要用其他方法。

9) public void saveChanges()throws MessagingException

保存报头信息。在发送邮件前要求执行此方法。

10) public Address[]getAllRecipients() throws MessagingException

获得 CC、TO、BCC、NEWSGROUPS 等各种发送方式的收信人地址。

4. javax. mail. internet. MimeMultipart 类

MIME 邮件中的内容不仅可以是文本，还可以包含图片、压缩文件等附件。一个 MimeMultipart 对象中存储一封 MIME 邮件的内容，邮件内容由正文对象、附件对象等组成，附件对象等要用相关的类封装后再添加到 MimeMultipart 对象中。例如，要在一封 MIME 邮件中包含 HTML 格式正文和一个 my. exe 附件，则将正文、附件用相应的类封装并逐个添加到 MimeMultipart 对象中，这就构成了 MIME 邮件的内容。在发送邮件前，要将 MimeMultipart 对象添加到 MimeMessage 对象中。MimeMultipart 类中常用的方法有：

1) public MimeMultipart()

默认的构造方法，对象的 MIME 类型为 multipart/mixed。

2) public void addBodyPart(BodyPart part) throws MessagingException

将一个 BodyPart 对象添加到邮件内容对象中。邮件内容的一个组成部分要封装成一个 BodyPart 对象。例如，一个邮件附件要求封装成一个 BodyPart 对象后再添加到 MimeMultipart 对象中。

3) public boolean removeBodyPart(BodyPart part) throws MessagingException

从邮件内容对象中删除指定的组成部分。

4) public void setText(String text) throws MessagingException

定义 MIME 邮件的正文，这些正文只能以普通文本形式发送。

5. javax.mail.internet.MimeBodyPart 类

一条邮件消息可由多个部分组成,每一部分是一个 MimeBodyPart,然后把不同的报文部分组合到一个 MimeBodyPart 对象中。MimeBodyPart 类中常用的方法有:

1) public MimeBodyPart()

默认的构造方法,生成一个 MimeBodyPart 对象。

2) public MimeBodyPart(java.io.InputStream is) throws MessagingException

构造方法,形参是一个输入流对象,表示从输入流对象中读取数据构造一个 MimeBodyPart 对象。

3) public void setText(java.lang.String text) throws MessagingException

将文本信息填写到 MimeBodyPart 对象中,这些文本被当作"text/plain"普通文本发送出去。

4) public void setContent(.Object o, String type) throws MessagingException

将一个对象 o 写入 MimeBodyPart 对象中,并指明它的 MIME 类型。

5) public void setDataHandler(javax.activation.DataHandler dh) throws MessagingException

Java Mail 使用 JAF 框架来管理 MIME 数据。javax.activation.DataHandler 类是 JAF 中的一个类。可把不同数据源和不同格式的数据转换成可供 Java Mail 使用的数据,这个类常用的构造方法是 public DataHandler(DataSource ds),数据源 ds 提供一个字节输入流,DataHandler 可从输入流中读取数据并转换成字符串。setDataHandler() 把一个已经用 DataHandler 封装的数据块当作邮件内容的组成部分写入 MimeBodyPart 对象中。

6) public void setFileName(String filename) throws MessagingException

为 BodyPart 中的数据块定义一个文件名,表示此数据块最终可存储为一个文件。

7) public void setHeader(String name, String value) throws MessagingException

定义报头参数。例如,假定有一个 MimeBodyPart 对象 BodyPart,则:

BodyPart.setHeader("Content-ID","file2");

它的作用是为写入内容数据,定义一个 Content-ID 的标识符,通过这个唯一的标识来引用邮件内容中的数据。

6. javax.mail.Transport 类

这个类主要用于将邮件传送出去,类中常用的方法有:

1) public void connect(String host, String user, String password) throws MessagingException

这个方法建立与发信主机间的连接。三个形参依次为主机名、用户名和口令。

2) public void close() throws MessagingException

关闭与发信服务器间的通信连接。

3) public void addTransportListener(TransportListener l)

添加传送侦听器。

4) public abstract void sendMessage(Message msg, Address[ ]addresses) throws MessagingException

发送邮件。第一个形参是消息,第二个形参是收信人地址列表。

7. java.amil.internet.InternetAddress 类

这个类用于封装一个邮件地址,典型的邮件地址如"aa@bb.com"形式。常用的方法有:

1) public InternetAddress(java.lang.String address) throws AddressException

构造方法,用于将一个邮件地址封装成一个 InternetAddress 对象。

2) public void validate() throws AddressException

校检邮件地址是否符合 RFC 822 规范。

下面通过一个案例来说明 Java Mail 组合的使用。

案例名称:带附件的邮件的发送。

案例文件:发送界面 sendMail.jsp;邮件发送后端处理程序 SendMailRequest.java。

实现思路:

带附件的邮件为 MiMeMessage 类型,邮件由头部和复合正文 MiMeMultiPart 组成,MiMeMultiPart 由多个 MiMeBodyPart 组成,正文、每个附件均为一个 MiMeBodyPart。邮件结构如图 6-12 所示。

图 6-12 带附件邮件的结构

发送处理流程如下:

(1) 接收来自邮件发送表单的有关信息,暂存供后面使用。

(2) 根据记录邮件服务器信息的属性文件,创建邮件会话 Session 对象。

（3）由 Session 对象创建一封 MiMeMessage 的邮件。
（4）为邮件设置收件人、发件人、主题等信息。
（5）创建复合型 MiMeMultiPart 邮件体。
（6）创建一个 MiMeBodyPart 包含邮件内容，可以为 text 或 Html 格式，然后加入邮件体。
（7）再创建一个 MiMeBodyPart 包含附件。通过数据源把附件加入，完成后也加入邮件体。
（8）把 MiMeMultiPart 邮件体加入邮件。至此邮件创建完毕。
（9）创建发送对象，发送邮件。

实现步骤：

步骤 1：编写发送页面 sendMail.jsp。

代码如下：

```
<%@page language="java" import="java.util.*" pageEncoding="GBK"%>
<html>
  <head><title>邮件发送</title></head>
  <body>
    <form action="SendMailServlet">
    收件人:<input type="text" name="to" size="60"><br>
    抄   送:<input type="text" name="cc" size="60"><br>
    主   题:<input type="text" name="subject" size="60"><br>
    邮件内容:<br>
        <textarea rows="5" cols="70" name="mailtext"></textarea><br>
    添加附件: <input type="file" name="file"><br>
    <input type="submit" value="发送">
    </form>
  </body>
</html>
```

运行后界面如图 6-13 所示。抄送可设置多个邮件地址，用逗号","分隔。

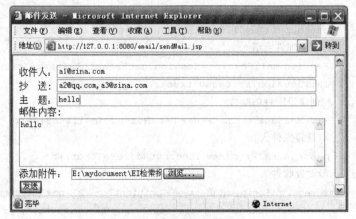

图 6-13　邮件发送页面

步骤2：编写邮件发送Servlet：SendMailServlet.java。

这个程序中要用到两个组件mail.jar和activation.jar，把这两个包复制到Web-INF/lib目录下。程序代码如下，可参考里面的注释，以帮助理解。

```java
import java.io.*;
import java.util.*;
import javax.servlet.*;
import javax.servlet.http.*;
import javax.mail.*;
import javax.mail.internet.*;
import javax.activation.*;
public class SendMailServlet extends HttpServlet {
    public void doGet(HttpServletRequest request, HttpServletResponse response)
        throws ServletException, IOException {
    response.setContentType("text/html;charset=GBK");
    request.setCharacterEncoding("GBK");
    PrintWriter out=response.getWriter();

    String host="smtp.sina.com";                              //邮件服务器主机
    String from="guolusheng@sina.com";                        //发件地址
    String username="guolusheng";                             //用户名
    String password="6207520";                                //密码
    String to=request.getParameter("to");                     //收件人
    String cc=request.getParameter("cc");                     //抄送地址
    String subject=request.getParameter("subject");           //主题
    String mailtext=request.getParameter("mailtext");         //内容
    String mailfile=request.getParameter("file");             //附件
    String mailfilename=new File(mailfile).getName();         //附件文件名
    try{
        //smtp邮件服务设置,存放在属性表里
        Properties props=new Properties();
        props.put("mail.smtp.host", host);
        props.put("mail.smtp.auth", "true");
        //创建邮件会话
        Session mailSession=Session.getDefaultInstance(props);
        mailSession.setDebug(true);
        //创建带附件的邮件
        MimeMessage message=new MimeMessage(mailSession);
        //设置发件人
        message.setFrom(new InternetAddress(from));
        //设置收件人
        message.setRecipient(Message.RecipientType.TO, new InternetAddress(to));
            StringTokenizer token=new StringTokenizer(cc,",");
                                                              //多个地址逗号分隔
```

```java
//采用令牌技术,设置抄送人(多个地址)
InternetAddress ccUser[]=new InternetAddress[token.countTokens()];
int i=0;
while(token.hasMoreElements()){
    String temp=token.nextToken();
    ccUser[i]=new InternetAddress(temp);
    i++;
}
message.setRecipients(Message.RecipientType.CC, ccUser);
//设置主题
message.setSubject(subject);
//创建混合型邮件体 MimeMultipart,对象 MIME 类型为"multipart/mixed"
  MimeMultipart       mm=new MimeMultipart();

//创建并添加内容子模块
BodyPart bodyPart=new MimeBodyPart();
String body="<font color=red>"+mailtext+"</font>";
//bodyPart.setText(body);
bodyPart.setContent(body,"text/html;charset=GBK");
mm.addBodyPart(bodyPart);

//创建并添加附件模块
bodyPart=new MimeBodyPart();
DataSource source=new FileDataSource(mailfile);
bodyPart.setDataHandler(new DataHandler(source));
//int j=mailfilename.lastIndexOf(File.separator);
//unExtFilename=mailfilename.
bodyPart.setFileName(mailfilename);
bodyPart.setHeader("Content-ID", "file1");
mm.addBodyPart(bodyPart);

//把复合型邮件体作为邮件的内容
message.setContent(mm);
//保存
message.saveChanges();
//发送
Transport transport=mailSession.getTransport("smtp");
transport.connect(host,username,password);
transport.sendMessage(message,message.getAllRecipients());
transport.close();

out.print("邮件发送成功");

}catch(Exception e)
```

```
            {
                System.out.print("邮件传送出错:"+e);
            }
        }
    }
```

步骤 3：发件测试。

在 SendMailServlet 中修改发件人信息：服务器主机名、发件人邮箱地址、用户名、密码，以上信息必须真实有效，邮件服务器地址可到邮箱网站查看，如新浪邮箱为 smtp.sina.com。修改后发布工程，通过浏览器进入发信页面，撰写邮件，完成后发送即可。如果设置正确，可见"邮件发送成功"消息，不成功会显示异常信息。

进入收件人信箱（为了验证是否成功，收件人可同为发件人地址）查看邮件。

6.3.3 使用 POI 组件生成 Excel 报表

在 B/S 架构中，客户端是浏览器，其报表打印功能比较弱，在 C/S 架构中容易实现的报表打印功能在 B/S 架构中却成为一个难点。Excel 是常用的报表办公软件，有着广泛的用户群，很多客户都要求能生成 Excel 报表。POI 是 Apache 组织的一个 Java 开源项目，主要提供对微软文件（Word、Excel、PPT）进行操作的 Java API 类。POI 中的 HSSF 组件是专门对 Excel 文件进行操作的一个组件。利用 HSSF 可对 Excel 文件进行创建、读、写、修改操作，可操作单元格的数值型、字符串型、日期型及计算公式数据。POI 组件可到 www.apache.org 官方网站下载。

HSSF 组件常用的类如下。

1. HSSFWorkbook 类

代表工作簿，常用的方法有：
- HSSFWorkbook()：构造（新建）一个工作簿。
- createSheet(sheetname)：创建工作表。
- getSheet(name|index)：获得指定的工作表。
- cloneSheet(int)：复制工作表。

2. HSSFSheet 类

代表工作表，常用的方法有：
- getRow(index)：获取指定的行对象。
- getLastRowNum()：获取最后一行的行号。

3. HSSFRow 类

代表行。

4. HSSFCell 类

代表单元格。

- HSSFCell(book,sheet,row,col,type)：构造方法。其中 type 为数据类型代号（数值型为 0,字符串为 1,公式为 2,空白单元格为 3,布尔值为 4)。
- setCellStyle(HSSFCellStyle style)：定义单元格的样式,如对齐方式。
- setCellValue(data)：设置单元格的值。
- getCellValue()：读到单元格值。

Excel 报表数据常来源于数据库,因此常用 POI 组件和数据库技术来生成报表,相关的应用实例下一章再讨论。

6.4 实验指导

1. 实验目的

(1) 掌握 JavaBean 的特点,理解其实现代码重用的机制。
(2) 熟悉 JavaBean 的规范。
(3) 会编写 JavaBean,会在 JSP 和 Servlet 中创建和使用 JavaBean 对象。
(4) 掌握 JSP 的＜jsp：useBean＞、＜jsp：setProperty＞、＜jsp：getProperty＞标记的使用。
(5) 掌握 JSP 中表单数据和 JavaBean 的自动映射。
(6) 掌握 Servlet 中表单数据和 JavaBean 的自动映射。
(7) 会编写封装业绩逻辑的 JavaBean。
(8) 会使用上传与下载 jspSmartUpload 等外部组件。

2. 实验仪器及耗材

计算机,Dreamweaver 8、Photoshop、MyEclipse 等软件。

3. 实验内容

在本单元的实验中,要完成前两个单元实验中一些未完成的功能,主要是模型层 JavaBean 的实现,同时要对一些功能的实现进行改进。主要完成两个实体 JavaBean(用户实体和信息/新闻实体)的编写;两个业务逻辑 JavaBean(用户管理、信息/新闻管理业务)的编写;修改控制器的数据获取和转存的方法(采用自动映射);为登录表单加验证码;实现上传和下载功能。其中后两项供有能力的同学选做。实验的具体内容如下：

(1) 修改上一章实验的封装信息(新闻)的 JavaBean(News.java),使其符合 JavaBean 规范。

(2) 修改信息(新闻)发表 Serlvet(NewsPublish.java),用来完成信息(新闻)发布表单的处理,要求利用自动映射机制把信息(新闻)发布表单数据映射到信息(新闻)的 JavaBean 中,以便以后把这个 JavaBean 写入数据库。

(3) 编写一个封装信息(新闻)管理的业务 Bean：NewsManager.java,主要功能有信息(新闻)的发布、修改、删除和获取(查询)等功能,这里只需定义功能接口即可,具体实现将在下一章完成。

（4）编写一个封装用户权限信息的 JavaBean：User.java，主要属性有用户名 username、密码 password 和角色 role，类型均为字符串。

（5）编写一个封装用户权限信息管理的业务 JavaBean：UserManager.java，完成对用户新增、修改、删除、查询和登录等功能，这里也只定义功能接口，具体实现将在下一章完成。

（6）编写一个上传、下载模块。（可选）

（7）实现登录动态验证。（可选）

4. 实验步骤

（1）修改信息/新闻类 News.java，使其符合 JavaBean 规范。

（2）修改信息/新闻发表的 Serlvet——PublishServlet.java。

首先，下载第三方的映射工具包，这里需两个 jar 包，分别是 common-beanutils-1.8.0.jar 和 common-logging-1.0.4.jar 包，并加载到工程中，即复制到工程的 Web-INF/lib 文件夹里。

然后，利用映射工具把信息/新闻表单的数据映射到信息/新闻对象中。修改 PublishServelt.java 中的"读取信息/新闻发布表单的各项数据，转存信息/新闻对象"的相关代码：

```
News news=new News();                                           //构造一个空新闻对象
news.setTitle(request.getParameter(title));                     //读取标题并存入新闻
                                                                //对象的标题属性中
news.setPublishTime(request.getParameter(publishTime));         //转存发布时间
news.setNewsType(request.getParameter(newsType));               //转存新闻类别
news.setContent(request.getParameter(content));                 //转存新闻内容
news.setFroms(request.getParameter(froms));                     //转存新闻来源
```

改为采用映射机制完成：

```
News news=new News();                      //构造一个空新闻对象
Map map=request.getParameterMap();         //获取所有的表单数据至 map 中
try{
    BeanUtils.populate(news, map);         //利用映射工具把 map 的数据映射到 news 中
}catch(Exception e){e.printStackTrace();}//异常处理
```

（3）编写一个封装信息/新闻管理的业务 Bean：NewsManager.java，只需定义接口。

典型的新闻管理业务应包括以下几个子业务：

① 信息/新闻发布：publish；

② 信息/新闻修改：modify；

③ 信息/新闻删除：delete；

④ 信息/新闻阅读（显示）：getNewsById；

⑤ 信息/新闻分栏目分页列表显示：getNewsByTypeAndPage。

因此，信息/新闻管理的业务 Bean：NewsManage.java 至少封装上述 5 个业务，并根据需要添加其他业务逻辑。业务逻辑的接口定义如下：

```java
public class NewsManage {
    /**
     * 功能:信息/新闻发布,把信息/新闻对象写入数据库
     * @param News, 信息/新闻对象
     * @return boolean,发布结果
     */
    public boolean publish(News news)
    {...}

    /**
     * 功能:根据 Id 读取信息/新闻信息
     * @param id
     * @return News：信息/新闻信息的 JavaBean
     */
    public News getNewsById(int id)
    {...}

    /**
     * 功能:信息/新闻的按栏目分页阅读
     * @param newstype: 信息/新闻栏目
     * @param pageid: 页面 id
     * @param pagesize: 页面大小,每页显示的信息/新闻数目
     * @return ArrayList<News>：新闻信息线性表(集合)
     */
    public java.util.ArrayList<News> getNewsByTypeAndPage (String newstype,int pageid,int pagesize)
    {...}

    /**
     * 修改信息/新闻信息
     * @param News: 信息/新闻信息 JavaBean
     * @return boolean
     */
    public boolean modify(News news)
    {...}

    /**
     * 根据 id 删除新闻信息
     * @param id:信息/新闻 id
     * @return::删除结果
     */
    public boolean delete(int id)
    {...}
}
```

这里只是定义了业务逻辑的接口,具体的实现需要同学们完成,我们将在后面学习中逐步实现具体的业务处理。

(4) 编写一个封装用户权限管理的业务 Bean：UserManager.java,只需定义接口。

```
public class UserManage {
    public boolean login(User user)         {...}           //用户登录
    public boolean login(String username, String password, String role)   {}
                                                            //用户登录(重载)
    public User getUserByName(String name) {    }           //根据用户名获取用户信息
    public boolean reg(User user){}                         //用户注册,写入数据库
    public boolean modify(User user){}                      //用户信息修改
    public boolean delete(String username){}                //删除用户
}
```

(5) 参考本教材案例"使用 JspSmartUpload 实现文件上传下载",编写一个上传下载模块。

① 在管理员目录 admin 下增加一个"资料上传"的页面 upload.jsp。

② 编写一个名为 UploadServlet 的 Servlet 来处理资料上传业务。

③ 为"资料上传"页面 upload.jsp 和"上传处理"UploadServlet.java 加入权限控制,只有管理员才有权限,需要把权限控制页面 safe.jsp 包含到这两个页面中。

④ 编制下载列表页面 downloadFileList.jsp。

⑤ 在主页增加一个"资料下载"栏目,单击后即可进入下载列表页面。

⑥ 编制下载页面：download.jsp

(6) 参考本教材案例"动态验证码的生成和使用",实现登录动态验证。

习 题

1. 什么是组件?编制组件的常用技术有哪些?
2. 何为 JavaBean? JavaBean 可分为哪几类?各有何特点?
3. 如何编写 JavaBean?请举例说明。
4. 如何使用 JavaBean?有哪些方法?请举例说明。
5. JavaBean 的作用域有哪些?有何区别?
6. 如何用 JSP 标记来修改 JavaBean 的属性?
7. 在 JSP 中如何把表单数据映射到 JavaBean 中?
8. 在 Servlet 中如何实现表单数据到 JavaBean 的映射?
9. 如何封闭业务逻辑 JavaBean?
10. 如何使用第三方的 JavaBean? 如何加载 jar 包?
11. 如何使用上传与下载组件 SmartUpload 完成上传与下载功能?
12. 如何实现动态验证码?
13. 如何利用 Java Mail 组件发送邮件?
14. 如何使用 POI 组件生成 Excel 报表?

第 7 章

JDBC 数据库编程与 Hibernate 技术

在 Web 开发中,几乎都离不开数据库操作。数据库在数据的查询、修改、保存与安全方面扮演着重要角色。本章学习 JDBC 应用程序接口,以及利用 JDBC 访问数据库,常用的数据库编程技术,事务处理等。本章还介绍持久化技术、最热门的 Hibernate 框架技术、HQL 语言等。通过本章的学习,应当理解 JDBC 的编程接口,掌握连接数据库的常用方法,掌握对数据增加、删除、修改和查询的常用技术,掌握分页显示技术,并了解数据库连接池技术、事务处理技术,初步掌握 Hibernate 技术。

7.1 JDBC 概述

7.1.1 JDBC 简介

JDBC 全称为 Java Database Connectivity,是 Sun 公司制定的 Java 数据库连接的简称。它是 Sun 公司和数据库开发商共同开发的独立于数据库管理系统的应用程序接口。它提供一套标准的 API,为 Java 开发者使用数据库提供了统一的编程接口。

Java 程序通过 JDBC 接口访问数据库的示意图如图 7-1 所示。

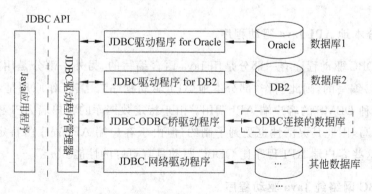

图 7-1　JDBC 数据库访问接口

Java 应用程序通过统一的 JDBC API 接口来访问数据库,JDBC 会调用不同的驱动程序来访问不同类型的数据库。对于用户来说,只与 JDBC API 接口打交道,而不用区分是何种类型的数据库。

JDBC API 由一组 Java 语言编写的类和接口组成,开发人员可以通过 JDBC API 向各种关系型数据库发送 SQL 语句。用户只需使用 JDBC 提供的几个类(对象)或接口即可,而不必为不同的数据库编写不同的程序。换言之,当编写一个基于 Java 的数据库程序时,不必为访问 SQL Server 数据库专门写一个连接程序,然后再为访问 MySQL 数据库专门写另一个连接程序。这种情况下,如果用户选用不同的数据库,只需要更改很少的代码(用户名、密码和 URL)就可以适应这些变化。由于 Java 语言的跨平台性,Java 程序员不必为不同的平台编写不同的程序。将 Java 和 JDBC 结合起来,程序员只需写一遍程序就可让它在任何平台上运行,真正实现了"Write Once,Run Everywhere"。

7.1.2 JDBC 驱动程序的类型

JDBC 只是一个编程接口集,它所定义的接口主要包含在 java.sql(JDBC 核心包)和 javax.sql(JDBC Optional Package)中。这两个包中定义的大部分只是接口,并没有实现具体的连接与操作数据库的功能。具体的功能实现是由特定的 JDBC 驱动程序提供的,目前比较常见的 JDBC 驱动程序可分为以下四类。

1. JDBC-ODBC 桥驱动程序

JDBC-ODBC 桥产品利用 ODBC 驱动程序提供 JDBC 访问。JDBC-ODBC 桥完成 JDBC 接口到 ODBC 接口的映射,起一座桥梁的作用。真正访问数据库是 ODBC 驱动程序,因此在配置 ODBC 数据源必须指定 ODBC 的数据库驱动程序。在 Windows 环境下尚存在大量的旧应用,它们大多使用 ODBC 数据源连接方式,JDBC-ODBC 桥为访问这些原来的数据源提供了一个方法。JDBC-ODBC 桥驱动程序已经包含在 JDK 中,不需要另外下载;但值得注意的是,JDBC-ODBC 依赖于本地的 ODBC 驱动程序,这会制约 JDBC 的灵活性。

2. 部分本地 API Java 驱动程序

这类 JDBC 驱动程序有一部分是用 Java 语言编写的,另外一部分是用本地代码(一般是 C 语言)编写的,因此叫作"部分本地 API 驱动程序"。其工作原理是:将 JDBC 命令映射为某种 DBMS 的客户端 API 调用。由于特定数据库的客户端 API 程序一般使用本地代码编写,因此其灵活性也受到了制约;但由于客户端 API 程序由特定的数据库商提供,因此这些客户端 API 程序比 ODBC 驱动具有更好的性能。

3. JDBC 网络纯 Java 驱动程序

这类驱动程序是用 Java 编写的,具有跨平台的特性。这类驱动程序依赖网络-服务器中间层,将 JDBC 转换为与 DBMS 无关的网络协议命令,之后这种命令又被某个服务器中间件转换为 DBMS 协议命令。网络服务器中间件能够将它的纯 Java 客户机连接到多种不同的数据库上。

4. 本地协议纯 Java 驱动程序

这种类型的驱动程序也是用纯 Java 语言编写的,也具有跨平台特性。这种类型的驱动程序将 JDBC 调用直接转换为 DBMS 所使用的网络协议命令,这将允许从客户机上直接调用 DBMS 服务器,而不用任何中间层处理,具有较好的数据库访问性能及灵活性和通用性。

这种本地协议纯 Java 驱动程序一般由数据库厂商提供,需要在其网站下载或到数据库的安装盘中查找。在一般情况下,建议优先使用这类驱动程序访问数据库。

本地协议纯 Java 驱动程序的安装方法为:

(1) 下载驱动程序,一般需要到数据库厂商的网站上下载。比如到 MySQL 官网下载 JDBC for MySQL 驱动程序。

(2) 把驱动程序复制到工程的 Web-INF\lib 文件夹下面,这个驱动程序在本工程中有效;或把驱动程序复制到 Tomcat 安装目录下的 common\lib 文件夹中,重启 Tomcat 后,这个驱动程序在 Tomcat 中的所有 Web 应用中均有效。

7.2 JDBC 连接数据库常用类

7.2.1 JDBC API 所在的包

JDBC API 位于 java.sql 和 javax.sql 两个包中,下面分别介绍。

1. java.sql 包

JDBC API 的核心部分在 java.sql 包中,这个包使用 Java 编程语言访问并处理数据源中数据的 API。尽管 JDBC API 主要用于将 SQL 语句发送给数据库,但它还可以用于以二维表方式从任何数据源中读写数据。

2. javax.sql 包

javax.sql 包提供了通过数据源访问数据库的 API,这个包是 java.sql 包的扩展,它从 1.4 版本开始包含在 JDK 中,支持连接池和数据源技术,支持分布式事务处理。

7.2.2 JDBC 核心类的结构及操作流程

JDBC API 提供了三项核心服务,包括连接服务、SQL 服务和结果处理。因此通过 JDBC 主要完成三件事:建立与数据库的连接,发送 SQL 语句和获得数据库处理结果。这主要涉及 DriverManager 类、Connection 接口、Statement 接口和 ResultSet 接口,核心接口(类)功能如表 7-1 所示。

表 7-1 JDBC API 核心接口(类)的功能

接 口 或 类	功 能
DriverManager	驱动程序管理类,负责加载和注册各种不同的驱动程序(Driver),并根据不同的请求向调用者返回相应的数据库连接(Connection)
Connection	数据库连接类,负责与数据库间进行通信。SQL 执行以及事务处理都是在某个特定的 Connection 环境中进行的,可以产生用以执行 SQL 的 Statement 对象
Statement	用以在数据库连接的基础上,执行 SQL 查询和更新(针对静态 SQL 语句和单次执行)
ResultSet	表示数据库结果集的数据表,通常通过执行数据库查询语句生成

在图 7-2 中描述了参与 SQL 操作的核心类之间的关系。

图 7-2 JDBC 核心类之间的关系

在该图中也体现了操作数据库的一般流程:

(1) 加载驱动程序并注册。一般有两种方法:(1)通过 Class.forName()加载并自动注册驱动程序;(2)构建一个驱动程序对象,然后通过驱动管理类的注册方法注册,代码示例为:DriverManager.registerDriver(new Driver());其中 Driver 为驱动程序类名。

(2) 连接数据库,返回连接对象。调用驱动管理类的 getConnnection(url, username, password)方法获取 Connection 对象。

(3) 创建声明对象。调用 Connection 对象的 createStatement()方法创建 Statement()对象。

(4) 执行 SQL 命令。调用 Statement 对象的 executeQuery(sql)方法执行查询或 executeUpdate(sql)执行更新。若是查询,则返回结果集 ResultSet 对象;若是更新,则更新返回影响的记录数。

(5) 获取数据。从结果集 ResultSet 对象取出数据进行业务逻辑操作。

7.2.3 驱动程序管理类:DriverManager

1. DriverManager 类的主要方法

DriverManager 是 JDBC 的管理层,作用于用户和驱动程序之间,负责管理 JDBC 驱动程序。使用 JDBC 驱动程序之前,必须先将驱动程序加载并向 DriverManager 注册后才可以使用。DriverManager 类提供的 getConnection 函数所返回的 Connection 接口类十分重要,大部分数据库编程工作都要通过 Connection 接口类提供的各类函数才能进行。

DriverManager 常用的方法如下:

- public static DriverManager. registerDriver(Driver driver) throws SQLException
  这个方法对驱动程序对象进行注册,只有注册过的驱动程序才能使用。
- public static synchronized Connection getConnection(String url, String user, String password) throws SQLException
  这个方法通过数据库 url、用户名 user、密码 password 三个参数尝试与数据库连接,连接成功则返回一个连接对象。
- public static Driver getDriver(String url) throws SQLExcetion
  在已经向 DriverManager 注册的驱动程序中寻找一个能够打开 url 所指定的数据库的驱动程序。
- public static void setLoginTimeout(int seconds)
  这个方法用于设置进行数据库登录时驱动程序等待的延迟时间。

2. 加载与注册 JDBC 驱动程序

DriverManager 类管理已注册的 Driver 类。加载和注册 JDBC 驱动程序有两种方法。

(1) 手工构建驱动程序对象,然后再调用注册方法注册。

驱动程序类在下载的驱动程序 jar 包里,在使用之前需要把它复制到 Web 工程的 Web-INF/lib 文件夹下,或把它包含在编译路径中。构造驱动程序对象的方法与构造普通 Java 对象一样,采用 new 关键字。注册驱动程序是调用驱动程序管理类的 registerDriver()方法来完成的。

例如,加载 mysql JDBC 驱动程序的代码为:

```
Driver driver=new com.mysql.jdbc.Driver();
DriverManager.registerDriver(driver);
```

或两句合并为:

```
DriverManager.registerDriver(new com.mysql.jdbc.Driver());
```

(2) 使用 Class 类的 forName()方法加载并自动注册。

采用 Class 类的 forName()方法加载驱动程序类的方法为:

```
Class.forName(String driver)
```

driver 为数据库 JDBC 驱动类的完整类名,包括它所处的包名。我们可以在下载的驱动程序 jar 包中查找 Driver 类的全路径。

例如,加载 MySQL JDBC 驱动程序的形式为:

```
Class.ForName("com.mysql.jdbc.Driver");
```

如果没有找到相关数据库的 JDBC 驱动程序,可以使用 Sun 公司的 JDBC-ODBC 桥驱动程序,这个驱动程序包含在 JDK 中。加载形式为:

```
Class.forName("sun.jdbc.odbc.JdbcOdbcDriver");
```

采用 Class.forName（）方法加载的驱动程序会自动调用 DriverManager.registerDriver 方法向 DriverManager 注册,用户不需要显式地注册自己的 Driver 类就可以使用 Driver 类。

3. 数据库连接

DriverManager 最主要的功能就是通过调用 getConnection（url,username,password）方法取得 Connection 对象的引用。

下面的代码加载了一个 MySQL JDBC 驱动程序,然后调用 DriverManager.getConnection（）方法与 MySQL 数据库建立连接:

```
Class.ForName("com.mysql.jdbc.Driver");
String DBUrl="jdbc:mysql://localhost:3306/databasename";
Connection conn=DriverManager.getConnection(DBUrl,username,password);
```

其中 DBUrl 用于标识一个被注册的驱动程序,驱动程序管理器通过这个路径选择正确的驱动程序,从而建立到数据库的连接。

DBUrl 包括三部分:

第一部分为协议,是"//"之前的部分。上例中协议分为两部分,中间用冒号":"分隔。"jdbc"为主协议,它是 JDBC 唯一允许的协议;"mysql"为子协议。

第二部分为数据库服务器的域名或 IP 地址和端口号。

第三部分为数据库名。

加载驱动程序和创建与数据库的连接是容易出现异常的地方,因此这两个方法必须进行异常处理。在 Class.forName（）中要处理 ClassNotFoundException 异常,而调用 getConnection（）时要处理 SQLException 异常。

下面是一些常用数据库的连接方法。

1）用 JDBC-ODBC 桥连接数据源

```
String driverName="sun.jdbc.odbc.JdbcOdbcDriver ";
String dbURL=" jdbc:odbc:grade ";           //grade 为数据源名
String user="root";                          //这是数据源的登录名,默认为空
String password="root";                      //登录数据源的密码,默认为空
try
    {Class.forName("driverName ");}         //加载驱动程序并注册
catch(ClassNotFoundException e)
{ ...}
try
    {Connection conn=DriverManager.getConnection(dbURL,user,password);}
                                                                //获取连接
catch(SQLException e )
{...}
```

数据源对于 Web 应用的移植非常不方便,我们不可能到租用的网站服务器上去配

置数据源。对于一些小系统,常采用Access数据库,这种数据库的移植非常方便,只要复制这个数据库文件即可。常把数据库文件放到网站Web-INF或Web-INF\classes中(这是一个安全目录,不允许客户端直接访问),这样数据库文件和网站文件就可以一起打包为*.war文件,然后传到Web服务器上即可。

下面的例子演示了不用数据源与Access数据库连接的方法。在该例中,数据库存放在Web-INF\classes文件夹下,当网站(系统)转移到其他服务器时,不用再作任何部署和配置,实现数据库和网站的无缝链接时,只要把发布的*.war文件上传到服务器即可。

```
String driverName="sun.jdbc.odbc.JdbcOdbcDriver";
//获取存放在Web-INF/classes中的"mydb.mdb"的URL地址
java.net.URL url=Thread.currentThread().getContextClassLoader().getResource
("mydb.mdb");
//把数据库文件的URL地址转化为数据库的物理路径,并进行异常处理
try{String dbPathFileName=new File(url.toURI()).toString();}catch(Exception
e){}
//生成带数据源配置的数据库URL地址
String dbURL="jdbc:odbc:Driver={Microsoft Access Driver (*.mdb)};
           DBQ="+dbPathFileName;
String user="";                        //默认为空
String password="";                    //默认为空
try
    {Class.forName("driverName");}     //加载驱动程序
catch(ClassNotFoundException e)
{...}
try
    {Connection conn=DriverManager.getConnection(dbURL,user,password);}
                                       //获取连接
catch(SQLException e )
{...}
```

上述代码的关键是要知道Access数据库文件在服务器的物理路径。我们先通过当前线程的上下文类加载器来获取Web-INF/class里的数据库文件的URL,然后把这个URL转化为URI,去掉URL中的协议、域名等信息,剩下的就是数据库文件的物理路径了。

2) 用JDBC连接Oracle数据库

```
String driverName="oracle.jdbc.driver.OracleDriver"; //驱动程序的包名和类名
//Oracle提供两种JDBC驱动,一种是Thin驱动程序,另一种是OCI驱动程序
String dbURL="jdbc:oracle:thin@localhost:1521:testdb "
//或 String  dbURL="jdbc:oracle:oci8@testdb";
String user="root";
String password="root";
try
    {Class.forName("driverName");}
```

```
catch(ClassNotFoundException e)
{...}
try
    {Connection conn=DriverManager.getConnection(dbURL,user,password);}
catch(SQLException e )
{...}
```

3）用 JDBC 连接 SQLServer 数据库

可以看出，连接不同数据库的方法非常类似，只不过驱动程序类名 driverName、dbURL、用户名 user、密码 password 四个字符串不同而已。用 JDBC 连接 SQLServer 数据库中的四个相关字符串：

```
String driverName="com.microsoft.jdbc.sqlserver.SQLServerDriver ";
String dbURL =" jdbc:microsoft:sqlserver://localhost:1433;DatabaseName = testDB ";
String user="root";
String password="root";
```

4）JDBC 连接 DB2 数据库

```
String driverName=" com.ibm.db2.jdbc.app.DB2Driver ";
String dbURL=" jdbc:db2://localhost:5000/testDB ";
String user="root";
String password="root";
```

5）JDBC 连接 Sybase 数据库

```
String driverName="com.sybase.jdbc.SybDriver ";
String dbURL=" jdbc:sybase:Tds:localhost:5007/ testDB ";
String user="root";
String password="root";
```

6）JDBC 连接 Informix 数据库

```
String driverName=" com.informix.jdbc.IfxDriver ";
String dbURL=" jdbc:informix-sqli://localhost:1533/testDB:INFORMIXSERVER=myserver ";
String user="sa";
String password="sa";
```

我们也可以把连接数据库要用到的四个字符串 driverName、dbURL、user 和 password 的信息写到配置文件中，比如属性表中；然后在程序中分别读取这四个配置，实现连接数据库的统一形式。如果要想更改数据库类型或位置，则只需修改配置，无需更改程序代码。

7.2.4　数据库连接类：Connection

Connection 对象用于管理指向数据库的连接,表示驱动程序提供的与数据库连接的对话。Connection 通过 DriverManager.getConnection()方法获得。Connection 的主要功能是创建三种类型的 Statement 对象和事务管理。Connection 常用的方法如下。

- Statement createStatement()throws SQLException
  该方法用于返回一个默认结果集类型的 Statement 对象。
- Statement createStatement（int resultSetType，resultSetConcurrecy）throws SQLException
  带参数的 creatStatement()方法，该方法用于创建一个指定 Result 结果集类型的 Statement 对象。第一个参数指定结果集中游标的类型，默认游标是可向前移动的类型。第二个参数指定结果集的并发性，默认只读类型，不允许更新原来的数据。有关结果集游标类型和并发性类型的相关知识将在后面介绍 ResultSet 类时再介绍。
- PreparedStatement preparedStatement(String sql)throws SQLException
  该方法用于返回一个 PreparedStatement 对象，并把 SQL 语句提交到数据库进行预编译。PreparedStatement 是预编译型 Statement 对象，是 Statement 类的子类。
- CallableStatement prepareCall(String sql)
  该方法返回一个 CallableStatement 对象，该对象能够处理存储过程。CallableStatement 对象也是 Statement 类的子类。
- void setAutoCommit(Boolean autoCommit)throws SQLException
  该方法用于设定 Connection 对象的自动提交模式。如果处于自动提交(true)模式下，则每条 SQL 语句将作为一个事务运行并提交，否则所有 SQL 语句将作为一个事务，直到调用 commit 方法提交事务或调用 rollback 方法撤销事务为止。
- void commit() throws SQLException
  该方法用于提交对数据库操作的命令。
- void rollback() throws SQLException
  该方法用于取消一个事务中对数据库新增、删除或者修改记录的操作，并进行回滚操作。
- void close()
  该方法用于关闭同数据库的连接并释放占有的 JDBC 资源。当使用 Connection 与数据库建立了连接时，使用完之后就必须关闭它。
- Boolean isClosed()
  判断是否已经关闭 Connection 类对象与数据库的连接。

7.2.5 SQL 声明类：Statement 类

Statement 对象用于在已经建立连接的基础上将 SQL 语句发送到数据库中，并获取指定 SQL 语句的结果。Statement 可以看作用来执行 SQL 语言的容器。实际上有三种 Statement 对象：

- Statement 提供了基本的查询接口，一般用于执行简单的、无参数的查询语句。
- PreparedStatement（从 Statement 继承而来）用于执行带或者不带 IN 参数的预

编译 SQL 语句。
- CallableStatement（从 PreparedStatement 继承而来）一般代表对数据库存储过程的查询，可以处理 OUT 参数。

Statement 对象提供了执行语句和获取结果的基本方法。PreparedStatement 对象添加了处理 IN 参数的方法，而 CallableStatement 添加了处理 OUT 参数的方法。要注意一点，所有的这些查询都必须建立在一个数据库的连接上。

下面对上述三种对象分别介绍。

1. Statement 对象

1）创建 Statement 对象

建立到特定数据库的连接之后，就可以用该连接发送 SQL 语句了。Statement 对象由 Connection 对象的 createStatement()方法负责创建，如下所示：

```
Connection conn=DriverManager.getConnection(DBUrl, user, password);
Statement stmt=conn.creatStatement();
```

为了执行 Statement 对象，被发送到数据库的 SQL 语句将被作为参数提供给 Statement 的方法，如下所示：

```
String sql=" select * from user "
ResultSet rs=stmt.executeQuery(sql);
```

2）使用 Statement 对象执行语句

接口提供了三种执行 SQL 语句的方法：executeQuery、executeUpdate 和 execute。使用哪个方法由 SQL 语句所产生的内容决定。三种方法具体如下：

- ResultSet executeQuery(String sql) throws SQLException
  该方法用于执行一个查询语句，并将单个结果集返回给 ResultSet 对象。
- int executeUpdate(String sql) throws SQLException
  该方法用于执行一个修改或者插入语句，并返回发生改变的记录条数。可执行的语句有 INSERT、DELETE、UPDATE 语句以及 SQL DDL（数据定义语言）语句。INSERT、DELETE、UPDATE 语句的效果是修改表中零行或者多行中的一列或者多列。返回值是一个整数，代表的是受影响的行数（即更新计数）。对 Create Table 或者 Drop Table 等不操作行的语句，返回值总为零。
- boolean execute(String sql)throws SQLException
  该方法用于执行返回多个结果集、多个更新计数或者二者结合的语句及可以执行修改或者插入操作语句。返回的布尔值表示语句是否成功执行。

3）关闭 Statement

Statement 对象将由 Java 垃圾回收程序自动关闭。作为一种好的编程习惯，应该在不需要 Statement 对象时使用显式方式将其关闭，这样可以避免潜在的内存问题，方法为：

```
void close() throws SQLException
```

2. PreparedStatement 对象

PreparedStatement 的父类是 Statement 类。当有单一的 SQL 指令多次执行时,用 PreparedStatement 类会比 Statement 类更有效。

PreparedStatement 与 Statement 的不同之处如下:
- 一个 PreparedStatement 实例已经含有一个已经编译过的 SQL 语句。
- 由于 PreparedStatement 已经预编译过,所以执行速度大于 Statement 对象,因此多次执行的语句经常创建 PreparedStatement 对象,以提高效率;而且 SQL 语句是预先设计和编译的,可防 SQL 注入,安全性较好。
- 包含于 PreparedStatement 对象中的 SQL 语句可以具有一个或多个 IN 参数。IN 参数指在 SQL 语句创建时不指定具体的参数,但 SQL 语句为每一个 IN 参数保留一个问号("?")作为占位符。因此"?"也可看成是参数的标识。应用程序一定要在后面的过程中通过适当的 SetXXX()方法来设置这个参数的实际值,这样才能顺利执行这个 SQL 语句。

作为 Statement 的子类,PreparedStatement 继承了 Statement 的所有功能。另外,它还添加了一整套方法用于设置发送给数据库以取代 IN 参数占位符的值。同时,三种方法 execute()、executeQuery()和 executeUpdata()已经不再需要参数,如果强行加上参数反而会出错。

PreparedStatement 使用方法如下:

1) 创建 PreparedStatement 对象

PreparedStatement 对象的创建和一般对象的创建类似。下面语句创建一个名为 pstmt 的 PreparedStatement 对象,并且带了两个 IN 参数。

```
Connection conn=DriverManager.getConnection(DBUrl,user,password);
PreparedStatement pstmt=conn.PreparedStatement("UPDATE COFFEES SET SALES=?
WHERE COF_NAME LIKE?");
```

上述语句执行完之后,所创建的 pstmt 对象就包含了 SQL 语句"UPDATE COFFEES SET SALES=? WHERE COF_NAME LIKE ?",这个语句被编译并已经被送到数据库管理系统,一旦它的 IN 参数被赋值,就可以被执行。

2) 传递 IN 参数

在执行一个 PreparedStatement 语句之前,一定要向这个对象中的每个 IN 参数赋值。赋值过程用形如 setXXX 的方法来完成,其中 XXX 代表一个合适的类型名。需要注意的是:XXX 代表的是 Java 语言中的数据类型,而不是 SQL 语句中的数据类型。下面的代码为"UPDATE COFFEES SET SALES=? WHERE COF_NAME LIKE?"语句中的 2 个 IN 参数赋值。

```
pstmt.setInt(1, 75);                    //为第一个参数赋整型值
pstmt.setString(2, "Colombian");        //为第二个参数赋字符串值
```

在赋值时要指定 IN 参数的类型,这有利于发现异常,并准确找到错误的位置。而 Statement 执行的 SQL 语句就是一个字符串,不含有类型信息。如果要带参数,则要通过字符串合成,容易出现错误,且不容易进行错误定位,所以一般推荐使用 PreparedStatement 对象。

PreparedStatement 用于设置参数的方法有:

- void setInt(int parameterIndex, int x) throws SQLException
  该方法用于设定整数类型数值给 PreparedStatement 类对象的 IN 参数。
- void setFloat(int parameterIndex, float x) throws SQLException
  该方法用于设定浮点数类型数值给 PreparedStatement 类对象的 IN 参数。
- void setNull(int parameterIndex, int sqlType) throws SQLException
  该方法用于设定 NULL 类型数值给 PreparedStatement 类对象的 IN 参数。
- void setString(int parameterIndex, String x) throws SQLException
  该方法用于设定字符串类型数值给 PreparedStatement 类对象的 IN 参数。
- void setDate(int parameterIndex, Date x) throws SQLException
  该方法用于设定日期类型数值给 PreparedStatement 类对象的 IN 参数。
- void setTime(int parameterIndex, Time x) throws SQLException
  该方法用于设定时间类型数值给 PreparedStatement 类对象的 IN 参数。

PreparedStatement 允许进行更新类的作业的批处理,这就要求预先为 PreparedStatement 准备每次作业的 IN 参数。把一次作业参数加入批处理的语句为:

```
pstmt.addBatch(); //pstmt 为 PreparedStatement 的对象。
```

加入批处理后,再为下一次作业添加 IN 参数,直至所有作业参数加入完成。

3) 执行 SQL 语句

单次执行 SQL 语句的语句为:

```
ResultSet rs=pstmt.executeUpdate();
```

执行批处理的语句为:

```
pstmt.executeBatch();
```

4) 关闭 PreparedStatement 对象

```
pstmt.close();
```

3. CallableStatement 对象

存储过程是存储在数据库中的一段访问数据库的代码。CallableStatement 对象(一个存储过程对象)为所有的 DBMS 提供了一种以标准形式调用储存过程的方法。对储存过程的调用是 CallableStatement 对象所含的内容。

存储过程的调用有两种形式:一种是有返回值的,带结果参数;另一种是无返回值的,不带结果参数。结果参数是一种输出(OUT)参数,是储存过程的返回值,结果参数的类型必须为整型。两种形式都可以有很多参数,如输入参数(IN 参数)、输出参数(OUT 参数)或输入和输出参数(INOUT 参数)。问号作为参数的占位符。

在 JDBC 中调用已储存过程的语法如下所示。注意,方括号表示其间的内容是可选项;方括号本身并不是语法的组成部分。

```
{call 过程名([?,?,?,……])}
```

返回一个结果参数的过程的语法是:

```
{?=call 过程名([?,?,?,……])}
```

没有参数的存储过程如下:

```
{call 过程名()}
```

通常,创建 CallableStatement 对象时应当知道所用的 DBMS 是支持储存过程的,并且知道这些过程都是什么。当然,如果需要检查,多种 DatabaseMetaData 方法都可以提供这样的信息。例如,如果 DBMS 支持存储过程的调用,则 supportsStoredProcedures() 方法将返回 true,而 getProcedures() 方法将返回对已存储过程的描述。

CallableStatement 继承 Statement 的方法(它们用于处理一般的 SQL 语句),还继承了 PreparedStatement 的方法(它们用于处理 IN 参数)。CallableStatement 中定义的新方法都用于处理 OUT 参数或 INOUT 参数的输出部分:注册 OUT 参数的 JDBC 类型(一般为 SQL 类型),从这些参数中检索的结果,或者检查所返回的值是否为 JDBC NULL。

使用 CallableStatement 对象的方法如下:

1) 创建 CallableStatement 对象

CallableStatement 对象是用 Connection 对象的 prepareCall() 方法创建的。下面创建 CallableStatement 的实例,其中含有对已存储过程 getTestData 的调用。该过程有两个变量,但无返回值,不含结果参数:

```
CallableStatement cstmt=con.prepareCall("{call getTestData(?,?)}");
```

2) IN、OUT 及 INOUT 参数的使用

IN 参数负责存储过程的设定输入参数,通过 CallableStatement 对象的 setXXX() 方法来完成。该方法继承自 PreparedStatement,所传入参数的类型决定了所用的 setXXX() 方法。

如果存储过程带有 OUT 参数,那么这个 OUT 参数必须要通过 registerOutParameter() 方法来注册,而且要在存储过程被执行之前注册。当一个存储过程从一个执行中返回后,它会用这些类型设置 OUT 参数的值。语句执行完后,可以通过 CallableStatement 的 getXXX() 方法取回参数值。需要注意的是:registerOutParameter 使用的是 JDBC 类型(因此它与数据库返回的 JDBC 类型匹配),而 getXXX() 将之转换为 Java 类型。

下面代码说明了两个 OUT 参数在存储过程后,从 OUT 中获取值的过程。

```
//创建 CallableStatement 对象
CallableStatement cstmt=conn.prepareCall("{call getStuInfo(?,?)}");
```

```
cstmt.registerOutParameter(1, java.sql.Types.STRING);    //注册 OUT 参数
cstmt.registerOutParameter(2, java.sql.Types.FLOAT);
cstmt.executeQuery();                                     //执行存储过程
String name=cstmt.getString(1);                           //获取 OUT 参数
float number=cstmt.getFloat(2);
```

结果参数也是 OUT 参数,用于保存过程的返回值,类型为整型。下面的代码说明参数的使用。

```
CallableStatement cstmt=conn.prepareCall("{?=CALL setStuInfo(?)}");
cstmt.registerOutParameter(1, java.sql.Types.INTEGER);   //注册结果参数(整型)
cstmt.setString(2, "张三")                                //设置输入参数
cstmt.executeQuery ();                                    //执行
int i=cs.getInt(1);                                       //取值
```

INOUT 参数是既支持输入又接受输出的参数,因此必须适当使用 setXXX()方法和注册方法 registerOutParameter 来进行初始化,setXXX()中的类型必须和 registerOutParameter 中的参数类型相匹配。

下面为使用 INOUT 参数的代码:

```
CallableStatement cstmt=con.prepareCall("{call getStuName(?)}");
cstmt.setString(1, "杨洋");                               //作为 IN 参数,并赋值
cstmt.registerOutParameter(1, java.sql.Types.STRING);    //注册为 OUT 参数
cstmt.executeQuery ();                                    //执行
String name=cstmt.getString(1);                           //取值
```

3) 执行 CallableStatement 对象

存储过程的执行同样有三个方法:

- executeQuery ():执行查询,返回一个或多个结果集。
- executeUpdate();执行更新,返回一个或多个更新数。
- execute():执行未知类型的 SQL。

存储过程执行以后,它的返回值根据执行类型的不同可为一个或多个,这由存储过程的内容决定。如果一个过程中含有多个查询语句,则可以返回多个返回值。CallableStatement 提供 hasMoreResults()来判断是否还有结果集,下面的代码说明返回多个结果集的处理。

```
...
CallableStatement cs=conn.prepareCall("{CALL procedureName}");
ResultSet rs=cs.executeQuery();                           //第一个结果集
while (rs.next()) {...}                                   //取结果并处理
if (cs.getMoreResults()) {                                //如果还有结果集
    rs=cs.getResultSet();                                 //取第二个结果集
    while (rs.next()) {...}                               //处理
}
...
```

7.2.6 查询结果集：ResultSet

执行 executeQuery(sql) 方法后返回的查询结果是一个二维表，JDBC 将结果集存储在 ResultSet 对象中，ResultSet 提供了相关的方法遍历结果集和读取当前记录的各字段的值。

默认情况下，不能修改 ResultSet 对象中的数据，并且记录指针只能向前移动。在初始化状态下，记录指针位置在第一条记录之前。可以在用 Connection 对象创建 Statement 对象时，定义 ResultSet 对象的指针的类型，并且还可以定义 ResuletSet 对象中的数据是否可更改。设置方法如下：

```
Statement st=conn.createStatement(int resultSetType, int resultSetConcurrency)
ResultSet rs=st.executeQuery(sqlStr)
```

其中两个参数的意义是：

resultSetType 设置 ResultSet 对象的类型是否可滚动。取值如下：
- ResultSet.TYPE_FORWARD_ONLY：只能向前滚动，默认值。
- ResultSet.TYPE_SCROLL_INSENSITIVE：游标可滚动，但对数据库中数据的修改不敏感。
- Result.TYPE_SCROLL_SENSITIVE：游标可滚动，且对数据库中数据的修改敏感。

这里的修改敏感性是指当数据库中的数据被修改时（不包括插入和删除）是否会反映到 ResultSet 结果集中来。如果是敏感的，将重新装入最新的数据，否则不更新数据。

resultSetConcurrency 设置 ResultSet 对象内的数据是否能够被修改，取值如下：
- ResultSet.CONCUR_READ_ONLY：设置为只读类型的参数。
- ResultSet.CONCUR_UPDATABLE：设置为可修改类型的参数。

ResuletSet 提供了相关的方法遍历结果集，它们是：
- boolean next()：将指针移动到下一条记录。
- boolean previous()：将指针移动到上一条记录。
- boolean first()：将指针移动到第一条记录。
- boolean last()：将指针移动到最后一条记录。
- boolean relative(int n)：相对移位。n 为正时往下移 n 条记录，n 为负时往上移 n 条记录。
- boolean absolute(int row)：绝对移位，将指针移动到指定的行。如果 row 为负数，则放在倒数第几行。

上述几个移动指针的方法均有返回值。移动成功返回 true，不成功返回 false。

通常情况下，可以使用如下代码遍历 ResultSet 对象的每一条记录，conn 为连接对象。

```
Statement stmt=conn.createStatement();
```

```
String sql="select stuID,stuName from stuInfo";
ResultSet rs=stmt.executeQuery(sql);
while(rs.next())
{...}
```

注意：当游标为不可滚动类型时，不能调用 previous() 等后移指针的方法。

当打开一个 ResultSet 对象时，指针位于第一条记录之前。在对结果集进行操作之前，应先将指针移到某条记录之上，否则会抛出异常。

ResultSet 类定义了读取当前记录的各字段值的方法：

- getXXX(int index)：参数为字段索引值，第一个字段为1，返回指定字段的值。
- getXXX(String name)：参数为字段名，返回指定字段的值。

这里 XXX 为类型，可以为 String、Int、Byte、Short、Long、Float、Double、Date、Time、Boolean。这要根据字段类型来选择，如用 getString(name) 来读取名为 name 字段的字符串型数据，用 getInt(2) 来读取第二个字段的整型数据。如果 XXX 与字段类型不一致将进行转换。如果转换成功，则返回转换后的 XXX 类型的值。如果转换不成功，将会抛出异常。

ResultSet 还有两个常见的方法如下：

- ResultSetMetaData getMetaData() throws SQLException

该方法用于取得 ResultSetMetaData 类对象。ResultSetMetaData 类对象保存了 ResultSet 类对象中关于字段类型及相关信息，并通过许多方法来取得这些信息。下面一段代码演示了怎样创建和使用 ResultSetMetaData 对象。其中的 conn 为已创建的 Connection 对象。

```
Statement stmt=conn.createStatement();
ResultSet rs=stmt.executeQuery("select * from book");
ResultSetMetaData  rsmd=rs.getMetaData();
int numberOfCols=rsmd.getColumnCount();
```

- void close() throws SQLException

该方法用于释放 ResultSet 对象资源。

7.3 JDBC 操作数据库实例

在 JDBC 应用中，最常见的是对数据库进行增加、删除、修改、查询以及事务处理和调用存储过程等。本节将通过一个简单的会员管理系统来介绍这些常见的操作方法。

新建一个名为 ch7 的 Web 工程，这个工程是对前一章 6.2 节中"注册案例"和"会员管理系统"的升级和完善。本系统采用 JSP+JavaBean 设计模式。

7.3.1 新建数据库

在本书中主要使用 MySQL 数据库，在第 2 章我们已经介绍了如何安装和配置

MySQL,下面介绍怎样在 MySQL 中新建数据库和表。MySQL 的操作是在控制台中通过命令进行的,这对于我们可能有些困难,可以借助可视化的工具来帮助我们实现建库等操作。这个工具是 MySQL GUI Tools,可在 MySQL 的官方网站下载,地址为 http://dev.mysql.com/downloads/gui-tools/5.0.html。它包含 MySQL Administrator 1.2、MySQL Query Browser 1.2、MySQL Migration Toolkit 1.1 三个工具。其中 MySQL Administrator 1.2 可进行数据库的管理,包括建库、建表、修改表结构、备份、还原及建立日志等;MySQL Query Browser 1.2 提供查询浏览功能,也可进行数据输入、修改和删除。

按提示安装 MySQL GUI Tools,安装完成后从菜单中选择 MySQL→MySQL Administrator 1.2 进入管理界面。选择 Catalogs,然后在 Schemata 中右击,从弹出的菜单中选择 Create New schema 新建数据库,如图 7-3 所示。

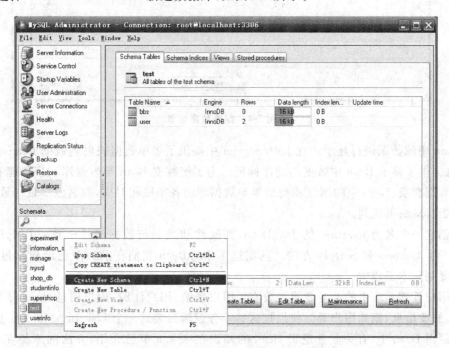

图 7-3　MySQL Administrator 界面

在接下来的弹出框中输入数据库名 userinfo,单击 OK 按钮,完成创建。接着选择 userinfo 数据库,在右边单击 Create Table 按钮创建数据库表,如图 7-4 所示。

输入表名为 userinfo,并输入各字段信息,设定 id 为关键字,单击 Apply Changes 按钮完成创建。

7.3.2　数据 Bean 和业务逻辑 Bean

数据 Bean 是在内存中存储的对象数据,是程序与外界交换数据的中心。在用户管理系统中,用户输入的信息(如注册、修改)暂存在数据 Bean 中,然后再把数据 Bean 中的数据存储到数据库中。从数据库读出的数据也暂存在数据 Bean 中,然后在显示页面中

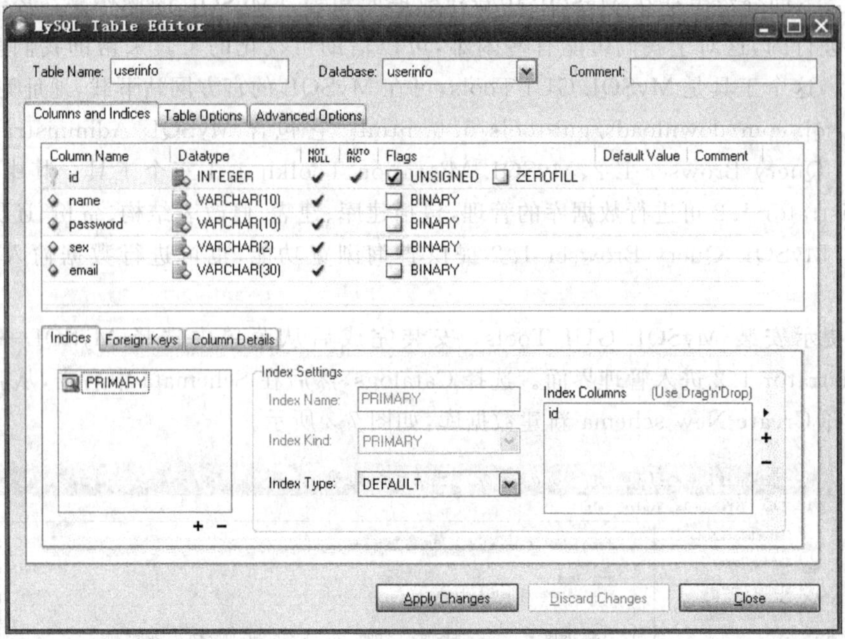

图 7-4 创建数据库表

把 Bean 中的数据进行显示。在 JSP/Servlet 中提供了表单数据映射到数据 Bean 中的方法，也提供了显示 Bean 中数据的动作标记。为了使数据 Bean 与数据库和表单能有效地进行数据交换，Bean 中的属性和类型要与数据库的各字段相对应，取名也尽量一致，这样有利于自动映射机制。

创建一个名为 userinfo 的 JavaBean，其属性和类型与数据属性一致，用 MyEclipse 自动产生 Getters 和 Setters 方法。其实这个 JavaBean 我们在前一章已经建立过，只需把它复制到本工程中。

用户管理系统中的业务逻辑主要有：用户登录、用户注册、用户信息显示、分页列表显示、修改信息、删除用户等。我们把这些业务逻辑封装到一个 UserInfoManage.java 的业务逻辑 Bean 中，有关业务逻辑 Bean 的知识在 6.2.3 节已介绍，方法的原型在 6.2.3 节中已经建立，在本节中我们要完成各方法的实现。

在各个业务逻辑中均要访问数据库，与数据库建立连接的方法都是一样的，为了方便使用，我们在构造方法中自动建立与数据库的连接。

各个业务逻辑方法的原型和建立数据库连接的代码如下：

```
package bean;
import bean.*;
import java.sql.*;
import java.util.*;
public class UserManage {
    private String driverName="com.mysql.jdbc.Driver";
    private String dbURL="jdbc:mysql://localhost:3306/userinfo";
```

```java
    private String user="root";
    private String password="root";
    private Connection conn=null;
    //构造方法,构造时自动创建连接,存储在 conn 中
    public UserManage(){
        createConn();
    }
    //创建连接,存储在 conn 中。该方法被构造方法调用或被其他方法显式调用
    public boolean createConn(){
        if(conn==null)
        {
            try{
                Class.forName(driverName);
                conn=DriverManager.getConnection(dbURL,user,password);
            }
            catch(Exception e )
            {   e.printStackTrace();
                return false;
            }
        }
        return true;
    }
    //关闭连接,这个方法应在连接不再需要时调用,可释放连接资源
    public boolean closeConn(){
        try{
            if(conn!=null) conn.close();
        }catch(Exception e){
            e.printStackTrace();
            return false;
        }
        return true;
    }
/********定义各个业务逻辑方法******************/
    public boolean reg(UserInfo userInfo)      { }        //注册
    public boolean login(UserInfo userInfo){}             //登录
    public boolean login(String username, String password){    }//登录
    public UserInfo getUserById(int id){}                 //获取用户信息
    public java.util.ArrayList<UserInfo>getAllUser(){} //获取所有用户信息
    //获取指定页面的用户信息,分页显示用
    public java.util.ArrayList< UserInfo > getUsersByPageId(int pageid, int pagesize){}
    public boolean modify(UserInfo userInfo){ }           //修改用户信息
    public boolean delete(int id){      }                 //修改用户
    public int getRecordCount(){    }                     //得到总用户数,分页显示用
```

为了能访问 MySQL,应导入驱动程序包,把下载的驱动程序包 connector-java-3.0.16-ga-bin.jar 放到 Tomcat 安装目录的 Tomcat 5.5\commons\lib 目录下,这样所有程序都能使用;也可放到工程的 Web-INF\lib 下,仅供本工程使用。

UserManage 类定义四个私有变量存储了访问数据库所需的四个参数。当更换数库类型时,只需修改这四个字符串参数重新编译即可,其他代码不需作任何更改。我们也可以把四个参数放到属性表中,然后在程序中从属性表读取,这个 Bean 不需重新编译,这样更方便移植,有关属性表的知识请查阅相关资料。

建立连接的代码写在 createConn() 中,创建后的连接存储在 conn 的变量中,在业务逻辑方法中直接使用即可。这个建立连接的方法被构造方法调用,也就是当新建这个 Bean 时会自动连接数据库,这样更方便使用。

连接的关闭代码写在 closeConn() 中,在程序中应该在不需要连接时主动关闭连接,释放资源。

在程序中为每个业务逻辑定义对应的方法原型,我们将在后面完成其实现。

7.3.3 插入数据——注册

通过 JSP 或 Servlet 向数据库添加记录的基本方法是:提供一个表单面(如注册页)供用户输入记录数据,提交表单后,后台的 JSP 或 Servlet 程序从表单读取数据存入 JavaBean 中,调入业务逻辑的 JavaBean 把数据写入数据库。当然我们也可以在后台的 JSP 或 Servlet 中直接访问数据库把数据写入数据库。

1. 建立注册表单

这里沿用 6.2.2 节注册案例中的注册表单 reg.jsp,如图 7-5 所示。

2. 建立后台注册 Servlet

这个 Servlet 是在前一章注册案例中 RegServlet.java 的基础上稍作修改得到的。实现思路为:首先把注册信息映射到 UserInfo 的 Bean 中,然后调用名为 UserInfoManage 的 JavaBean 的注册方法 reg(userinfo) 将注册信息写入数据库。程序运行结果如图 7-6 所示。节选代码如下:

图 7-5 注册表单

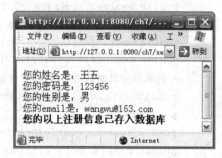

图 7-6 后台注册 Servlet

第7章 JDBC数据库编程与Hibernate技术 255

```
public void doGet(HttpServletRequest request, HttpServletResponse response)
        throws ServletException, IOException {
    response.setContentType("text/html;charset=GBK");
    PrintWriter out=response.getWriter();
    UserInfo userInfo=new UserInfo();              //构建一个用户对象
    Map map=request.getParameterMap();             //获取参数map
    try{
        BeanUtils.populate(userInfo, map);         //自动映射
    }catch(Exception e){
        e.printStackTrace();
    }
    out.print("<br>您的姓名是:"+userInfo.getName());
    out.print("<br>您的密码是:"+userInfo.getPassword());
    out.print("<br>您的性别是:"+userInfo.getSex());
    out.print("<br>您的email是:"+userInfo.getEmail());
    UserManage usermanage=new UserManage();        //新建JavaBean
    if(usermanage.reg(userInfo))  //调用JavaBean的reg()方法把信息写入数据库
      out.print("<br><b>您的以上注册信息已存入数据库</b>");
    else out.print("<br><b>操作数据库失败!</b>");
    usermanage.closeConn();                        //关闭连接
}
```

程序说明:

以上粗体字部分是在前一章案例的基础上新增的访问数据库的内容,即新建并调用UserManage的reg(userinfo)注册方法完成注册。

程序中采用了表单数据到JavaBean的映射功能,请参阅6.2.2节中的相关内容。自动映射功能的实现用到了BeanUtils这个类,所以要把commons-beanutils-1.8.0.jar和commons-logging-1.0.4.jar两个jar包复制到工程的Web-INF\lib下。

3. 编写UserInfoManage.java中的注册方法reg()

我们把数据的增、删、读、改等操作封装在一个为UserInfoManage.java的JavaBean中,其中boolean reg(UserInfo userinfo)把注册信息userinfo对象中的数据写入数据库,其实现代码如下:

```
public boolean reg(UserInfo userInfo)
{
    boolean result=true;
    try{
        String sql="insert into userinfo(name,password,sex,email) values(?,?,?,?)";
        PreparedStatement stmt=conn.prepareStatement(sql);
        stmt.setString(1, userInfo.getName());
        stmt.setString(2,userInfo.getPassword());
        stmt.setString(3, userInfo.getSex());
```

```
            stmt.setString(4,userInfo.getEmail());
            int i=stmt.executeUpdate();
            if(i!=1) result=false;
            stmt.close();
        }
        catch(Exception e )
        {
            e.printStackTrace();
            return(false);
        }
        return result;
    }
```

程序说明：

程序中采用**预编译型**的 PreparedStatement 接口。PreparedStatement 支持带参数的 SQL 语句。带参数的 SQL 语句将被事先预编译，这有利于提高执行的速度。

程序中 SQL 语句为"insert into userinfo(name,password,sex,email) values (?,?,?,?)"，每个参数用一个"?"占位符表示。随后应为每一个参数赋值，赋值时指定参数类型，这个类型是指 JDBC(java.sql 包)的类型。我们的赋值应与 JDBC 和数据库字段的类型相匹配，否则会抛出异常。需要说明的是：Java 的类型与 JDBC(java.sql.*)的类型并不一定完全兼容。比如 java.util.Date 类型与 java.sql.Date 类型并不兼容。例如 setDate(new java.util.Date())将出现异常，它需要的类型为 java.sql.Date 类型，大家在处理日期型数据时要特别小心。

7.3.4 显示数据

查询数据库的操作和执行更新的操作基本类似，不同的是使用的 SQL 语句不同，并且查询完成后需要对结果集中的数据进行处理。

本案例仍采用 JavaBean 来封装读取用户操作，方法为 UserInfo getUserById(id)。方法中采用 Statament 接口完成查询，动态合成 SQL 语句，查询结果存储在 UserInfo 的 JavaBean 中，并返回给显示页面 showUserInfo.jsp 进行显示。

1. 编写读取用户信息的方法

在 UserInfoManage 类中增加一个方法 UserInfo getUserById(int id)来读取用户信息。参数为用户的 id，返回用户信息 UserInfo 的对象。

```
public UserInfo getUserById(int id)
{
    UserInfo user=null;
    try{
        Statement stmt=conn.createStatement();           //创建 Statement 对象
        String sql="select * from userinfo where id="+id;   //合成 SQL 语句
```

```
    ResultSet rs=stmt.executeQuery(sql);            //执行 SQL
    if(rs.next()) {                                  //如果有数据
    //创建 UserInfo 类对象,并从结果集取出数据存入 Bean 中
        user=new UserInfo();
        user.setId(rs.getInt("id"));
        user.setName(rs.getString("name"));
        user.setPassword(rs.getString("password"));
        user.setSex(rs.getString("sex"));
        user.setEmail(rs.getString("email"));
    }
        stmt.close();                                //关闭
    }
    catch(Exception e)
    {   e.printStackTrace();
        return null;
    }
    return user;                                     //返回 user 对象
}
```

2. 编写显示用户信息的页面:showUserInfo.jsp

程序首先获取参数 id,然后创建 UserManage 业务逻辑 Bean 并调用 getUserById (id)读取数据,保存在 userinfo 的 JavaBean 中,最后从 Bean 中取出数据显示。代码如下:

```
<%@page language="java" import="bean.*" pageEncoding="GBK"%>
<html><head><title>显示用户信息</title></head>
<body>
    <%
    int id=Integer.parseInt(request.getParameter("id"));   //获取参数 id
    UserManage usermanage=new bean.UserManage();           //创建 UserManage
                                                           //业务逻辑 Bean
    UserInfo userinfo=usermanage.getUserById(id);          //调用 getUserById()
                                                           //读取数据
    usermanage.closeConn();                                //关闭连接
    %>
    <!--显示用户信息  -->
    id:<%=userinfo.getId() %><br>
    姓名:<%=userinfo.getName() %><br>
    密码:<%=userinfo.getPassword() %><br>
    性别:<%=userinfo.getSex() %><br>
    email:<%=userinfo.getEmail() %>
</body></html>
```

7.3.5 分页显示数据

数据库数据的分页显示是 Web 应用程序中经常遇到的问题。当用户的数据查询结果太多而超过计算机屏幕显示的范围时,为了方便用户阅读,往往采用数据库分页显示的方式。在会员管理系统中,当注册用户达到一定的数量时,为了方便管理员管理这些用户,也需要分页列表显示用户信息,并对权限内的操作(如删除、查看)做链接。

1. 编写读取的指定页面的数据方法

在分页显示业务中,首先需要从数据库查询某一页的数据,然后在 JSP 页面中显示出来。我们把从数据库查询指定页的数据的作用封装在 UserInfoManage 的 getUsersByPageId(int pageid, int pagesize)方法中。该方法有两个参数,第一个参数指定页号,第二个参数指定页面大小。查询结果以存储用户信息的线性表返回。在 UserInfoManage.java 类中添加如下代码:

```java
public java.util.ArrayList<UserInfo>getUsersByPageId(int pageid, int pagesize)
{
    ArrayList<UserInfo>userlist=null;
    UserInfo user=null;
    try{
        Statement stmt=conn.createStatement();
        //查询语句,利用 limit(起始记录号,记录数)来限定只返回指定页的数据
        String sql="select * from userinfo limit "+(pageid-1)*pagesize+","+ pagesize;
        ResultSet rs=stmt.executeQuery(sql);              //执行查询
        userlist=new ArrayList<UserInfo>();
        //循环取出每一条记录,存入 UserInfo 的 Bean 中,并把数据 Bean 加在线性表中
        while(rs.next()) {
            user=new UserInfo();
            user.setId(rs.getInt("id"));
            user.setName(rs.getString("name"));
            user.setPassword(rs.getString("password"));
            user.setSex(rs.getString("sex"));
            user.setEmail(rs.getString("email"));
            userlist.add(user);                          //把这个用户加入线性表
        }
        stmt.close();                                    //关闭
    }
    catch(Exception e)
    {
        e.printStackTrace();
        return null;
    }
```

```
        return userlist;                                      //返回线性表
}
```

程序说明:

查询某页数据的 SQL 语句为：String sql = " select * from userinfo limit " + (pageid-1)*pagesize+","+pagesize；这里利用"limit 起始记录号,记录数"来限定只返回指定页的数据。limit 的第一个参数是起始记录号,为(pageid-1)*pagesize；第二个参数是记录数,为页面大小 pagesize。

执行查询后,用循环从结果集中取出某一记录,把它转存在一个数据 Bean 中,并把这个数据 Bean 存入集合(线性表)中；然后进入下一轮循环,处理下一条记录,直至所有记录处理完毕。最后把存入用户信息数据的线性表返回给调用者。

2. 编写分页显示的页面 userList.jsp

在该页面需要完成的工作有:
(1) 获取页号参数,并做相关的类型转换,进行有效性检查。
(2) 访问数据库查询总记录数,由此计算总页数。
(3) 调用 JavaBean 访问数据库,读取指定页的数据。
(4) 从返回的用户数据表取出数据进行显示,并做操作链接。
(5) 生成导航栏。

实现的代码如下:

```jsp
<%@page language="java" import="bean.*,java.util.*" pageEncoding="GBK"%>
<html>  <head><title>用户列表</title></head>
  <body>
  <table  cellpadding="0" cellspacing="5">
    <tr><td>d</td><td>姓名</td><td>密码</td><td>性别</td><td>email</td></tr>
    <%
    int pageSize=5;                                           //页面大小,暂设为 5
    int recordCount ;                                         //记录总数
    int pageCount;                                            //页面总数
    int pageId;                                               //页面号

    //读取参数页号 pageId,转为 int 型,并校验参数
    String  strPageId=request.getParameter("pageId");         //取参数
    if(strPageId==null ) pageId=1;
       else pageId=Integer.parseInt(strPageId);               //类型转换
    if(pageId <1) pageId=1;                                   //页号校正

    //读取总记录数,由此计算总页数
    UserManage usermanage=new UserManage();
    recordCount=usermanage.getRecordCount();                  //获取总记录数
```

```
    if(recordCount%pageSize==0) pageCount=recordCount/pageSize;
     else pageCount=recordCount/pageSize +1;      //计算总页数
    if(pageId >pageCount) pageId=pageCount;           //再次校正页号

    //通过JavaBean的getUsersByPageId(pageId,pageSize)读取某页的记录数据
    ArrayList<UserInfo>userlist=null;
    Iterator<UserInfo>it=null;
    UserInfo userinfo=null;
    userlist=usermanage.getUsersByPageId(pageId,pageSize);
                                       //调用javaBean的相关方法取数
    usermanage.closeConn();                 //不再访问数据库,关闭连接

    //通过迭代器,列表显示每条记录,并查看、删除链接
    if(userlist!=null)       it=userlist.iterator();   //获取迭代器
    while(it!=null&&it.hasNext()){              //当不为空且还有数据时
       out.print("<tr>");
       userinfo=it.next();               //从集合取用户信息,下面输出用户信息
       out.print("<td>"+userinfo.getId()+"</td>");
       out.print("<td>"+userinfo.getName()+"</td>");
       out.print("<td>"+userinfo.getPassword()+"</td>");
       out.print("<td>"+userinfo.getSex()+"</td>");
       out.print("<td>"+userinfo.getEmail()+"</td>");
       //在为每个用户的后面,设置操作(如查看、删除、修改)链接
       out.print("<td><a href=showUserInfo.jsp?id="+userinfo.getId()+" >查
       看</a></td>");
       out.print("<td><a href=deleteUser.jsp?id="+userinfo.getId()+" >删除
       </a></td>");
       out.print("<td><a href=modifyUser.jsp?id="+userinfo.getId()+" >修改
       </a></td>");
       out.print(" </tr>");
     }
    %>
    </table>
<!--做导航条-->
    第<%=pageId %>页/共<%=pageCount %>页  
<%
if(pageId>1) out.print("<a href='userList.jsp?pageId=1'>第一页</a> ");
if(pageId>1) out.print("<a  href='userList.jsp?pageId="+(pageId-1)+"'>上一
页</a> ");
if(pageId<pageCount) out.print("<a href='userList.jsp?pageId="+(pageId+1)+"'>
下一页</a> ");
if(pageId<pageCount) out.print("<a  href='userList.jsp?pageId="+pageCount+"'>
最后一页</a>");
%>
```

```
</body>
</html>
```

程序说明：

程序采用JSP+JavaBean的设计模式，在JavaBean中完成读取某页数据的业务逻辑和数据的封装。在JSP中主要完成参数的获取、校验和数据的显示。

程序中查询记录总数是通过函数 int getRecordCount()取得，这个方法在UserInfoManage.java中已实现。这个方法比较简单，这里不再给出代码，其SQL语句为："select count(*) from userinfo"。

总页面的计算为：记录数整除页面大小。若能整除，则为整除结果值；若不能整除，则说明有零头，要加一页。

程序中涉及集合的迭代操作，在ArrayList类中它是用数组方式实现的List列表接口，通过add()加入对象元素。ArrayList同时也实现了Iterator迭代接口，这个接口通过ArrayList.iterator()获得，通过迭代接口可以方便地遍历集合（线性表）。迭代接口主要有两个方法，一个是判断是否还有元素的hasNext()方法，另一个是取与迭代相关的集合的下一元素的next()方法。有关集合和迭代的详细使用请参考Java的相关书籍。

数据的显示采用表格形式，每一个记录占一行，在每一次循环中产生一行。注意表头和表尾不能包含在循环体中。

导航栏的设计要根据当前的位置来产生导航按钮。在当前页号大于第一页时有"第一页"和"上一页"按钮，在当前页号小于最后页时有"上一页"和"最后页"按钮。

程序运行结果如图7-7所示。

图 7-7　分页显示用户列表

7.3.6　修改数据

数据的修改稍微复杂些，它包括读取原来的信息显示在表单中和提交修改数据写入数据库两个部分。

1. 编写修改页面 modifyUser.jsp

```
<%@page language="java" import="bean.*" pageEncoding="GBK"%>
```

```
<html>
<head><title>修改会员信息</title></head>
<body>
<%//读取用户原有信息
int id=Integer.parseInt(request.getParameter("id"));
UserManage usermanage=new bean.UserManage() ;
UserInfo userinfo=usermanage.getUserById(id);
usermanage.closeConn();
%>
<p><b>修改会员信息</b></p>
<!--在表单中显示原有数据-->
<form action="servlet/ModifyUserInfoServlet?id=<%=id %>" >
姓名:<input type="text" name="name" value=<%=userinfo.getName() %>><br>
密码:<input type="password" name="password" value=<%=userinfo.getPassword()
      %>><br>
性别:<input type="radio" name="sex" value="男"
      checked=<%=userinfo.getSex()=="男" ?"checked" : "" %>>男
     <input type="radio" name="sex" value="女"
      checked=<%=userinfo.getSex()=="女" ?"checked" : "" %>  >女<br>
Email:<input type="text" name="email" value=<%=userinfo.getEmail() %>><br>
      <input type="submit" value="提交">
</form>
</body>
</html>
```

程序说明：

程序首先读取用户的原有数据，这跟 7.3.4 节的显示数据是一样的，只不过这里数据要在表单中显示，主要是通过 JSP 表达式为文本框的 value 属性赋值。这个 value 值会作为文本框的初值出现。对于单选框就不能这样处理了，我们需要为选择框设定选项，这通过 checked 属性来设置。在 JSP 表达式中采用了问号表达式来处理，若原来的值与本选项的值相同则设置为选中(checked)，否则设置为不选中(空)。

JSP 表达式非常灵活，可以出现在任何需要字符串的地方。其工作机制为先计算表达式的值，然后把它转化为字符串输出到插入点。我们把表达式看成是一个动态的字符串，在需要字符串的地方都可用它来代替，表达式的出现让编制动态网页变得更为简单。

提交修改数据后将转到 ModifyUserInfoServlet 中处理，转向时需要传递 id 参数，因为修改数据时要根据 id 号来确定修改哪一条记录。本例将表单的 action 属性设置为："servlet/ModifyUserInfoServlet? id=＜％=id ％＞"，这样 id 参数可通过 url 传递到 ModifyUserInfoServlet 中。另外也可以使用隐藏域来传递这个 id 参数：<input type="hidden" value=＜％=id％＞。

2. 编写后台的修改用户数据的 ModifyUserInfo.java

这个 Servlet 和注册 Servlet 基本一致，只需把调用方法改为修改方法 modifyUserInfo()

即可。

```java
public void doGet(HttpServletRequest request, HttpServletResponse response)
        throws ServletException, IOException {
    response.setContentType("text/html;charset=GBK");
    PrintWriter out=response.getWriter();
    UserInfo userInfo=new UserInfo();
    Map map=request.getParameterMap();
    try{
        BeanUtils.populate(userInfo, map);
    }catch(Exception e){
        e.printStackTrace();
    }
    out.print("您的姓名是:"+userInfo.getName());
    out.print("<br>您的密码是:"+userInfo.getPassword());
    out.print("<br>您的性别是:"+userInfo.getSex());
    out.print("<br>您的email是:"+userInfo.getEmail());
    UserManage usermanage=new UserManage();
    if(usermanage.modify(userInfo))
        out.print("<br><b>您的以上修改信息已存入数据库</b>");
    else out.print("<br><b>操作数据库失败!</b>");
    usermanage.closeConn();
}
```

程序说明：

在表单参数到 JavaBean 的自动映射中，如果出现类型不匹配时将自动转换，如参数 id，用 getParamater(id) 获取数据时为 String，而 UserInfo 的 id 为整型，自动映射时将把 id 参数从 String 转换为 int 型。

程序调用 modify(userinfo) 完成数据库的操作，这个方法将在下面介绍。

3. 修改数据的操作方法

修改用户数据的操作封装在 modify(UserInfo userInfo) 中。参数为存有修改数据的数据 Bean。本例采用预编译型的 PreparedStatement 接口，SQL 语句需要的 5 个参数均从数据 Bean 中获取。

```java
public boolean modify(UserInfo userInfo)
{
    boolean result=true;
    try{
        //修改的SQL语句,?为参数占位符
        String sql="update userinfo set name=?,password=?,sex=?,email=? where id=?";
        PreparedStatement stmt=conn.prepareStatement(sql);
                        //创建PreparedStatement
```

```java
            //下面分别为这 5 个参数?赋值
            stmt.setString(1, userInfo.getName());
            stmt.setString(2,userInfo.getPassword());
            stmt.setString(3, userInfo.getSex());
            stmt.setString(4,userInfo.getEmail());
            stmt.setInt(5,userInfo.getId());
            int i=stmt.executeUpdate();           //更新语句的返回值为更新的记录数
            if(i!=1) result=false;                //成功修改时为 1,不为 1 则不成功
            stmt.close();                         //关闭
        }catch(Exception e )
        {   e.printStackTrace();
            return(false);                        //有异常,执行失败
        }
        return result;
    }
```

7.3.7 删除数据

删除数据的业务相对简单。为了防止删除其他记录,一般是通过关键字参数来标记要删除的记录,在本例中通过用户 id 号来删除用户记录。删除的业务实现封装在 UserInfoManage 类的 delete(int id)中。代码如下:

```java
    public boolean delete(int id)
    {
        boolean result=false;
        try{
            String sql="delete from userinfo where id="+id ;   //删除的 SQL 语句
            Statement stmt=conn.createStatement();             //创建 Statement
            int i=stmt.executeUpdate(sql);                     //执行删除
            if(i==1) result=true;                              //正常 i=1
            stmt.close();                                      //使用完关闭
        }catch(Exception e )
        {   e.printStackTrace();
            return(false);                                     //有异常,执行失败
        }
        return result;
    }
```

程序说明:

本例采用 Statement 接口来实现删除操作。SQL 语句为:String sql="delete from userinfo where id="+id;是动态合成的 SQL 语句,是一种硬编码形式。在 SQL 语句中对于整数数据不用加单引号,而对于字符串数据要加单引号,这在动态合成 SQL 时要特别注意。如采用 PreparedStatement 接口可接收参数,并可指定类型,是一种较好的方式。参数较多时,采用硬编码形式容易出错。

第 7 章　JDBC 数据库编程与 Hibernate 技术　**265**

删除页面代码如下,其主要工作是接收参数,调用 JavaBean 的删除方法,最后显示删除成功与否的状态。

删除用户页面:deleteUser.jsp
```jsp
<%@page language="java" import="bean.*" pageEncoding="GBK"%>
<html>  <head><title>删除用户信息</title></head>
 <body>
    <%
        int id=Integer.parseInt(request.getParameter("id"));//获取参数
        UserManage usermanage=new UserManage();             //新建业务 Bean
        boolean result=usermanage.delete(id);               //调用删除业务方法
        if(result==true) out.print("删除成功!");             //根据结果输出信息
        else out.print("删除失败");
    %>
 </body>
</html>
```

程序说明:

本例没有加入权限的管理,读者可以把前面讲述的权限管理部分加入到本例中。

在用户分页显示列表页中,单击删除链接,将转到本页 deleteUser.jsp 完成删除。删除操作是一个不可逆操作,一般删除前要弹出确定框要求用户确定。弹出确定框或警告框是用 JavaScript 来实现的。这个弹出框应该在分页显示页面中完成,单击"删除"按钮立即弹出确定框,若取消则仍分页显示页面。修改分页显示页面的删除链接为:

```html
<a href="javascript:confirmDelete(<%=userinfo.getId() %>)">删除</a>
```

在页面中加入下面的代码:

```html
<SCRIPT language="javascript" type="text/javascript">
    function confirmDelete(id){
        if (window.confirm("您真的要彻底删除这个用户吗?")){
            window.location="deleteUser.jsp?id="+id;
        }
    }
</SCRIPT>
```

真实的删除页面是在确认框返回"真"时才给出的。上面的方法对于单击删除按钮进行删除是有效的提示,但对于直接在地址栏输入删除页的地址却无能为力。请读者想想,应如何解决这个问题?

7.4　事务处理

7.4.1　事务及处理事务的方法

事务是一些事件的集合,执行一条 SQL 可以理解成一个事件。事务被看成一个整体,是一个不可分割的部分,具有原子属性。事务中包含多个事件。每一个事件都执行成功的时候,事务才执行;如果有任何一个事件不能成功执行,则事务的其他事件也不被执行。事务处理有利于数据的完整性。

Connection 接口提供了事务处理的方法。主要涉及四个方法:

- boolean getAutoCommit()

获取自动提交的状态。

- void setAutoCommit(boolean autoCommit)throws SQLException

该方法用于设定 Connection 对象的自动提交模式。如果处于自动提交(true)模式,则每条 SQL 语句将作为一个事务运行并提交,否则所有 SQL 语句将作为一个事务,直到调用 commit()方法提交事务或调用 rollback 方法撤销事务为止。

- void commit() throws SQLException

该方法用于提交对数据库新增、删除或者修改记录的所有操作。

- void rollback() throws SQLException

该方法用于取消一个事物中对数据库新增、删除或者修改记录的操作,进行回滚操作。

7.4.2　事务处理的流程

事务处理的流程如下:

```
defaultCommit=conn.getAutoCommit();        //获取自动提交状态
conn.setAutoCommit(false);                 //禁止自动提交
try {
    stmt.executeUpdate(strSQL1);           //事件 1
    stmt.executeUpdate(strSQL2);           //事件 2
    conn.commit();                         //事务真正提交,执行
}
catch (Exception e) {
    conn.rollback();                       //如果有异常,则执行失败,进行回滚操作
}
conn.setAutoCommit(defaultCommit);         //复原初始提交状态
```

(1) 首先通过 getAutoCommit()得到原来事务提交的状态并保存,以便恢复。

(2) 设定自动提交为 false 状态,即禁止自动提交。

(3) 在 try{}块中尝试执行多个 SQL 语句,最后才通过 commit()方法提交,此时才真正执行。

(4) 如果在执行多个 SQL 语句过程中出现异常(失败),将在异常处理 catch (Exception e){}块中执行回滚 rollback()操作,从而保证事务的完整性。

(5) 最后恢复原来的提交状态。

下面通过一个例子说明事务处理的过程。

```
<%@page contentType="text/html;charset=GBK"%>
```

```
<%@page import="java.sql.*"%>
<%
Connection conn=null;
Statement stmt=null;
boolean defaultCommit=false;
String strSQL1="INSERT INTO grade(学号) VALUES(0009)";
String strSQL2="UPDATE grade SET 姓名='张三' WHERE 学号=0009";
try{
    Class.forName("sun.jdbc.odbc.JdbcOdbcDriver");
}
catch(ClassNotFoundException ce){
    out.println(ce.getMessage());
}
try {
    conn=DriverManager.getConnection("jdbc:odbc:grade");
    defaultCommit=conn.getAutoCommit();
    conn.setAutoCommit(false);
    stmt=conn.createStatement();
    stmt.executeUpdate(strSQL1);
    stmt.executeUpdate(strSQL2);
    conn.commit();
}
catch (Exception e) {
    conn.rollback();
}
try {
    conn.setAutoCommit(defaultCommit);
    if (stmt !=null) stmt.close();
    if (conn !=null) conn.close();
}catch(Exception e){
    out.print("不能正常关闭连接"+e);
}
%>
```

程序说明：

程序采用 JDBC-ODBC 桥访问数据源的方式来访问 Access 数据库，数据源要事先设定。当程序中要执行多条 SQL 语句，特别是这些 SQL 语句有关联时，一般要使用事务处理。比如在本例中，如果插入数据失败，那么后面就不可能对这条数据进行修改，因此这两句是一个事务。

7.5 数据库连接池

7.5.1 概述

在数据库连接池出现之前，每次数据库请求都需要建立一个数据库连接。对我们而言,通过 JDBC 连接数据库是再简单不过的事情;但对于 JDBC Driver 来说,连接数据库并非一件轻松的事。连接建立时,应用服务器和数据库服务器之间要交换若干次数据,如用户密码、权限等,然后数据库开始初始化连接会话句柄,记录联机日志,为此连接分配相应的处理进程和系统资源。如果只简单执行几个 SQL 语句,花费在建立连接、关闭连接上的时间将远大于执行 SQL 语句的时间。当访问数据的用户增加时,数据库将把绝大部分时间花费在建立连接、关闭连接的操作上,出现类似于操作系统的"颠簸"现象,系统将处于瘫痪状态。

数据库如此忙碌,如果我们只是简单扔过去两个 SQL 语句,然后就将此连接抛弃,实在可惜,而数据库连接池技术就可解决这个问题。

数据库连接池的基本思想就是为数据库连接建立一个缓冲池。预先在缓冲池中放入一定数量的连接,外部使用者可以通过 getConnection()方法获取连接,使用完毕之后再通过 releaseConnection()方法将连接返回。注意,此时连接并没有关闭,而是由连接池管理器回收,并为下一次使用做好准备。我们可以通过设定连接池的最大连接数来防止系统无限制地与数据库连接。更为重要的是:我们可以通过连接池的管理机制监视数据库连接的数量及使用情况,为系统开发、测试及性能调整提供依据。

数据库连接池技术具有下面的优势。

1. 资源重用

数据库连接池技术避免了频繁创建、释放连接引起的大量的性能开销。在减少系统消耗的基础上,另一方面也增强了系统运行环境的平稳性(减少了内存碎片以及数据库临时进程和线程的数量)。

2. 更快的系统响应速度

数据库连接池在初始化过程中往往已经创建了若干个数据库连接置于池中备用,此时连接的初始化工作均已经完成。对于业务请求处理而言,直接利用现有的可用连接,避免了数据初始化和释放过程的时间开销,从而缩减了系统整体的响应时间。

3. 新的资源分配手段

对于多应用共享同一个数据库的系统而言,可在应用层通过数据库连接池的配置,实现某一应用最大可用数据库连接数的限制,从而可避免某一个应用独占数据库资源的情况。

4. 统一的连接管理,避免数据库连接泄露。

在较为完备的数据连接池中,可根据预先的连接占用超时设定,强制收回被占用的连接,从而避免了常规数据库连接操作中可能出现的资源泄露现象。

7.5.2 通过 Tomcat 连接池连接数据库

在 JSP 环境中,一般通过数据源来使用连接池。一个数据源对象会被注册为 Web 服务器的一个 JNDI 资源,应用程序通过 JNDI 获得数据源对象,通过数据源对象取得数据库连接,连接池为数据源提供物理连接。数据源使应用程序和数据库连接之间为松耦合状态,它对应用程序屏蔽了数据库的具体实现和来源。如果运行环境或数据库连接来源发生了变化,则只需要重新配置同名数据源,应用程序不需要进行修改,仍然是通过同名的 JNDI 数据源取得数据库的连接。

1. 连接池的配置

Tomcat 使用 DBCP 组件来实现数据库连接池。下面以连接 MySQL 数据库为例介绍在 Tomcat 5.5 中配置数据库连接池的方法。

把数据库驱动包(mysql-connector-java-3.1.14-bin.jar)复制到％Tomcat-HOME％\common\lib 文件夹下;这样在 JSP 页面中使用数据库连接时,就可以使用 JDBC 驱动中提供的类和接口。

用文本编辑器打开 ％Tomcat-HOME％\conf\context.xml 文件,在＜Context＞＜/Context＞元素内部添加的数据源配置代码如下:

```xml
<Resource
    name="jdbc/DBPool"
    auth="Container"
    type="javax.sql.DataSource"
    username="root"
    password="root"
    maxActive="20"
    maxIdle="30"
    maxWait="1000"
    driverClassName="com.mysql.jdbc.Driver"
    url="jdbc:mysql://localhost:3306/userinfo"
/>
```

上述代码使用的属性说明如下。
- name:定义数据库连接的名称,通常取"jdbc/XXX"的格式。
- username:表示登录数据库时使用的用户名。
- password:数据库用户密码。
- maxActive:连接池的最大数据库连接数。设为 0 表示无限制。
- maxIdle:数据库连接的最大空闲时间。超过空闲时间,数据库连接将被标记为不可用,然后被释放。设为 0 表示无限制。
- maxWait:建立连接的最长等待时间。如果超过此时间将出现异常。设为-1 表示无限制。
- driveClassName:数据库驱动器的类。
- url:表示需要连接的数据库的地址和名称。

完成配置后,重启 Tomcat,使连接和数据源生效。

2. 连接池的使用

应用程序通过数据源取得数据库连接的基本过程是:利用上下文对象,根据 JNDI

名取得一个数据源对象,再通过数据源对象取得一个连接。

命名服务(Naming Service)是命名系统提供的服务功能,通过名字访问命名系统中的对象,对象名与对应的对象构成的集合叫对象上下文(Context)。例如,在文件命名系统中,一个目录是一个Context,其内容是文件名和对应文件的集合。JNDI的全称是Java命名和目录接口(Java Naming and Directory Interface)。它是由SUN提出的Java命名和目录访问接口,应用程序使用统一的API访问不同名字的目录服务。在Tomcat中,数据源被注册为一个JNDI资源,应用程序从JNDI系统中查找并获得数据源对象。

JNDI客户机通过java.naming包中的类和接口与JNDI系统进行交互。常用的类和接口有:

1) java.naming.Context接口

这个接口提供了lookup(String name)方法在JNDI上下文中查找一个命名对象。若找到,则返回一个Object类型的对象;若找不到,则返回null。

2) javal.naming.InitialContext类

这个类实现了Context接口,客户使用这个类与JNDI服务进行交互。客户可以使用代码Context ctx = new InitiaContext()创建一个InitialContext对象,并赋给一个Context的变量。然后再通过lookup()方法可以得到JNDI名字目录服务中某个对象的引用。

3) javax.sql.DataSource接口

数据源是一个和物理连接相关联的工厂类。为了使用DataSource对象,必须为之指定一个连接池,连接池为JNDI数据源提供物理连接。

下面把7.3节的用户管理系统改成使用连接池连接数据库。

(1) 定义连接池和数据源。按前面介绍的配置方法,配置数据源。

(2) 修改UerInfoManage类的连接数据库的方法。代码如下:

```java
import java.util.*;
import javax.naming.*;
import javax.sql.*;
public class UserManage {
    private Connection conn=null;
    //构造方法,构造时自动创建连接,存储在conn属性中
    public UserManage(){
        createConn();
    }
    //创建连接,存储在conn变量中。该方法被构造方法调用或被其他方法显式调用
    public boolean createConn(){
        if(conn==null)
        {
        try{
            javax.naming.Context ctx=new InitialContext();  //构建一个上下文对象
            //在上下文对象中查找指定的连接池资源(数据源),返回数据源对象
            DataSource ds=(DataSource)ctx.lookup("java:comp/env/jdbc/DBPool");
```

```
            conn=ds.getConnection();    //从数据源中获取连接
        }catch(Exception e)
        {    e.printStackTrace();
             return false;
        }
    }
    return true;
}
...
}
```

程序说明：

程序改动了三处，一是多导入一个包 javax.naming.*，这是 JDNI 所需要的。二是删除了连接数据库的四个字符串变量（使用连接池的这些参数在配置文件 context.xml 中设置）。三是改动了 creatConn()方法，使用如下代码从连接池获取连接。

```
javax.naming.Context ctx=new InitialContext();
DataSource ds=(DataSource)ctx.lookup("java:comp/env/jdbc/DBPool");
conn=ds.getConnection();
```

第 1 行：获取一个上下文对象。
第 2 行：通过上下文对象在 JNDI 中查找指定名字的数据源。
第 3 行：通过数据源获取一个池连接。

7.6　Hibernate 操作数据库

7.6.1　基本概念

1. 持久化

持久(Persistence)即把数据(如内存中的对象)保存到可永久保存的存储设备(如磁盘)中。持久化的主要应用是将内存中的数据存储在关系型的数据库中，当然也可以存储在磁盘文件、XML 数据文件中。持久化是为了解决对象型编程语言与关系型数据库之间的冲突，把对象转化为关系型的数据库的记录。

2. ORM

ORM 全称为 Object/Relational Mapping，即"对象/关系映射"。ORM 是一门非常实用的持久化技术，实现了 Java 应用中的对象到关系型数据库中表的自动的持久化，它使用元数据(meta data)描述对象与数据库之间的映射关系。

3. Hibernate

Hibernate 是一种对象/关系映射框架。这种框架为 Java 面向对象提供了易于使用的数据库持久化解决方案。Hibernate 将 Java 中的对象和对象的关系映射为关系型数据库中的表格与表格之间的关系,起到了 Java 应用和关系数据库之间的桥梁作用,它封装了 JDBC 访问数据库的操作,并向上层提供面向对象的数据库访问 API。现在越来越多的数据库应用系统开始尝试在数据库中添加 Hibernate 面向对象处理层。

7.6.2 Hibernate 的映射机制

1. 映射机制

Hibernate 是怎样把一个对象映射到关系型数据库中呢?其中涉及到三个参与者:POJO 对象、数据库表、映射文件。

POJO(Plain Ordinary Java Object)对象,又叫纯 Java 对象,如用户信息、订单等实体对象。它是需要持久化的对象,是用来与数据库表进行映射的文件。一个纯 Java 对象应该是符合 JavaBean 规范的对象,有一个默认的构造方法,每个属性对应 Getter 和 Setter 方法。最好提供一个标志属性(可选),如 ID,能唯一标志一个对象,可以简单理解为与数据库表对应的 JavaBean 对象。前面使用的 UserInfo.java 类对象就是 POJO 对象。

映射描述文件定义对象与数据库表的映射关系,一般采用 XML 文件来描述。在映象描述文件中,定义哪个类与哪个表对应,也描述了类中哪个属性对应表中哪个字段,并设定了它们的类型等因素。这里仍以我们前面一直使用的用户信息对象为例,下面是 UserInfo.java 类与 userinfo 表的映射文件 Userinfo.hbm.xml。

```xml
<?xml version="1.0" encoding="utf-8"?>
<!DOCTYPE hibernate-mapping PUBLIC "-//Hibernate/Hibernate Mapping DTD 3.0//EN"
"http://hibernate.sourceforge.net/hibernate-mapping-3.0.dtd">

<hibernate-mapping>
    <class name="orm.UserInfo" table="userinfo" catalog="userinfo">
        <id name="id" type="int">
            <column name="id" />
            <generator class="assigned" />
        </id>
        <property name="name" type="java.lang.String">
            <column name="name" length="10" not-null="true" />
        </property>
        <property name="password" type="java.lang.String">
            <column name="password" length="10" />
        </property>
        <property name="sex" type="java.lang.String">
            <column name="sex" length="2" />
        </property>
        <property name="email" type="java.lang.String">
            <column name="email" length="30" />
```

```
            </property>
        </class>
</hibernate-mapping>
```

说明:

前面三行是一个 XML 文件的说明。

<hibernate-mapping>与</hibernate-mapping>中的<class></class>间定义一个类与一个表的映射关系。其中的<id>标记定义了标志属性,与数据库表的关键字相对应,通过标记属性唯一确定一个对象。下面是 name、password、sex 和 email 的属性映射关系。<property>指类中的属性,<column>指数据库表的字段。

一个映射文件可以映射多个类和表的关系,但一般为每个类建立一个映射文件。

2. Hibernate 的体系结构

图 7-8 展示了 Hibernate 总体结构,Hibernate 借助映射文件把持久化对象映射到关系型数据库,这种映射不仅包含数据还包括对象间的关系,如组合关系、继承关系等。Hibernate 还提供了数据的查询和获取数据的方法,可以大幅减少开发过程中使用 SQL 和 JDBC 处理数据的时间。

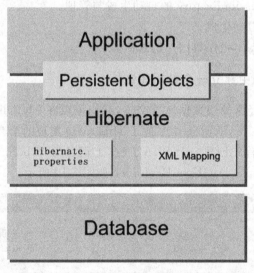

图 7-8 Hibernate 总体结构

图 7-9 是一个稍细化的体系结构,从该图中可以看出,应用程序主要与 Hibernate 的 Session 对象打交道,是通过 Session 对象来完成各种操作的,如映射、查询、事务管理等,这是我们学习 Hibernate 技术的重点。

7.6.3 Hibernate 的开发过程

在正式开始 Hibernate 的开发过程之前,首先应该准备好开发所需要的软件和开发环境。这里推荐使用 MyEclipse。MyEclipse 已集成了 Hibernate 插件,提供了强大的

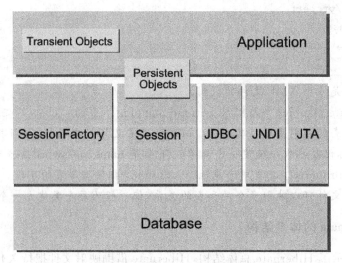

图 7-9 Hibernate 体系结构

Hibernate 图形化开发环境。其主要功能包括：

（1）Hibernate Config 编辑器的支持。

（2）Hibernate SessionFactory 的自动生成与管理。

（3）映射文件的自动生成。

下面介绍 Hibernate 操作数据库的流程。

1．在 MyEclipse 中建立一个数据库连接

在 Hibernate 中经常要跟数据库打交道，我们可以在 MyEclipse 中建立一个数据库连接，以方便使用。在 MyEclipse 中集成了 Hibernate 实现的全套工具，通过不同的视图可以实现各种操作。首先创建一个 Web 工程，工程名为 HibernateTest。然后切换到数据库连接视图 MyEclipse Database Explorer，如图 7-10 所示。

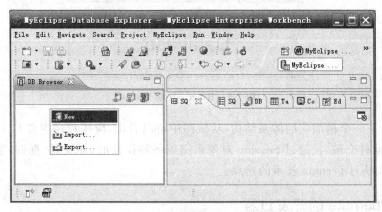

图 7-10 在数据库管理视图中建立一个数据库连接

在左边的"BD Browser"窗口中右击，在弹出的菜单中选择"New"新建一个连接。配置连接数据库的各项参数,如图 7-11 所示。配置好后单击 Finish 按钮即可。

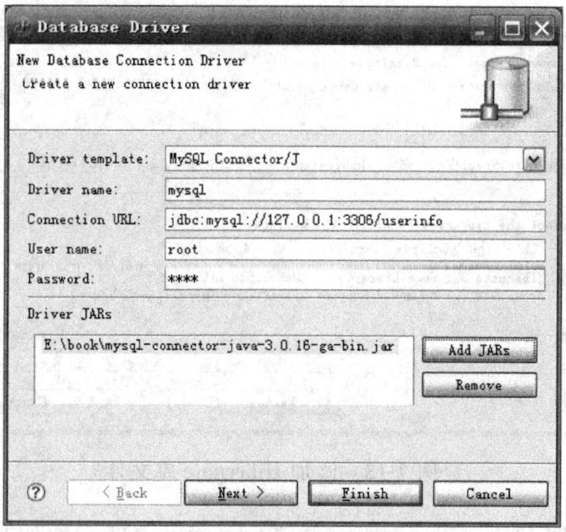

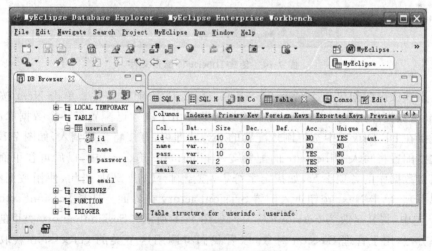

图 7-11 配置数据库连接

添加 Driver Jar 包,配置 URL、username、password 参数,其中 Driver name 是这个连接的名字,可自己定义,这里取名 mysql。最后单击 Finish 按钮建立了一个名字为 mysql 的连接。

右击 DB Browser 里刚建的 mysql 连接,在弹出的菜单中选择"Open Connection"可查看数据库的所有库和里面的表,并可进行查看、查询、修改等数据库操作,如图 7-12 所示。

图 7-12 数据库浏览视图

2. 为工程添加 Hibernate 框架

从菜单中选择 MyEclipse→Project Capabilities→Add Hibernate Capabilities,为

Web 工程添加 Hibernate 库文件，如图 7-13 所示。

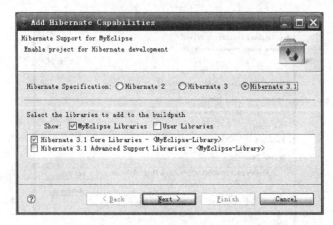

图 7-13 添加 Hibernate 库文件

采用默认选项，把 Hibernate 包加入工程中，单击 Next 按钮进入创建 Hibernate 配置文件的界面，如图 7-14 所示。

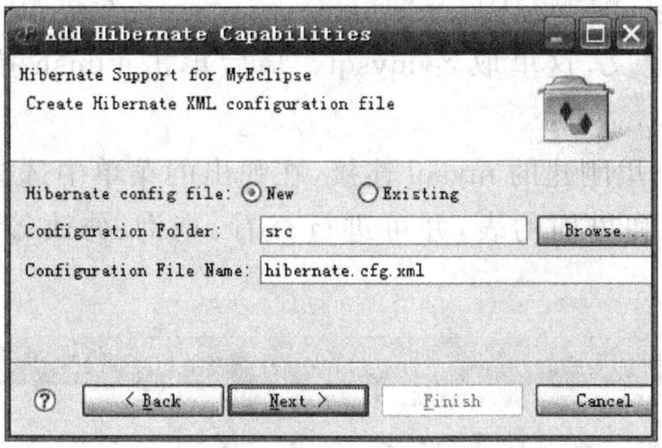

图 7-14 创建 Hibernate 配置文件

采用默认设置创建一个名为 hibernate.cfg.xml 的配置文件。单击 Next 按钮进入 Hibernate 数据库连接配置界面，配置连接参数。由于刚才已配置好一个数据库的连接，因此直接在 DB Driver 中选择刚才配置的 mysql 即可，直接将参数调入，如图 7-15 所示。

这些配置将写入 Hibernate 的配置文件 hibernate.cfg.xml 中，以后可在里面修改或添加连接数据库的各项参数（如指定字符集，在控制台输出 SQL 语句，使用数据源，配置连接池等）。单击 Next 按钮进入配置 SessionFactory 类界面。选择 SessionFactory 放入 factory 包中，将其名改为 SessionFactory，如图 7-16 所示。SessionFactory 类里的方法均为静态方法，用于管理 Session 对象，以后我们将调用这个类的 getSession 获取重要的 Session 对象。

单击 Finish 按钮，完成配置，将显示配置文件里的内容，可以看看向导帮助我们加了些什么内容。MyEclipse 实际上做了如下工作：

(1) 为 Web 工程添加 Hibernate 配置文件 hibernate.cfg.xml。

(2) 为 Web 工程添加 Hibernate 核心库。

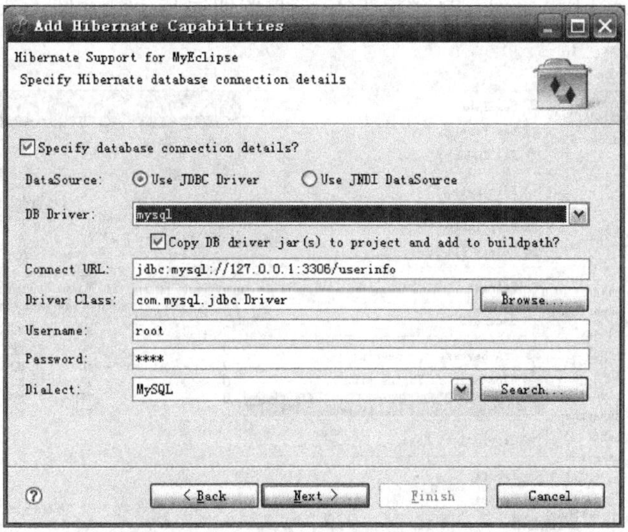

第章 JDBC 数据库编程与 Hibernate 技术　277

图 7-15　配置 Hibernate 数据库连接

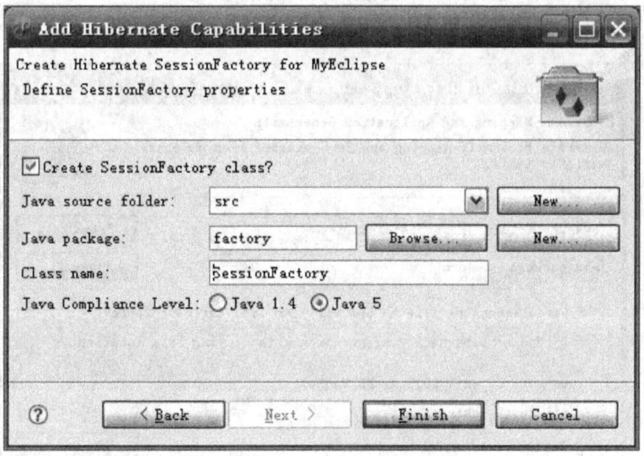

图 7-16　创建 Session 管理类

(3) 建立了管理 Session 对象的 SessionFactory 类。

3. 创建 ORM

下面将建立对象与关系的映射,主要是建立映射文件,在 MyEclipse 中提供了这个工具,可帮助我们完成一个数据表到一个对象的映射关系,自动建立 POLO 类(JavaBean)和映射文件。

切换到 DB Browser 视图,打开连接,找到要映射的数据库中的表,这里是 userinfo 库的 userinfo 表。在该表上右击,在弹出的菜单选择"Hibernate Reverse Engineering",如图 7-17 所示。

在图 7-18 中,在 Hibernate mapping file 和 Java Data Object(POJO<>DB Table)两选项前勾选,自动创建与数据库表 userinfo 对应的 POJO JavaBean 的 Userinfo.java 和

映射文件 userinfo.hbm.xml。直接单击 Finish 按钮完成 userinfo 与 Userinfo.java 类的对象的映射。

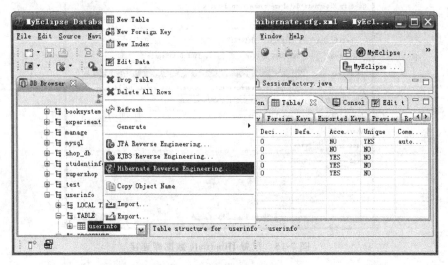

图 7-17　从数据库视图创建 ORM

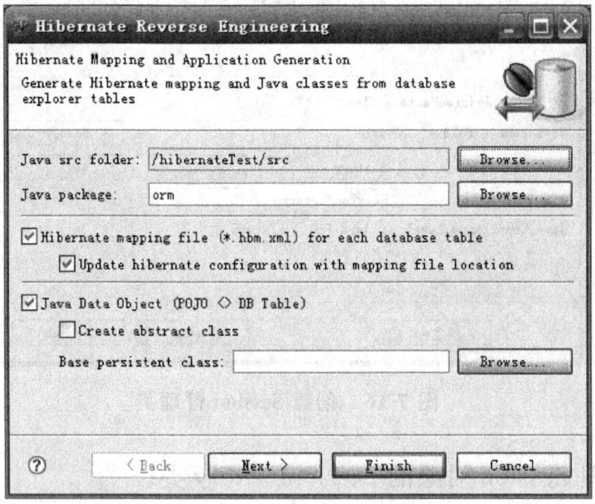

图 7-18　自动创建映射文件和 POJO

MyEclipse 自动建立的四个文件如图 7-19 所示,分别是 Hibernate 配置文件 hibernate.cfg.xml,该图中主工作区显示了其内容;userinfo 表的映射文件 Userinfo.hbm.xml;JavaBean 文件 Userinfo.java 以及 Session 管理类文件 SessionFactory.java。

7.6.4　使用 Hibernate 操作数据库

使用 Hibernate 操作数据库主要是通过 Session 接口来完成的。Session 接口封装了对象的持久化操作:保存(save)操作,更新 update 操作,保存、更新 savaOrUpdate 操作和删除 delete 操作等。Session 接口也提供了强大的查询功能,它使用 HQL 语言进行查

第 7 章 JDBC 数据库编程与 Hibernate 技术

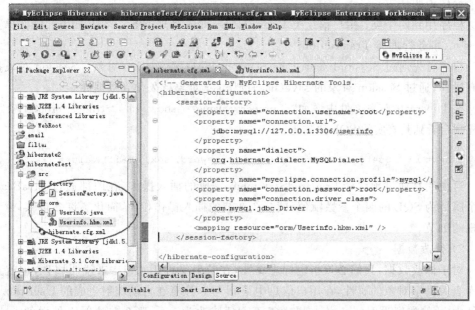

图 7-19 Hibernate 自动创建的文件及内容

询,查询结果封装在 List 对象中,通过 List 对象的接口获取对象数据。Session 接口还封装了事务处理过程,让事务处理变得非常简单。

1. 持久化操作

1) 保存(插入)数据

保存操作就是把 POJO 对象保存到对应的数据库表中,下面是添加用户信息的例子。

文件名:**add.jsp**

```jsp
<%@page language="java"  pageEncoding="GBK"%>
<%@page import="orm.Userinfo"%>
<%@page import="factory.SessionFactory" %>
<%@page import="org.hibernate.Session;"%>
<%
    Session s=SessionFactory.getSession();              //获取工作单元对象
    org.hibernate.Transaction  t=s.beginTransaction();  //事务开始
    Userinfo user=new Userinfo();                       //创建一个用户,并赋值
    user.setName("hibernate1");
    user.setPassword("123456");
    user.setSex("男");
    user.setEmail("web@sina.com");
    s.save(user);                                       //保存
    t.commit();                                         //事务提交
    s.close();                                          //会话关闭
%>
```

程序说明：

程序用到四个类：用户信息类 Userinfo、Session 管理类 SessionFactory、操作单元类 Session、事务管理类 Transaction。

程序首先通过 SessionFacotry.getSession()获取了 Session 对象。Session 对象接管所有操作，通过 Session 对象的 save(user)把 user 对象持久化到数据库。

在 Hibernate 配置文件中增加"<property name="show_sql">true</property>"，可在控制台看到其真实的 SQL 语句为：

```
insert into userinfo.userinfo (name, password, sex, email) values (?,?,?,?)
```

这说明是通过预编译 PreparedStatement 完成的插入操作，在内部通过 JavaBean 的四个属性为 SQL 的四个参数赋值，同 7.3.3 节的插入操作相比，简化了许多步骤，封装了实现的细节。

2）修改数据

对于修改数据，我们必须指定标志属性，在映射文件用<id>来说明属性，也就是数据库表关键字对象的属性，在用户信息中是 id 号。注意在自动映射生成的 Userinfo.java 文件中 id 的类型为 Integer。如果觉得不方便或改为 int，那么在映射文件中的 type 属性也要相应修改。

文件名：update.jsp

```
<%@page language="java"  pageEncoding="GBK"%>
<%@page import="orm.Userinfo"%>
<%@page import="factory.SessionFactory" %>
<%@page import="org.hibernate.Session;"%>
<%
    Session s=SessionFactory.getSession();              //获取工作单元对象
    org.hibernate.Transaction  t=s.beginTransaction();  //事务开始
    Userinfo user=new Userinfo();                       //创建 POLO 对象
    user.setId(new Integer(10));                        //设置标志属性
    user.setName("web3");                               //设置普通属性
    user.setPassword("123456");
    user.setSex("男");
    user.setEmail("guo@sina.com");
    s.saveOrUpdate(user);                               //插入或更新
    t.commit();                                         //事务提交
    s.close();                                          //会话关闭
%>
```

程序说明：

参考注释理解程序的执行。saveOrUpdate(user)的功能是把 JOLO 对象更新到指定 id 的记录中，控制台输出的 SQL 为：

```
update userinfo.userinfo set name=?, password=?, sex=?, email=? where id=?
```

如果没有指定标记属性 id 的值,则为保存(插入)操作。

3) 删除数据

删除操作和更新操作一样也要指定标志属性 id 的值,其核心代码如下:

```
Session s=SessionFactory.getSession();
org.hibernate.Transaction t=s.beginTransaction();   //事务开始
Userinfo user=new Userinfo();
user.setId(new Integer(9));                          //设置标志属性
s.delete(user);                                      //删除
t.commit();                                          //事务提交
s.close();                                           //会话关闭
```

2. 查询操作

1) Hibernate 查询的使用

Hibernate 的查询功能非常强大,可通过 Session 对象的 CreateQuery(sql)方法创建查询 Query 对象。Query 的 list()表示执行一个查询,并返回一个 List 对象。数据存在 List 对象中,List 中的数据一般通过迭代方法获取具体某一对象。Hibernate 查询使用 HQL 语言。HQL 语言与 SQL 类似,主要有 from 语句、select 语句、where 子句、group by 子句。下面的例子使用了 from 语句。

文件名:select.jsp

```
<%@page language="java" import="java.util.*" pageEncoding="GBK"%>
<%@page import="orm.Userinfo,factory.SessionFactory"%>
<%@page import="org.hibernate.Session,org.hibernate.Query"%>
<%
    Session s=SessionFactory.getSession();              //获取 session
    Query q=s.createQuery("from Userinfo ");            //使用 from 语句,创建查询
    List  list=q.list();                                //执行查询
    s.close();                                          //session 关闭
    for(Iterator it=list.iterator();it.hasNext();)      //使用迭代,控制循环
    {
        Userinfo user=(Userinfo) it.next();             //获取一个数据
        out.print(user.getId()+"  ");         //输出 id
        out.print(user.getName()+"  ");       //输出姓名
        out.print(user.getPassword()+"  ");   //输出密码
        out.print(user.getSex()+"  ");        //输出性别
        out.print(user.getEmail()+"<br>");              //输出 Email
    }
%>
```

2) HQL 简介

HQL(Hibernate Query Language)提供了丰富和灵活的查询特性,是 Hibernate 官方推荐的标准查询方式。它提供了类似标准 SQL 语句的查询方式,同时也提供了更加

面向对象的封装。完整的 HQL 语句形式如下：

```
Select/update/delete... from... where... group by... having... order by...
asc/desc
```

其中的 update/delete 为 Hibernate3 新添加的功能。

(1) 实体查询

实体查询是指查询的结果是实体对象，与数据库表的一条记录对应。如用户信息 Userinfo 对象，直接使用 from 子句进行查询：

```
List list=session.CreateQuery("from User user").list();
```

上面代码的执行结果是，查询出 User 实体对象对应的所有数据，将数据封装成 User 实体对象，并且放入 List 中返回。

因为 Hibernate Query Language 语句与标准 SQL 语句相似，所以也可以在 HQL 语句中使用 where 子句，并且可以在 where 子句中使用各种表达式、比较操作符以及 "and"、"or" 连接不同查询条件的组合。请看下面的一些简单的例子：

- `from userinfo where sex='男';`   //查询性别为男的用户信息
- `from userinfo where  id between 20 and 30;`   //查询 id 范围为 10~20 的用户信息
- `from userinfo user where user.name is null;`   //查询用户名为空的用户
- `from userinfo user where user.name like '%zx%';`   //查询用户名含有"zx"的用户

(2) 实体的更新和删除

这是 Hibernate3 新加入的功能，在 Hibernate2 中是不具备的。比如在 Hibernate2 中，如果想将数据库中所有 18 岁的用户的年龄全部改为 20 岁，那么要首先将 18 岁的用户检索出来，然后将其年龄修改为 20 岁，最后调用 Session.update() 语句更新。在 Hibernate3 中对这个问题提供了更加灵活和更具效率的解决办法，如下面的代码：

```
Transaction trans=session.beginTransaction();
String hql="update userinfo user set user.age=20 where user.age=18";
Query queryupdate=session.createQuery(hql);
int ret=queryupdate.executeUpdate();
trans.commit();
```

通过这种方式，可以在 Hibernate3 中一次性完成批量数据的更新，对性能的提高相当可观。同样也可以通过类似的方式来完成 delete 操作，如下面的代码：

```
Transaction trans=session.beginTransaction();
String hql="delete from userinfo user where user.age=18";
Query queryupdate=session.createQuery(hql);
int ret=queryupdate.executeUpdate();
trans.commit();
```

(3) 属性查询

检索数据时，有时不需要获得实体对象所对应的全部数据，而只需要检索实体对象

的部分属性所对应的数据。这时候就可以利用 HQL 属性查询技术,如下面程序示例:

```
List list=session.createQuery("select user.name from userinfo user ").list();
for(int i=0;i<list.size();i++){
System.out.println(list.get(i));
}
```

我们只检索了 Userinfo 实体的 name 属性对应的数据,此时返回的包含结果集的 list 中每个条目都是 String 类型的 name 属性对应的数据。我们也可以一次检索多个属性,如下面程序示例:

```
List list = session.createQuery ("select user.name,user.age from userinfo user").list();
for(int i=0;i<list.size();i++){
    Object[] obj=(Object[])list.get(i);
    System.out.println(obj[0]);
    System.out.println(obj[1]);
}
```

此时返回的结果集 list 中,所包含的每个条目都是 Object[]类型,其中包含对应的属性数据值。作为当今深受面向对象思想影响的开发人员,可能会觉得上面返回的 Object[]不符合面向对象的风格,这时可以利用 HQL 提供的动态构造实例的功能对这些平面数据进行封装,如下面的程序代码:

```
List list = session.createQuery ("select user.name,user.age from userinfo user").list();
for(int i=0;i<list.size();i++){
    Userinfo user=(Userinfo)list.get(i);
    System.out.println(user.getName());
    System.out.println(user.getAge());
}
```

这里通过动态构造实例对象,对返回结果进行了封装,使程序更加符合面向对象的风格,但是这里有一个问题必须注意,那就是这时所返回的 Userinfo 对象只是一个普通的 Java 对象而已,除了查询结果值之外,其他的属性值都为 null(包括主键值 id)。也就是说不能通过 Session 对象对此对象执行持久化的更新操作,如下面的代码:

```
List list=session.createQuery("select  user.name,user.age  from userinfo user").list();
for(int i=0;i<list.size();i++){
Userinfo user=(Userinfo)list.get(i);
user.setName("gam");
session.saveOrUpdate(user);
```

这里将会实际执行一个 save 操作,而不会执行 update 操作,因为这个 User 对象的 id 属性为 null,Hibernate 会把它作为一个自由对象,因此会对它执行 save 操作。

(4) 分组与排序

① Order by 子句

与 SQL 语句相似，HQL 查询也可以通过 order by 子句对查询结果集进行排序，并且可以通过 asc 或者 desc 关键字指定排序方式，如下面的代码：

```
from userinfo user order by user.name asc,user.age desc;
```

上面的 HQL 查询语句会以 name 属性进行升序排序，以 age 属性进行降序排序，而且与 SQL 语句一样，默认的排序方式为 asc，即升序排序。

② Group by 子句与统计查询

在 HQL 语句中同样支持使用 group by 子句分组查询，还支持 group by 子句结合聚集函数的分组统计查询，大部分标准的 SQL 聚集函数都可以在 HQL 语句中使用，比如：count()、sum()、max()、min()、avg()等。如下面的程序代码：

```
String hql="select count(user),user.age from userinfo user
        group by user.age having count(user)>10";
List list=session.createQuery(hql).list();
```

(5) 参数绑定

Hibernate 中对动态查询参数绑定提供了丰富的支持，那么什么是查询参数动态绑定呢？其实如果熟悉传统的 JDBC 编程，就不难理解查询参数动态绑定。如下代码是传统 JDBC 的参数绑定：

```
PrepareStatement pre=conn.prepareStatement("select * from userinfo where user.name=?");
pre.setString(1,"zhaoxin");
ResultSet rs=pre.executeQuery();
```

在 Hibernate 中也提供了类似这种查询参数绑定的功能，而且在 Hibernate 中对这个功能还提供了比传统 JDBC 操作丰富得多的特性。在 Hibernate 中共存在 4 种参数绑定的方式，下面将分别介绍。

① 按参数名称绑定

在 HQL 语句中定义命名参数要用"：" 开头，形式如下：

```
Query query=session.createQuery("from userinfo user
where user.name=:customername and user.age=:customerage ");
query.setString("customername",name);
query.setInteger("customerage",age);
```

上面代码中用 :customername 和 :customerage 分别定义了命名参数 customername 和 customerage，然后用 Query 接口的 setXXX() 方法设定名参数值。setXXX() 方法包含两个参数，分别是命名参数名称和命名参数实际值。

② 按参数位置绑定

在 HQL 查询语句中用"?"来定义参数位置，形式如下：

```
Query query=session.createQuery("from userinfo user where user.name=? and
user.age=?");
query.setString(0,name);   //注意这里参数索引是从"0"开始的
query.setInteger(1,age);
```

同样使用setXXX()方法设定绑定参数,只不过这时setXXX()方法的第一个参数代表绑定参数在HQL语句中出现的位置编号(由0开始编号),第二个参数仍然代表参数的实际值。

注意:在实际开发中,提倡按名称绑定命名参数,因为这不但可以提高程序的可读性,而且也提高了程序的易维护性,因为当查询参数的位置发生改变时,按名称绑定参数的方式是不需要调整程序代码的。

③ setParameter()方法

在Hibernate的HQL查询中可以通过setParameter()方法绑定任意类型的参数。例如:

```
String hql="from userinfo user where user.name=:customername ";
Query query=session.createQuery(hql);
query.setParameter("customername",name,Hibernate.STRING);
```

如上面代码所示,setParameter()方法包含三个参数,分别是命名参数名称、命名参数实际值以及命名参数映射类型。对于某些参数类型,setParameter()方法可以根据参数值的Java类型猜测出对应的映射类型,因此这时不需要显示映射类型。像上面的例子,可以直接这样写:

```
query.setParameter("customername",name);
```

但是对于一些类型就必须写明映射类型,比如java.util.Date类型,因为它会对应Hibernate的多种映射类型,比如Hibernate.DATA或者Hibernate.TIMESTAMP。

④ setProperties()方法

在Hibernate中可以使用setProperties()方法,将命名参数与一个对象的属性值绑定在一起,如下面的程序代码:

```
Customer customer=new Customer();
customer.setName("pansl");
customer.setAge(80);
Query query=session.createQuery("from Customer c where c.name=:name and c.age
=:age ");
query.setProperties(customer);
```

setProperties()方法会自动将customer对象实例的属性值匹配到命名参数上,但是要求命名参数名称必须要与实体对象相应的属性同名。

为什么要使用绑定命名参数?任何一个事物的存在都是有其价值的。对于HQL查询来说,绑定命名参数主要有以下两个主要优势:

- 可以利用数据库实施性能优化

Hibernate 在底层使用 PrepareStatement 完成查询,因此对于语法相同参数不同的 SQL 语句,可以充分利用预编译 SQL 语句缓存,从而提高查询效率。

- 可以防止 SQL 注入安全漏洞

SQL Injection 是一种专门针对 SQL 语句拼装的攻击方式。比如对于常见的用户登录,用户在登录界面上输入用户名和口令,这时登录验证程序可能会生成如下的 HQL 语句:

```
from userinfo user where user.name='"+name+"' and user.password='"+password+"'
```

这个 HQL 语句从逻辑上来说是没有任何问题的,这个登录验证功能在一般情况下也是会正确完成的,但是如果登录时在用户名中输入 zhaoxin' or 'x'='x,这时如果使用简单的 HQL 语句的字符串拼装,就会生成如下 HQL 语句:

```
from userinfo user where user.name='zhaoxin' or 'x'='x' and user.password='admin';
```

显然这条 HQL 语句的 where 子句将会永远为真,而使用户口令的作用失去意义,这就是 SQL Injection 攻击的基本原理。

使用绑定参数方式就可以妥善处理这个问题。当使用绑定参数时,会得到下面的 HQL 语句:

```
from userinfo user where user.name='zhaoxin'' or ''x''=''''x''' and user.password='admin';
```

由此可见使用绑定参数会将用户名中输入的单引号解析成字符串(如果想在字符串中包含单引号,应使用重复单引号形式),所以参数绑定能够有效防止 SQL Injection 安全漏洞。

7.7 实验指导

1. 实验目的

(1) 掌握 JDBC 访问数据库的一般步骤。
(2) 掌握 JDBC 连接各类数据库的配置方法。
(3) 掌握 Connection、Statement、PrepareStatement 和 ResultSet 四个类的主要方法。
(4) 掌握 JDBC 对数据库增加、删除、修改和查询等常用操作。
(5) 会编写使用 JDBC 访问数据库的 JavaBean。
(6) 掌握分页显示技术。
(7) 掌握 JDBC 事务处理机制。
(8) 掌握连接池技术。
(9) 了解 Hibernate 的 ORM 机制,会使用 Hibernate 操作数据库。

2. 实验内容

（1）创建一个数据库 newsdb，创建用户信息表、信息（新闻）表（与前面的 JavaBean 的属性相对应，注意类型的选择）。

（2）创建一个通用的访问数据库的 JavaBean，或把创建连接 createConn()、关闭连接的 closeConn() 方法写到新闻管理业务 Bean 中。

（3）实现上一章实验的用户管理 UserManage.java 中的各个方法，比如登录验证。

（4）完善登录模块。修改第 4 章实验的登录 Servlet(LoginServlet.java)，改为数据库权限验证。

（5）实现上一章实验的新闻信息管理 Bean：NewsManage.java 中的各个方法，比如信息/新闻发布、某一信息/新闻查询、信息/新闻分页查询、删除信息/新闻、修改信息/新闻等方法。

（6）完善新闻发布模块。参考 7.3.3 节，修改第 5 章实验的新闻信息发布 NewsPublish.java，使其调用新闻管理 Bean 的 publish() 方法，写入数据库。

（7）完善新闻阅读模块。参考 7.3.4 节的相关内容，修改第 5 章实验的 showNews.jsp 网页，实现从数据库中读取网页内容。

（8）编写新闻按栏目分页显示模块。参考 7.3.5 节"分页显示数据"的相关内容，编写一个新闻按栏目分页显示的页面：newsList.jsp。

（9）编写新闻删除页面。参考 7.3.6 节实现新闻信息的删除。

（10）配置 Tomcat 自带的连接池，并修改访问数据库的 Bean 或信息/新闻管理业务 Bean 中创建连接的方法 createConn()，使之能调用连接池。（选做）

3. 实验仪器及耗材

计算机，Dreamweaver 8、MyEclipse 等软件。

4. 实验步骤

1) 数据库的设计

有关 MySQL 数据库的安装，请参阅 2.4 节的相关内容。对于数据库的设计，可利用 MySQL 可视化工具，如 MySQL Administrator 或 Navcat for MySQL。有关可视化工具，请任选一个自行下载和安装。安装后，打开软件输入用户名和密码，进入管理界面，创建一个数据库 newsDB。

在信息/新闻管理系统中主要涉及两个对象：一个是用户 User，另一个是信息/新闻 News。上一章的实验已经设计了两个类：User.java 和 News.java，里面已封装了用户信息和新闻信息。这两个对象信息要保存（持久化）到数据库中，因此应设计两个对应的数据库表。字段名与类的属性名对应，字段类型与属性类型一致或兼容。需要说明的是：用户的角色 role 分为管理员 admin 和普通用户 normal 两类。

下面以 Navcat for MySQL 为例说明 news 表的设计，如图 7-20 所示。这里需要特别指出的是 id 属性设置为关键字，不允许为空，并且设置为"自动递增"，这样以后在插入新闻信息时不用指定 id,而是自动产生 id。

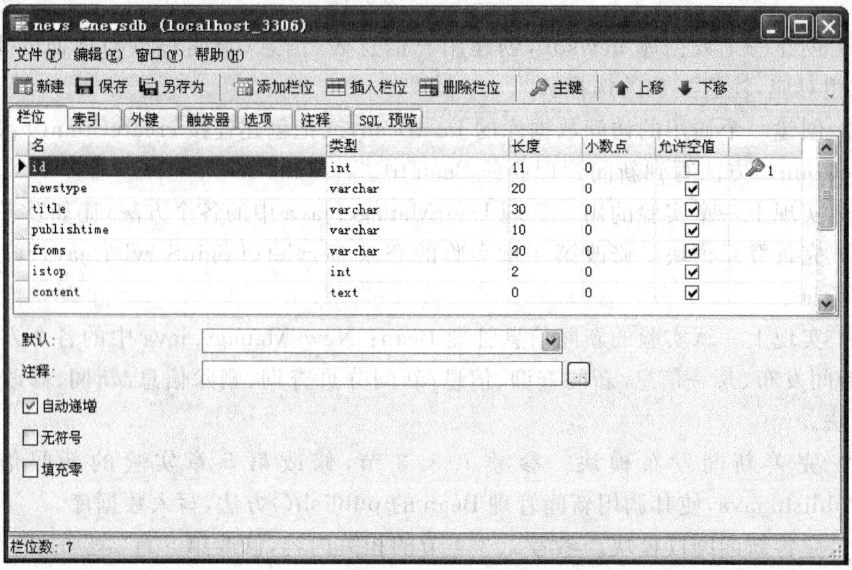

图 7-20 新闻信息表(news)的设计界面图

2) 设计通用的连接数据库的 JavaBean,供各个业务模块调用

在任何一个系统中,均需大量访问数据库,而访问数据库的流程基本一致,只是执行的 SQL 语句不同而已,因此可以设计一个通用的数据库访问 JavaBean,封装数据库访问的必要的步骤(如加载驱动,连接数据库,异常处理等),对外提供必要的接口,如查询接口、更新接口和关闭连接的接口等。这个通用的数据库访问组件 Conn.java 的主要代码如下:

```java
import java.sql.*;
public class Conn {
    private static String driverName="com.mysql.jdbc.Driver";
    private static String dbURL="jdbc:mysql://localhost:3306/NewsDB ";
    private static String user="root";
    private static String password="root";
    public Connection conn=null;
    public Statement stmt=null;
    public ResultSet rs=null;
    //获取数据库的连接(静态方法)
    public static Connection  getConnection(){
        Connection conn=null;
        try{
            Class.forName(driverName);
            conn=DriverManager.getConnection(dbURL,user,password);
        }
        catch(Exception e)
```

```java
            {    e.printStackTrace();     }
            return conn;
    }
//查询接口（封装了连接数据库、创建Statement对象、查询、异常处理等步骤）
    public ResultSet executeQuery(String sql){
        try{
            conn=getConnection();
            stmt=conn.createStatement(
            ResultSet.TYPE_SCROLL_INSENSITIVE,ResultSet.CONCUR_READ_ONLY);
            rs=stmt.executeQuery(sql);
        }catch(SQLException e)
            {    System.err.print(e.getMessage());    }
        return rs;
    }
//查询接口（封装了连接数据库、创建Statement对象、更新、异常处理等步骤）
    public int executeUpdate(String sql){
        int result=0;
        try{
            conn=getConnection();
            stmt=conn.createStatement();
            result=stmt.executeUpdate(sql);
        }catch(SQLException e){
            System.err.print(e.getMessage());
        }
        return result;
    }
//关闭连接,这个方法应在连接不再需要时调用,释放连接资源
    public void close(){
        try{
            if(rs!=null) rs.close();
            if(stmt!=null) stmt.close();
            if(conn!=null) conn.close();
        }catch(Exception e)
        {e.printStackTrace(System.err);}
    }
}
```

需要说明的是：这个 JavaBean 只是对 Statement 接口重新封装，并没有对 PreparedStatement 接口重新封装。如果要使用 PreparedStatement 接口进行操作，可先调用本类的静态方法 Conn.getConnection() 获取连接，然后再按常规方法进行后续操作。

3) 实现上一章实验的用户管理 UserManage.java 中的各个方法（比如登录验证）
登录方法的实现代码为：

```java
public boolean login(String userName, String password, String role)   {//用户登录
    boolean result=false;
    Conn conn=new Conn();                          //新建连接
    //合成登录验证的SQL语句
    String sql="select * from user where username='"+userName+
              "' and password='"+password+"' and role='"+role+"'";
    ResultSet rs=conn.executeQuery(sql);           //执行查询
    try{
        if(rs.next()) result=true;                 //有数据,验证通过
        conn.close();                              //关闭连接
    }catch(Exception e){
        e.printStackTrace();   return false;       //有异常,失败
    }
    return result;                                 //返回结果
}
```

4）完善登录模块

修改第4章实验的登录Servlet（LoginServlet.java），改为数据库权限验证。核心代码如下，其中黑体部分是本次实验改动的地方。

```java
String userName=request.getParameter("userName");
String password=request.getParameter("password");
UserManage userM=new UserManage();
if(userM.login(userName, password, "admin")){
    request.getSession().setAttribute("userName", userName);
    request.getSession().setAttribute("role","admin");
    response.sendRedirect("news_publish.jsp");
}else    request.getRequestDispatcher("admin_login.jsp").include(request, response);
```

5）实现新闻管理业务Bean中的各个模块如（新闻发布、新闻列表、新闻阅读，新闻修改、新闻删除等数据库访问）

（1）新闻发布业务的实现

```java
/**
 * 功能:新闻发布,把新闻对象写入数据库
 * @param News,新闻对象
 * @return boolean,发布结果
 */
public boolean publish(News news)
{
    boolean result=false;
    //插入新闻信息的SQL语句,有6个参数占位符?
    String sql="insert into news(title,froms,publishtime,content,istop, newstype) value(?,?,?,?,?,?)";
```

```java
        Connection conn=Conn.getConnection();              //获取连接
        try{
            PreparedStatement pst=conn.prepareStatement(sql);  //创建声明对象
            pst.setString(1, news.getTitle());              //为 6 个参数?传值
            pst.setString(2,news.getFroms());
            pst.setString(3,news.getPublishTime());
            pst.setString(4,news.getContent());
            pst.setBoolean(5, news.isTop());
            pst.setString(6, news.getNewsType());
            int i=pst.executeUpdate();                      //执行
            if(i==1) result=true;                           //i 为 1,执行成功
            pst.close();                                    //关闭声明
            conn.close();                                   //关闭连接
        }catch(SQLException e ){e.printStackTrace();}
        return result;                                      //返回结果
}
```

(2) 新闻阅读业务,根据 id 读取信息

```java
/**
 * 功能:根据 Id 读取新闻信息
 * @param id
 * @return News:新闻信息的 JavaBean
 */
public News getNewsById(int id)
{
    News news=null;
    String sql="select * from news where id="+id;  //sql 语句
    Conn conn=new Conn();                          //创建访问数据库的 JavaBean
    ResultSet rs=conn.executeQuery(sql);           //调用查询接口进行查询
    try {
        if(rs.next()){                             //如果不为空,则转存在 news 对象中
            news=new News();
            news.setId(rs.getInt("id"));
            news.setNewsType(rs.getString("newstype"));
            news.setTitle(rs.getString("title"));
            news.setFroms(rs.getString("froms"));
            news.setPublishTime(rs.getString("publishtime"));
            news.setContent(rs.getString("content"));
            news.setTop(rs.getBoolean("istop"));
        }
    } catch (SQLException e) {
        e.printStackTrace();
    }
    finally{
```

```java
        conn.close();                                    //关闭连接
    }
    return news;                                         //返回新闻信息
}
```

(3) 新闻信息按栏目分页查询业务

```java
/**
 * 功能:新闻的分页阅读,根据页面 id 和页面大小来获取新闻信息
 * @param newsType: 新闻信息的类别(栏目)
 * @param pageid: 页面 id
 * @param pagesize: 页面大小,每页显示的新闻数目
 * @return ArrayList<News>: 新闻信息线性表(集合)
 */
public java.util.ArrayList<News> getNewsByTypeAndPage(String newsType, int pageid, int pagesize)
{
    ArrayList<News> newslist=null;
    News news=null;
    Conn conn=new Conn();                                //新建连接
//合成 SQL 语句,采用 limit 语句实现分页查询
String sql="select * from news where newstype="+newsType+" limit "+(pageid-1)*pagesize+","+pagesize;
    try{
        ResultSet rs=conn.executeQuery(sql);             //执行查询
        newslist=new ArrayList<News>();                  //构建一个线性表
        while(rs.next()) {                               //当还有数据
            news=new News();                             //新建一个新闻对象
            //从当前记录获取数据为新闻对象属性赋值
            news.setTop(rs.getBoolean("istop"));
            news.setId(rs.getInt("id"));
            news.setNewsType(rs.getString("newstype"));
            news.setTitle(rs.getString("title"));
            news.setFroms(rs.getString("froms"));
            news.setPublishTime(rs.getString("publishtime"));
            news.setContent(rs.getString("content"));
            newslist.add(news);
        }
        conn.close();                                    //关闭连接
    }
    catch(Exception e)                                   //异常处理
    {   e.printStackTrace();
        return null;
    }
    return newslist;                                     //返回数据表
}
```

(4) 删除新闻信息

```java
/**
 * 根据id删除用户信息
 * @param id:新闻id
 * @return::删除结果
 */
public boolean delete(int id)
{
    String sql="delete * from news where id="+id;    //SQL 语句合成
    Conn conn=new Conn();                             //创建连接
    int i=conn.executeUpdate(sql);                    //执行删除
    if(i==1) return true;                             //成功
    else return false;                                //失败
}
```

(5) 修改新闻信息

修改新闻信息与新闻信息发布的实现很相似,只是 SQL 语句不同,修改新闻的 SQL 为:

```java
String sql="update news set title=?,froms=?,istop=?,publishtime=?,content=? where id=?";
```

(6) 完善新闻发布模块

参考 7.3.3 节"插入数据-注册"的相关内容,修改第 5 章实验的新闻信息发布 NewsPublish.java,使其调用新闻管理 Bean 的 publish()方法,写入数据库。

改动的代码如下:

```java
NewsManage newsM=new NewsManage();
if(newsM.publish(news))   out.println("发布成功");
else out.println("发布失败");
```

(7) 完善新闻阅读模块

参考 7.3.4 节"显示数据"的相关内容,修改第 5 章实验的 showNews.jsp 网页,实现网页内容从数据库中读取。

在 showNews.jsp 网页的开头部分,我们修改了获取数据的代码,调用业务层来获取数据,相关代码如下。其他代码与第 5 章实验的 showNews.jsp 代码相同。

```jsp
<%
    int id=Integer.parseInt(request.getParameter("id"));
    NewsManage NewsM=new NewsManage();
    News news=NewsM.getNewsById(id);
%>
```

(8) 编写新闻按栏目分页显示模块

参考 7.3.5 节"分页显示数据"的相关内容,编写一个新闻按栏目分页显示的页面:

newsList.jsp。

新闻按栏目分页显示页面 newsList.jsp 与 7.3.5 节的用户分页显示 userList.jsp 实现的原理完全一样。主要不同点有：①newsList.jsp 需要获取新闻类别参数 newstype，而 userList.jsp 没有这个参数。②获取数据时需要三个参数，多了一个新闻类别 newsType；③新闻分页显示的模板不同，一般只显示标题和发布时间。

(9) 编写新闻删除页面

参考 7.3.6 节"删除数据"的相关内容，实现新闻信息的删除。

与 7.3.6 节的用户删除页面几乎完全一致，只需把调用的组件名称改一下即可。

(10) 配置 Tomcat 自带的连接池

修改访问数据库的 Bean 或信息/新闻管理业务 Bean 中创建的连接方法 createConn()，使之能调用连接池。（选做）

习　　题

1. 什么是 JDBC？为什么要使用 JDBC 访问数据库？
2. JDBC 驱动程序有哪几种类型？如何加载驱动程序？
3. JDBC 连接数据库会用到哪些包、哪些类？
4. 简述 JDBC 访问数据的一般流程，请举例说明。
5. 写一段连接 MySQL 数据库的代码，实现加载驱动、连接数据库、创建声明和异常处理。
6. 使用 Access 作为网站的数据库，如何保证数据库的安全？如何编写连接代码可使得网站变更地址或服务器时不用修改连接代码，就能实现无缝迁移？
7. 说明 Statement、PreparedStatement 和 CallableStatement 三者之间的关系。使用 PreparedStatement 比使用 Statement 操作数据库有什么优点？
8. 如何使用 PreparedStatement 操作数据库？如何为占位符参数赋值？
9. 如何利用 PreparedStatement 实现数据批处理？
10. 如何利用 JDBC 插入数据、删除数据、修改数据和查询数据？
11. 如何实现分页查询的功能？如何实现分页导航的功能？
12. 什么是事务？如何使用 JDBC 实现事务处理？其一般流程是什么？
13. 什么是连接池？如何配置 Tomcat 连接池连接数据库？
14. 什么是持久化？什么是 ORM？
15. Hibernate 的原理、框架是什么？
16. 如何使用 Hibernate 实现数据的持久化？如何获取数据？
17. 如何使用 HQL 语言实现数据的查询功能？

第 8 章

Web 编程架构与 Struts 2 框架

Web 编程是一个典型的分布系统,有必要了解分布式计算的体系结构、Web 编程的软件分层结构、Web 编程的设计模式,这是提高软件质量、软件可重用性和维护性的重要技术,是编写高质量 Web 程序必须掌握的知识。本章介绍分布式的体系结构、软件分层架构和 Web 设计模式,同时还介绍最流行的 Struts 2 框架技术。

8.1 分布式计算的体系结构

Web 编程是一个典型的分布式系统,采用浏览器/服务器架构,客户端只是一个简单的浏览器,服务器包括 Web 服务器、应用服务器、数据库服务器。这些客户和服务器分布在不同的地方,是整个网络中的不同节点,它们分工合作共同完成任务,形成一个有机的整体。

在分布式系统中,一个应用会被划分为若干稍小的部件,并同时运行在不同的计算机上。这种计算方式又被称为"网络计算",因为这些部件通常会通过建立在 TCP/IP 或者 UDP 协议之上的某些协议进行通讯。这些稍小的应用部件被称为"级",每一级都可以向其他连接级独立提供服务。而"级"又可以被细化为若干"层",以便降低功能的粒度。大多数应用都具有三个不同的层:

- 表现层(UI):负责用户接口。接受用户输入,显示处理结果。
- 业务逻辑层(BLL):执行业务逻辑。在运行过程中,它还会与数据访问层进行交互。
- 数据访问层(DAL):负责对存储在企业信息系统或数据库中的数据进行存取等操作。

8.1.1 单级结构

单级结构的使用可以追溯到使用简易终端连接巨型主机的时代。在这种结构中,用户接口、业务逻辑以及数据等所有应用构成层都被配置在同一个物理主机中。用户通过终端机或控制台与系统进行交互,见图 8-1。

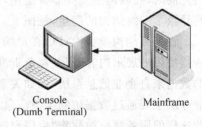

图 8-1 单级结构

8.1.2 两级结构

在 20 世纪 80 年代早期，个人电脑(PC)变得非常流行，它比大型主机便宜，处理能力又比简易终端之类的设备强。PC 的出现为真正的分布式(客户端/服务器，C/S)计算铺平了道路。作为客户端的 PC 现在可以独立运行客户接口(UI)程序，同时它还支持图形化客户接口(GUI)，允许用户输入数据，并与服务器主机进行交互，而服务器主机现在只负责业务逻辑和数据的部分。当用户在客户端完成数据录入后，GUI 程序可以选择性地进行数据有效性校验，之后将数据发送给服务器进行业务逻辑处理。Oracle 基于表单的应用就是两级结构的优秀范例。表单的 GUI 存储在客户端 PC 中，而业务逻辑(包括代码以及存储过程)以及数据仍然保留在 Oracle 的数据库服务器中。

此后又出现了另外一种两级结构，见图 8-2，在这种结构中，不只是用户接口(UI)，连业务逻辑也被放到了客户端一级。这种应用的典型运行方式是客户端可以直接连接数据库服务器进行各种数据库查询。这种客户端被称作"胖客户端"，因为这种结构将可执行代码的相当大一部分都放到了客户端一级。

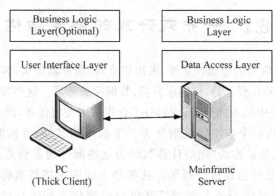

图 8-2 两级结构

8.1.3 三级结构

尽管两级"胖客户端"应用的开发很简单，但是任何用户接口或者业务逻辑的改变所导致的软件升级都需要在所有客户端上进行，将耗费大量的时间和精力。幸运的是，在 20 世纪 90 年代中期，硬件成本已经变得越来越低，CPU 的运算能力却得到了巨大提升。与此同时，互联网的发展非常迅速，互联网应用的发展趋势已经逐渐显现，两者的结合最终导致了三级结构的产生，见图 8-3。

在三级结构模型中，PC 客户端只需要安装"瘦客户端"软件(比如浏览器)来显示服务器提供的展示内容，服务器负责准备展示内容、业务逻辑以及数据访问逻辑，应用程序的数据来自企业信息系统，例如关系数据库。在这样的系统中，业务逻辑可以远程访问。业务层主要通过数据访问层与信息系统实现交互。因为整个应用都位于服务器之上，因此这样的服务器也被称作"应用程序服务器"或者"中间件"。

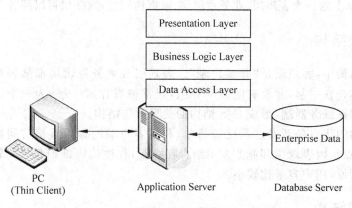

图 8-3　三级结构

8.1.4　N 级结构

随着互联网带宽的不断提高,全世界的各大企业都相继启动了其网络服务。这种变化导致应用服务器无法继续承担表现层的巨大负荷。这项任务现在已经由专门负责产生展示内容的网页服务器所承担。展示内容被传送到客户端级的浏览器上,浏览器会负责将用户接口表现出来。N 级结构中的应用服务器负责提供可远程访问的业务逻辑组件,而表现层网页服务器则使用网络协议通过网络访问这些组件。图 8-4 展示了 N 级结构。N 级结构表现层由 Web 服务器承担,减轻了应用服务器的负担;另外 Web 服务器和应用服务器的物理隔离有利于控制网络安全。

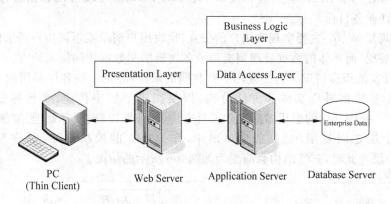

图 8-4　N 级结构

8.2　软件逻辑分层结构

在前一节中我们讨论了分布式系统的体系结构,这种结构划分主要是从物理结构上来划分的,每一级都是一个独立的部件,如客户机、Web 服务器、应用服务器、数据库服务器。但从软件设计者或使用者的角度来看,整个分布式系统是一个整体,是一个完整的应用软件，可以从逻辑上划分为表现层、业务逻辑层、数据访问层，这些层可以部署在不同的级上。

8.2.1 两层结构

在两级结构中，客户端是"胖客户端"。表现层和业务逻辑层都部署在客户端，而且这两层紧密结合在一起，并没有明显的界限，通常被看作成一层，为一个客户端软件；数据访问层部署在服务器端，形成 C/S 结构的典型两层结构。

两层结构的优点是开发过程比较简单，利用客户端的程序直接访问数据库，部署起来较方便；缺点是因表现层和业务逻辑结合在一起，程序代码维护起来比较困难，程序执行的效率比较低，用户容量比较小。

8.2.2 三层结构

在三级结构或 N 级结构中，客户端是"瘦客户端"，通常是一个浏览器。表现层和业务逻辑层是分开的，整个业务应用划分为表现层、业务逻辑层、数据访问层，形成所谓的三层结构。这里所说的三层体系，不是指物理上的三层，不是简单地放置三台机器就是三层体系结构，也不仅仅只有 B/S 应用才是三层体系结构。三层是指逻辑上的三层，即使这三个层放置到一台机器上。如在三级结构中这三层都部署在应用服务器中，在 N 级结构中表现层部署在 Web 服务器，而业务逻辑层和数据访问层部署在应用服务器中。

常规三层结构基本包括如下几个部分，如图 8-5 所示。

- 数据访问层 DAL：用于实现与数据库的交互和访问，从数据库获取数据或保存数据到数据库的部分。
- 业务逻辑层 BLL：业务逻辑层承上启下，用于对上下交互的数据进行逻辑处理，实现业务目标。
- 表现层 Web：主要实现和用户的交互，接收用户请求或返回用户请求的数据结果的展现，而具体的数据处理则交给业务逻辑层和数据访问层去处理。

日常开发的很多情况下为了复用一些共同的东西，会把一些各层都用的东西抽象出来。如我们将数据对象实体和方法分离，以便在多个层中传递，常被称业务实体为（Entity）层。一些共性的通用辅助类和工具方法，如数据校验、缓存处理、加解密处理等，为了让各个层之间复用，也单独分离出来，作为独立的模块使用，常称为通用类库（Common）层。此时，三层结构会演变为如图 8-6 所示的情况。

图 8-5 常规三层结构

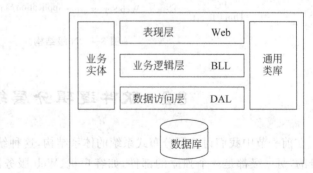

图 8-6 三层结构的演变结果

- 业务实体：用于封装实体类数据结构，一般用于映射数据库的数据表或视图，用以描述业务中客观存在的对象。业务实体分离出来是为了更好地解耦，更好地发挥分层的作用，进行复用和扩展，增强灵活性。
- 通用类库：通用的辅助工具类。

我们也可以将对数据库的共性操作抽象封装成数据操作类（例如数据库连接和关闭），以便更好地复用和使代码简洁。数据库底层使用通用数据库操作类来访问数据库，最后完整的三层结构如图 8-7 所示。

通过以上分析，我们知道如今常用的三层结构是个什么样子，同时，我们也知道了三层结构在使用过程中的一些演化过程。那么，为什么要这样分层，每层结构到底又起什么作用呢？为了更好地理解三层结构，就拿养猪来做个例子吧。

对比图 8-7 与图 8-8，我们可以看出：

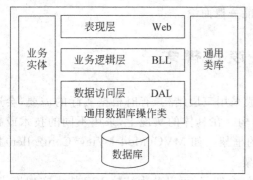
图 8-7　完整的三层结构

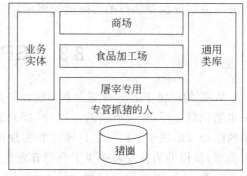
图 8-8　三层结构和养猪的对比

- 数据库好比猪圈，所有的猪有序地按区域或编号，存放在不同的猪栏里。
- 数据访问层好比是屠宰场，把猪从猪圈抓出来进行（处理）屠杀，按要求取出相应的部位（字段），或者进行归类整理（统计），形成整箱的猪肉（数据集），传送给食品加工厂（BLL）。本来这里都是同一伙人既管抓猪，又管杀猪的，后来觉得效率太低了，就让一部分人出来专管抓猪了（DButility），根据要求来抓取指定的猪。
- 业务逻辑层好比食品加工厂，将猪肉深加工成各种可以食用的食品（业务处理）。
- 表现层 Web 好比商场，将食品包装成漂亮的可以销售的产品，展现给顾客（UI 表现层）。
- 猪肉好比业务实体，无论是哪个厂（层）、各个环节传递的本质都是猪肉，猪肉贯穿整个过程。
- 通用类库相当于工人使用的各种工具，为各个厂（层）提供诸如杀猪刀、绳子、剪刀、包装箱、工具车等共用的常用工具（类）。其实，每个部门本来是可以自己制作自己的工具的，但是那样会使效率比较低也不专业，并且很多工作都会是重复的。因此，就专门有人来制作这些工具，提供给各个工厂。有了这样的分工，工厂就可以专心做自己的事情了。

当然，这里只是形象的比喻，目的是为了让大家更好地理解，实际的情况在细节上会有所不同。这个例子也只是说明了从猪圈到商场的单向过程,而实际三层开发中的数据交互是双向的,可取可存。

上面谈了那么多,有人会问,我从数据库取出内容直接操作不可以吗?为什么要这么麻烦地用三层结构呢?三层结构到底有什么好处呢?

不分层,当然可以,就好比整个过程不分屠宰场、加工场之类的,都在同一个场所(工厂)完成所有的工作(屠杀、加工、销售)。但为什么需要加工厂和商场呢?因为当规模比较大的时候,管理起来就会变得非常复杂,这样的养殖方式已经无法满足规模化的需要了,而且从社会的发展来看,社会分工是人类进步的表现。社会分工的优势就是让适合的人做自己擅长的事情,使平均社会劳动时间大大缩短,生产效率显著提高,能够提供优质高效劳动产品的人才能在市场竞争中获得高利润和高价值。人尽其才、物尽其用最深刻的含义就是由社会分工得出的。软件开发也一样,做小项目的时候,分不分层确实看不出什么差别,并且显得更麻烦,但当项目变大和变复杂时,分层就显示出其优势了,所以分不分层要根据项目的实际情况而定,不能一概而论。

8.3 JSP 设计模式

Web 编程属于 B/S 体系结构,所以一般采用三层结构,有时根据实际的需要,会进一步细化每一层,形成所谓的多层(N 层)结构。在具体的实现上,采用不同的技术或技术的组合又形成了不同的设计模式和实现的框架。如 MVC(Model-View-Controller)技术模型,该模型为开发者提供了全套开发框架。

有关 Java Web 的设计模式第 1 章就已经介绍了,可以分为纯粹 JSP 技术实现模式、JSP+JavaBean 实现模式、MVC 设计模式和 J2EE 实现模式。其中"纯粹 JSP 技术实现模式"由于所有代码都集中在 JSP 文件中,即软件的表现层、业务逻辑层和数据访问层均混合在一起,容易引用混乱,难以维护,在实践中这个模式已经淘汰。J2EE 实现模式一般应用于大型企业应用,比较复杂,涉及的技术比较多,Web 编程技术只是其中的一小部分。在实际开发应用中使用最多的是 JSP+JavaBean 实现模式和 MVC 模式,前者被称为模式 1,后者被称为模式 2,这也是 Sun 公司 JSP 规范推荐的两种实现模式,本节将重点介绍这两种模式。

8.3.1 模式 1: JSP+JavaBean 实现

JSP+JavaBean 模式的执行原理如图 8-9 所示。

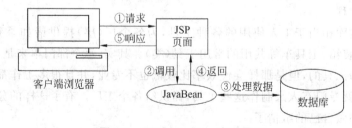

图 8-9　JSP+JavaBean 实现原理

在该模式中，JSP 页面响应客户请求并将请求转交给 JavaBean 处理，最后将结果返回给客户。在此模式中，JavaBean 负责业务逻辑处理和数据库的访问，而 JSP 负责用户交互界面和数据处理结果的显示，实现了表现层和业务逻辑层的分离。在这种技术中，使用 JSP 技术中的 HTML、CSS、JavaScript 等 Web 前端技术可以非常容易地构建数据显示页面，而对于数据处理可以交给 JavaBean 技术，如数据库访问、数据的加工等。

JSP＋JavaBean 设计模式实现了表现层和业务逻辑层的分离，所以这是一种三层结构。这里 JavaBean 包括了业务逻辑层（DLL）的 JavaBean 和数据访问层（DAL）的 JavaBean，还包括了封装数据（Modle/Data）和通用类（Common）的 JavaBean。在实际的工程中，不同层的 JavaBean 存放在不同的包中。

7.3 节的"用户管理系统"就是基于 JSP＋JavaBean 设计模式。其中 UserInfo.java 是一个封装数据（Model）的 JavaBean，UserInfoManage.java 是一个包括业务逻辑和数据访问的 JavaBean。在下面的案例中，将按照 JSP＋JavaBean 设计模式和完整的三层软件结构来实现注册模块。

案例：基于 JSP＋JavaBean 设计模式和完整三层架构的注册模块。

案例中的注册模块按照完整三层结构分为表现层、业务逻辑层、数据访问层、业务实体类和通用工具类五个部分。其中表现层用 JSP 技术来实现，其他部分用 JavaBean 来实现。整个案例的组织结构如图 8-10 所示。注册页面和注册处理后的页面分别如图 8-11、图 8-12 所示。

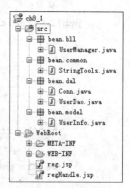

图 8-10 注册模块的组织结构

图 8-11 注册页面

图 8-12 注册处理后的页面

（1）业务实体类：封装了用户注册信息，这里沿用前面章节的 UserInfo.java 类，需要把 UserInfo.java 类复制到本工程 ch8_1 的 bean.model 包中来。

（2）数据访问层的通用数据库操作类：bean.dal 包存放的是数据访问层的类。我们创建了一个通用数据库操作类 Conn.java，这个类封装了最常用的连接数据库的操作和用 Statement 接口查询或更新数据库的操作。通过静态方法 getConnection() 可获取 Connection 对象。通过类的 executeQuery(sql) 接口可直接查询数据库，通过类的 executeUpdate(sql) 接口可直接更新数据库。这个类被供其他需要访问数据库的类调用。具体代码如下：

```java
package bean.dal;
import java.sql.*;
public class Conn {
    private static  String driverName="com.mysql.jdbc.Driver";
    private static  String dbURL="jdbc:mysql://localhost:3306/userinfo";
    private static  String user="root";
    private static  String password="root";
    public Connection conn=null;
    public Statement stmt=null;
    public ResultSet rs=null;
    //获取数据库的连接(静态方法)
    public static Connection  getConnection(){
        Connection conn=null;
        try{
            Class.forName(driverName);
            conn=DriverManager.getConnection(dbURL,user,password);
        }
        catch(Exception e )
        {    e.printStackTrace();     }
        return conn;
    }
//查询接口 (封装了连接数据库、创建Statement对象、查询、异常处理等步骤)
    public ResultSet executeQuery(String sql){
        try{
            conn=getConnection();
            stmt=conn.createStatement();
            rs=stmt.executeQuery(sql);
        }catch(SQLException e)
        {    System.err.print(e.getMessage());    }
        return rs;
    }
//查询接口 (封装了连接数据库、创建Statement对象、更新、异常处理等步骤)
    public int executeUpdate(String sql){
        int result=0;
        try{
            conn=getConnection();
            stmt=conn.createStatement();
            result=stmt.executeUpdate(sql);
        }catch(SQLException e){
            System.err.print(e.getMessage());
        }
        return result;
    }
//关闭连接,这个方法应在连接不再需要时调用,释放连接资源
```

```java
    public void close(){
        try{
            if(rs!=null) rs.close();
            if(stmt!=null) stmt.close();
            if(conn!=null) conn.close();
        }catch(Exception e)
          {e.printStackTrace(System.err);}
    }
}
```

(3) 数据访问层的 UserDao.java 类：封装用户管理系统中访问数据的操作，其中涉及把注册信息写入数据库的 add(userinfo)方法和判断用户是否存在的 boolean isExistUserName(name)方法。

(4) 业务逻辑层：包名为 bean.bll，在 UserManager.java 类中封装了用户管理和各种业务逻辑，其中注册业务封装在 String reg(userinfo)，参数为注册信息实体，返回值为成功或失败的消息。该业务逻辑主要为：首先进行数据的校验，然后调用数据访问层的 Bean 判断用户名是否已被注册，如没有则最后写入数据库。主要代码为：

```java
package bean.bll;
import bean.dal.UserDao;
import bean.model.UserInfo;
public class UserManager {
    //注册的业务逻辑
    public String reg(UserInfo userInfo){
        String msg="OK";
        //数据合法性验证
        if(userInfo.getPassword().length()<6){
            msg="密码长度小于 6 位数";
            return msg;
        }
        //调用数据访问层 DAL 的 Bean
        UserDao dao=new UserDao();
        if(dao.isExistUserName(userInfo.getName())==false){
            dao.add(userInfo);
        }else{
            msg="该用户名已存在";
        }
        return msg;
    }
}
```

(5) 表现层：包括注册页面 reg.jsp 和注册处理页面 regHandle.jsp。注册页面 reg.jsp 沿用前一章的页面。在注册处理页面 regHandle.jsp 中首先利用反射机制把表单数据存入实体 Bean 中，然后调用业务逻辑层的 Bean 完成注册业务，最后根据注册结果，生成不同界面输出。具体实现如下。

//程序文件:**regHandle.jsp**
```jsp
<%@page language="java"  pageEncoding="GBK"%>
<%@page import="bean.bll.UserManager"%>
<%@page import="bean.model.UserInfo"%>
<html>  <head><title>注册处理结果页面</title></head>
<body>
    <!--利用反射机制把表单数据存入Bean-->
<jsp:useBean id="userInfo" scope="page"  class="bean.model.UserInfo"></jsp:useBean>
<jsp:setProperty name="userInfo" property="*" />
    <%
        //调用业务逻辑层的Bean,完成注册业务
    UserManager usermanage=new UserManager();
    String msg=usermanage.reg(userInfo);
    %>
<%//根据注册结果,生成不同界面输出
    if(msg.equals("OK")){%>
        <p><b>注册成功!</b></p>
        <p><b>以下是你的注册信息:</b></p>
        姓名:<jsp:getProperty name="userInfo" property="name"/><br>
        密码:<jsp:getProperty name="userInfo" property="password"/><br>
        性别:<jsp:getProperty name="userInfo" property="sex"/><br>
        email:<jsp:getProperty name="userInfo" property="email"/><br>
<%}else{%>
        <p><b>注册失败!</b></p>
        <p><b>失败原因为:<%=msg%></b></p>
<%}%>
</body>
</html>
```

JSP+JavaBean 的设计模式能够实现完整的三层结构,实现表现层和业务逻辑层的分离,体现了良好的软件结构,已经显示出 JSP 技术的优势,但并不充分。在该设计模式中,在 JSP 页面中要调用不同的 JavaBean,还要做一些前期工作和后期处理工作。在 JSP 页中还要承担显示逻辑的控制,根据业务逻辑 Bean 不同的返回结果给出不同显示。大量使用该模式会导致页面被嵌入大量脚本语言或者是 Java 代码,当需要处理的商业逻辑很复杂时,这种现象变得有些严重。综上所述,该模式不能够满足大型应用的要求,尤其是大型项目,但是可以很好满足中小型 Web 应用的需要。

8.3.2 模式 2: 基于 MVC 模式的实现

MVC 模式是 Xerox PARC 在 20 世纪 80 年代为编程语言 Smalltalk-80 发明的一种软件设计模式,至今被广泛使用。

MVC 模式的结构如图 8-13 所示。

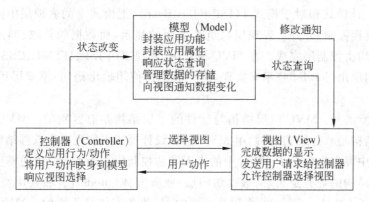

图 8-13　MVC 设计模式的结构

MVC 模式将交互式应用分成模型(Model)、视图(View)和控制器(Controller)三部分。模型是指从现实世界中抽象出来的对象模型,是应用逻辑的反映。模型封装了数据和对数据的操作,是实际进行数据处理计算的地方。视图是应用和用户之间的接口,它负责将应用显现给用户和显示模型的状态。控制器负责视图和模型之间的交互,控制对用户输入的响应、响应方式和流程。它主要负责两方面的动作:把用户的请求分发到相应的模型;将模型的改变及时地反映到视图上。

MVC 是一种理想的设计模式,它将这些对象、显示和控制分离以提高软件的灵活性和复用性。从面向对象的角度分析,MVC 结构可以使程序具有对象化特性,也更容易维护。在设计程序时一般将某个对象看成"模型",然后为"模型"提供合适的显示组件(可视对象),即"视图"。

MVC 模式的实现主要有两种方法,一种是用 JSP+JavaBean+Servlet 技术组合来实现;另一种是用 Struts 框架来实现。下面分别对这两种方法进行介绍。

1. JSP+JavaBean+Servlet 实现模式

在该实现中,视图即显示层,通常用 JSP 技术来实现,模型层用 JavaBean 来实现,控制器用 Servlet 来实现。其结构图如图 8-14 所示。

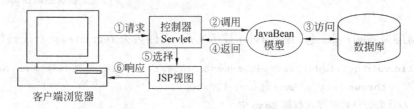

图 8-14　JSP+JavaBean+Servlet 实现模式

在该模式中,控制器(Servlet)接收来自客户端/浏览器端的请求;然后调用相应的模型(JavaBean)进行业务处理,其中可能涉及数据库的访问,处理结果返回给调用者控制器。控制器(Servlet)选择相应的视图(JSP)返回给客户端/浏览器显示处理结果,浏览按照视图(JSP)描述的格式进行显示。

MVC 设计模式相对于模式 1(JSP+JavaBean)，把模式 1 的表现层中的表现页面与表现逻辑(流程控制)分开。表现层只负责页面的显示，而数据的获取、调用业务逻辑和页面的选择均由控制层完成。在 MVC 模式中，表现层用 JSP、HTML、CSS 和 JavaScript 来实现；控制层由 Servlet 技术来实现，但一般不再使用输出语句；模型层用 JavaBean 技术来实现。

需要注意的是：MVC 三层结构与软件的三层结构是有区别的。MVC 是一种设计模式，三层结构是软件结构，我们用 MVC 这种设计模式可实现三层软件结构。在完整三层软件结构中表现层包括了 MVC 中的表现层和控制层。而 MVC 中的模型层其实包括了三层软件结构的业务逻辑层、数据访问层、业务实体(model)类和共用类。MVC 中的 Model 与模式 1 中 JavaBean 的作用是一样的，与业务实体是不同的。MVC 与软件三层结构的关系如图 8-15 所示。

案例：基于 MVC 设计模式和三层软件结构的用户注册模块。

整个模块的组织结构如图 8-16 所示，相比模式 1(JSP+JavaBean)，Bean 部分(三层结构的业务逻辑层、数据访问层和实体类)没有任何改变，这就是软件重用的效果。改变只是三层结构的表现层，分为 MVC 中视图层和控制层。

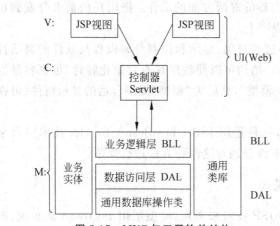

图 8-15　MVC 与三层软件结构

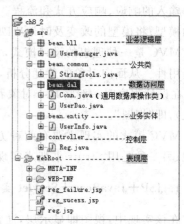

图 8-16　基于 MVC 和三层结构的注册模块组织结构

控制层为 controller 包，用 Servlet 技术实现，文件名为 reg.java，核心代码如下：

```
public void doGet(HttpServletRequest request, HttpServletResponse response)
    throws ServletException, IOException {
//读取表单数据存入数据 Bean 中
UserInfo userInfo=new UserInfo();
Map map=request.getParameterMap();
try{
    BeanUtils.populate(userInfo, map);
}catch(Exception e){
```

```
            e.printStackTrace();
        }
        //调用业务逻辑层的Bean,完成注册业务
        UserManager usermanage=new UserManager();
        String msg=usermanage.reg(userInfo);
        //根据注册结果,选用不同的页面(表示层)返回给客户端
        if(msg.equals("OK")){
            request.setAttribute("userInfo", userInfo);
            request.getRequestDispatcher("reg_sucess.jsp").forward(request,response);
        }else{
            request.setAttribute("errmsg", msg);
            request.getRequestDispatcher("reg_failure.jsp").forward(request,response);
        }
    }
}
```

从上面代码可以看到,控制层首先利用 Java 的反射机制把表单数据转存在实体(数据)Bean 中,然后调用业务逻辑层完成注册业务,最后根据注册的结果选择不同的视图返回给客户端。控制层需要为视图层准备显示的数据,显示的数据可以是数据 Bean,也可是普通的对象,一般存储在 request 或 session 作用域中。控制层转向视图层是通过请求转发或重定向技术来实现的。在整个控制层 Servlet 中没有任何输出语句,实现流程控制与显示层的完全分离。

视图层共有三个页面,一个是注册表单页面 reg.jsp(没有变化),另增加了注册成功页面 reg_sucess.jsp 来显示成功消息和注册失败页面 reg_failure.jsp 来显示失败消息。

reg_sucess.jsp 的代码如下:

```
<%@page language="java"  pageEncoding="GBK"%>
<%@page import="bean.entity.UserInfo"%>
<html><head>  <title>注册成功</title>  </head>
  <body>
    <jsp:useBean id="userInfo" scope="request" class="bean.entity.UserInfo">
    </jsp:useBean>
    <p><b>注册成功!</b></p>
    <p><b>以下是你的注册信息:</b></p>
    姓名:<jsp:getProperty name="userInfo" property="name"/><br>
    密码:<jsp:getProperty name="userInfo" property="password"/><br>
    性别:<jsp:getProperty name="userInfo" property="sex"/><br>
    email:<jsp:getProperty name="userInfo" property="email"/><br>
  </body>
</html>
```

reg_failure.jsp 的代码如下:

```
<%@page language="java"  pageEncoding="GBK"%>
<html>
  <head><title>注册失败!</title></head>
```

```
<body>
    <p><b>注册失败！</b></p>
    <%String errmsg=(String)request.getAttribute("errmsg"); %>
    <p><b>失败原因为:<%=errmsg %></b></p>
</body>
</html>
```

在MVC设计模式中视图层只负责数据的显示,不再有数据的准备、业务逻辑的调用和显示逻辑等内容,页面中Java代码大大减少,降低了页面的复杂度,有助于页面设计人员利用可视化工具来设计页面,也使得表现层与业务层的耦合度降到最低程度。

2. Struts框架实现

Struts是一个为开发基于MVC模式的应用架构的开源框架,是利用Servlet和JSP构建Web应用的一项非常有用的技术。由于Struts能充分满足应用开发的需求,简单易用、敏捷迅速,因而吸引了众多开发人员的关注,已成为工程中事实上的标准。

Struts由一组相互协作的类、Servlet以及丰富的标签库(JSP Tag Lib)组成。Struts有自己的控制器,同时整合了其他一些技术去实现模型层和视图层。在模型层中,Struts可以很容易地与数据库访问技术相结合,包括EJB、JDBC和Object Relation Bridge。在视图层中,Struts能够与JSP、Velocity Templates、XSL等表示层组件相结合。

Struts框架是实现MVC设计模式的工具,提高了软件开发效率,是工程开发中的事实标准。Struts框架的有关知识将在下一节介绍。

8.4 Struts 2框架技术

8.4.1 Struts 2体系结构

Struts框架是一个非常优秀的MVC框架,是Craig mcClanahan在2001年设计的,取名为Struts。伴随Struts框架的发展,另一些优秀的Web框架如WebWork、JSF、Spring MVC等也发展起来了,并拥有一些优于Struts框架的特征。2006年,Struts框架与WebWork框架整合双方的优点,形成一个更加优秀的框架,取名为Struts 2,而原来的Struts的1.x版本命名为Struts 1。虽然Struts 2基于Struts1发展,名称上相近,但它是以WebWork为核心的。为方便理解Struts 2的体系结构,下面先介绍与Struts 2紧密相关的两个概念。

1. Action

Action是由开发人员编写的类,负责Web应用程序中实现页面跳转的具体逻辑。例如,一个用户登录的操作过程,用户输入并提交了用户名和密码后,需要一个Action来验证用户密码是否匹配。如果匹配正确,则跳转到登录成功的页面;如果匹配错误,则需要将页面跳转到错误提示页面。这些验证与跳转页面的操作,都由Action来完成。这些工作在 JSP＋Servlet＋JavaBean 模式中是由 Servlet 控制器完成的，所以在 Struts 中 Action 充当了控制器的作用。

在 Struts 2 中 Action 其实就是一个普通的 POJO，它甚至可以不与请求对象发生任何关系。它的主要执行方法是：String execute(){...}，execute 方法是无参的，已经没有 request 和 response 对象，它的返回值也只是 String 值。它相比 Struts 1 发生了很大变化，与 Servelt API 耦合性更少，甚至没有，因此更有利于单独测试。

那么 Struts 2 与客户请求密切相关的工作是由谁来处理的呢？是由一个名为 StrutsPrepareAndExecuteFilter 的过滤器来实现的。所有的请求都被它拦截，所有 Action 都是由它初始化和调用的。它是整个程序的总控制器。

Action 虽然可以是一个 POJO 类，但为了方便 Action 类一般继承 com.opensymphony.xwork.ActionSupport 类，ActionSupport 实现了常用的一些功能。一个 Action 执行完毕之后，将返回一个结果状态码，如"success"、"input"或者其他 String 类型的结果状态码。通过查找这些结果状态码在 struts.xml 配置文件中定义的映射关系，可以确定页面跳转的方向。

2．拦截器（Interceptor）

拦截器是动态拦截 Action 时调用的对象。拦截器提供了这样一种机制：开发者可以定义一个 Action 执行前后需要执行的代码，也可以在一个 Action 执行前阻止其执行。例如，在某个删除数据的 Action 执行前，业务逻辑需要判断用户是否已经登录并具有相应的权限，这个权限认证的过程便可以独立出来，定义成一个拦截器类。

了解了拦截器之后，我们再介绍拦截器栈（Interceptor Stack）。拦截器栈是由多个拦截器按一定顺序组成的，在请求被拦截的方法执行前，拦截器栈中的拦截器就会按其定义的顺序被调用。

Struts 2 使用多个拦截器来处理用户的请求，实现用户的业务逻辑代码与 Servlet API 分离。开发人员在 Struts 2 框架下只需编写自己的 Action 类来处理业务逻辑，编写视图页面来展示用户界面；在 struts.xml 中配置好映射关系，就可以利用 Struts 2 实现基本的业务流程。

图 8-17 显示了 Struts 2 框架的体系结构的简图，展示了当请求发生时 Struts 2 各部分的工作原理。

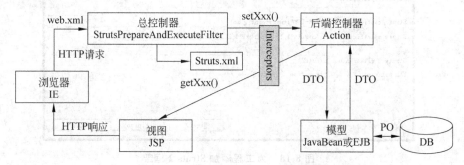

图 8-17　Struts 框架体系结构工作原理

一个典型的 Struts 2 请求处理过程一般包括如下步骤：

（1）客户端浏览器初始化指向 Serlvet 容器的请求。

（2）根据 web.xml 里的配置，所有请求（/* 或/*.action）都被一个名为：StrutsPrepareAndExecuteFilter 的过滤器获得，它是一个特殊的 Servlet，在 Struts 2 充当总控制器的作用。

（3）总控制器查找 Struts 2 配置文件 Struts.xml，找到相应的 Action，并把请求里的参数通过 Action 里的 setXxx() 方法为 Action 里对应属性赋值。

（4）Action 里配置的拦截器启动处理。比如在一个删除操作之前，要进行权限控制，这个权限控制功能可以做成一个"拦截器"，只有通过权限控制才会进行删除操作。

（5）调用 Action 指定的请求处理方法（默认是 execute() 方法）进行业务处理。在 execute() 方法里，进行业务逻辑的调度，比如调用 JavaBean 完成业务和数据的访问。

（6）当 Action 处理用户请求结束以后，会返回一个 String 类型的处理结果（result）。根据这个 result 值，在配置文件 struts.xml 找到与之对应关联的页面，并跳转到关联的视图 JSP 页面中。如果返回的页面需要某些动态数据，如用户名 name 和密码 password，可以借助于 OGNL 表达式，调用 Action 的 getName() 和 getPassword() 方法，获得数据后填充到相应的页面中。

8.4.2 Struts 2 配置

Struts 的运行需要一些 jar 包和标签库的支持。这些资源都可以在 Struts 的官网上找到，并且是免费下载的。下载的 jar 包复制到 WEB-INF/lib 目录下。如果我们使用的是 MyEclipse 集成工具，这些工作都可以让 MyEclipse 来完成。单击菜单 MyEclipse→add Project Capability→add Struts Capability，如图 8-18 所示。这里选择 Struts 2.1 版本，其他默认选择，单击 Finish 按钮即可。

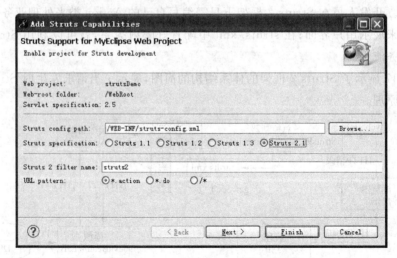

图 8-18 为工程添加 Struts 2 框架

MyEclipse 为工程自动添加了所需的核心 jar 包,在 src 里添加了一个 struts.xml 配置文件,在 web.xml 文件中配置了一个过滤器。下面让我们来看看这两个重要的配置文件。

1. web.xml

在 Java Web 开发过程中,运用某个 MVC 框架时一般都需要在 web.xml 文件进行相应的配置。web.xml 文件位于 Web 应用程序的 WEB-INF 目录下。只有配置在 web.xml 文件中的 Servlet 才会被应用加载。对于 Struts 2 框架而言,只需要 Web 应用负责加载核心控制器 StrutsPrepareAndExecuteFilter 即可,Struts 2 框架的其他组件将由 StrutsPrepareAndExecuteFilter 负责加载。由于 Struts 2 将核心控制器设计成一个过滤器,而不是一个普通的 Servlet,为了让 Web 应用加载 StrutsPrepareAndExecuteFilter,需要在 web.xml 文件中配置 StrutsPrepareAndExecuteFilter 类。

下面是 MyEclipse 为 Struts 2 核心过滤器在 web.xml 配置文件中增加的代码:

```xml
<filter>
    <filter-name>struts2</filter-name>
    <filter-class>
        org.apache.struts2.dispatcher.ng.filter.StrutsPrepareAndExecuteFilter
    </filter-class>
</filter>
<filter-mapping>
    <filter-name>struts2</filter-name>
    <url-pattern>*.action</url-pattern>
</filter-mapping>
</filter>
```

上述代码实现了 StrutsPrepareAndExecuteFilter 的配置。当用户发起了某个形如 *.action 的请求时,这个请求将会被转入 struts 2 框架进行处理。

2. struts.xml

struts.xml 文件是整个 Struts 2 框架最核心的配置文件。struts.xml 位于一个 Java Web 项目的 src 目录下,用于定义 Action 的名称,指定 Action 的实现类,并且定义该 Action 处理结果与视图页面之间的跳转关系。

以下是一个示例的 struts.xml 文件:

```xml
<?xml version="1.0" encoding="UTF-8"?>
<!DOCTYPE struts PUBLIC
    "//Apache Sottware Foundation//DTD Struts Configuration 2.0//EN"
    "http://struts.apache.org/dtds/struts-2.0.dtd" >
<struts>
    <!--Struts 2 的 Action 都必须配置在 package 里-->
    <package name="default" extelnds="struts-default">
    <!--定义一个名为 Login 的 Action,实现类为 action.LogcnAction  -->
    <action  name="Login"  class="action.LoginAction">
    <!--配置 Action 返回 success 时转入/index.jsp,返回 failure 转入/error.jsp-->
    <result  name="success" >/index.jsp</result>
    <result  name="failure" >/error.jsp</result>
```

```
        </action>
    </package>
<struts>
```

<Action...>的属性主要有：name、class 和 method 三个。name 属性定义 action 的 url,class 属性定义 action 的实现类,method 定义调用 action 中的哪个方法,如果省略就是默认 execute()方法。每个＜action...＞里需要定义多个＜result...＞,指定 Action 运行后状态返回码与视图的映射关系。

在上面的 struts.xml 文件中定义了一个名为 Login 的 Action。定义 Login 时,指定 Login 的实现类 LoginAction 的完整路径。定义了多个＜result...＞元素,每个＜result.../＞元素指定结果状态返回码和视图页面之间的跳转关系。例如以下配置片段：

```
<result name="success">/index.jsp</result>
<result name="failure">/error.jsp</result>
```

表示当 Action 的 execute()方法返回"success"时,跳转到 index.jsp。如果返回"failure",页面,将跳转到 error.jsp。如果 name 属性省略,则默认是"success"。

8.4.3 Action 的编写

Action 是 Struts 2 的核心,开发人员需要根据业务逻辑实现特定的 Action 代码,并在 struts.xml 中配置 Action。一般来说,每个 Action 都有一个 execute()方法,实现对用户请求的处理逻辑。execute()方法会返回一个 String 类型的处理结果。该 String 值用于决定页面需要跳转到哪个视图或者另一个 Action。如果调用的不是 execute()方法,其原型也必须和 execute()类似,即无参,返回值为状态码 String 型,并且在配置时必须指定 method 属性为方法名。

1. Action 的类型

Action 的编写较灵活,既可以实现为一个普通的 Java 类,也可以实现 Struts 2 框架中已有的 Action 接口,还可以继承 Struts 2 提供的 ActionSupport 类。

1) Action 定义为普通 Java 类

```
public class LoginAction{
    public String execute(){...}
    return "success";
    }
}
```

Action 类是一个简单的 Java 类,只要实现一个返回类型为 String 的无参的 public 的 execute()方法即可,该方法返回的 String 结果决定了页面跳转的方向。

2) Action 实现 com.opensymphony.xwork2.Action 接口

这个接口中定义了一些常量,如 SUCCESS、ERROR,以及一个 execute()方法。只需实现 execute()方法,以完成相应的业务逻辑就可以了。

```
import com.opensymphony.xwork2.Action;
```

```
public class LoginAction implements Action{
    pubiic String execute(){
    return this.SUCCESS;     //SUCCESS 常量值为"success"
    }
}
```

另外，Struts 2 也提供了一个 ActionSupport 工具类，该类实现了 Action 接口和 validate()方法。

3) Action 继承 com.opensymphony.xwork2.ActionSupport 类

这个 ActionSupport 类实现了 com.opensymphony.xwork2.Action 接口，所以只需要重写 execute()方法就可以了。

```
import com.opensymphony.xwork2.ActionSupport;
public class LoginActionSimpleAction3 extends ActionSupport {
    pubiic String execute() {
        return this.SUCCESS
        //SUCCESS 是 ActionSupport 的 String 常静态数据成员,值为"success"
    }
}
```

以上 3 种方法都可以用来定义 Action。通常建议使用第 3 种，因为 ActionSupport 类不仅实现了 com.opensymphony.xwork2.Action 接口，而且已经封装了许多其他有用的方法，能够有效地提高 Action 的编写效率。

2. 在 Action 中访问 Servlet API

相比 Struts 1 而言，Struts 2 的一个改进之处是 Action 没有与任何 Servlet API 耦合，使得开发人员能够更方便地测试 Action。但是 Action 作为业务逻辑控制器，有时还需要访问 Servlet API，如 Action 中的业务逻辑有时需要获取 request 或 session 对象中的信息。Struts 2 提供 ActionContext 类与 ServletActionContext 类用于 Action 访问 Servlet API。

例如，可通过 ActionContext 的静态方法 getContext()获取当前 Action 的上下文对象：

```
ActionContext ctx=ActionContext.getContext();
                              //获取 Action 上下文,request 作用域
ctx.put("Bob","Bill");        //等价于 request.setAttribute("Bob","Bill");
Map session=ctx.getSession();  //获得 session 对象,session 作用域
//获得 request 对象
HttpServletRequest request= ctx.get (org.apache.struts2.StrutsStatics.HTTP_REQUEST);
//获得 response 对象
httpServletResponse response=cts.get(org.apache.struts2.StrutsStatics.HTTP_RESPONSE);
```

注意：这里的 Session 是个 Map 对象，在 Struts 2 中底层的 Session 都被封装成了 Map 类型。可以直接操作这个 Map 对象实现对 Session 的写入和读取操作，而不用去直接操作 HttpSession 对象。同时，建议 Action 尽量不要直接访问 Servlet 的相关对象，以

降低Action的测试复杂度。

3. Action与视图层的数据传递

Action可以是一个POJO,execute()方法是无参的,与SevletAPI没有任何耦合,那么Action层如何获取视图层提交的请求参数呢？根据Struts 2的运行机制,Action是由StrutsPrepareAndExecuteFilter总控制器来初始化的,即总控制器通过映射机制把表单参数映射到Action的同名属性中,这与前面Serlvet与表单参数的映射机制类似。要想映射成功有两个条件：一是有同名参数；二是每个参数有getXxx()/setXxx()方法。

让我们来看看登录login.jsp的代码与登录处理LoginAction的代码。登录表单的username和password会赋值为LoginAction的username和password属性。这种方法称为属性传值。

(1) login.jsp文件

```
用户名:<input name="username" type="text" ><br/>
密  码:<input name="password" type="password" ><br/>
```

(2) LoginAction.java文件

```
public class LoginAction {
    private String username ;
    private String password ;
    //省略get/set方法,省略其他方法
}
```

再看下面的代码,注意三个文件中代码的不同标识。登录login.jsp的参数为LoginAction里的user对象的相应属性赋值。这种方法称为值对象(VO)传值。

(1) login.jsp文件

```
用户名:<input name="user.username" type="text" ><br>
密  码:<input name="user.password" type="password" >
```

(2) LoginAciton.java文件

```
public class LoginAction {
    private User user ;
    //省略get/set方法,省略其他方法
}
```

(3) User.java文件

```
public class User{
    private String username;
    private String password;
    //省略get/set方法
}
```

Action 如何与返回的页面之间传递数据呢？这要看＜result name＝... type＝...＞是如何设置的。result 的 type 属性如果没有指定，action 与返回页面是同一个 request 范围，即 action 里的属性值返回页面可以通过 request 对象获取，如 request.getParameter()或 request.getAttribute()获取。但如果为：type＝"redirect"重定向，即两个不同请求，那返回的页面不能获取 action 里的数据。

8.4.4 Struts 2 应用实例

下面以一个简单登录的例子来说明 Struts 2 的处理流程。login.jsp 是一个简单的登录表单，单击登录转到 url 为 admin/Login.action 的 Action 处理，根据 struts.xml 文件的配置找到 action.LoginAction.java，然后把请求参数 username 和 password 映射到 LoginAction 类的 username 和 password 属性中，然后再调用 execute()。如果验证通过返回"success"，则根据 struts.xml 文件的配置返回 index.jsp 页面。如果验证没通过，则返回 error.jsp 页面。代码中的箭头表示了它们之间的对应关系。

在 Struts 2 中，struts.xml 配置了几个页面的关系，Action 只需负责业务流程的处理，与 Serlvet API 无耦合，方便测试。这是 Struts2 相比 Struts 1 的巨大进步。

login.jsp 文件的主要代码：

```
<form action="admin/Login.action">
用户名:<input name="username" type="text"><br>
密　码:<input name="password" type="password">
       <input type="submit" value="登录">
</form>
```

struts.xml 文件：

```
<package name="admin" namespace="admin" extelnds="struts-default">
    <action    name="Login"      class="action.LoginAction">
    <result    name="success" >/index.jsp</result>
    <result    name="failure" >/error.jsp</result>
    </action>
</package>
```

action/LoginAction.java 文件：

```
public LoginAction {
    private String username;
    private String password;
       //省略 get/set 方法
    public String execute(){
            if( username=="admin" && password ="123456" ) return "success";
            else          return "failure"
    }
}
```

8.5 实验指导

1. 实验目的

(1) 了解常用的 Web 体系结构。
(2) 掌握软件的三层结构。
(3) 掌握 JSP 的设计模式：模式1 和模式2。
(4) 了解 Struts 2 的工作流程，会用 Struts 完成一个简单的 web 应用程序。

2. 实验内容

(1) 把第 7 章的实验按照 Web 三层软件结构和 MVC 设计模式进行分包设计，代码重新组织。
(2) 为工程添加 Struts 2 的支持。
(3) 新闻/信息发布模块用 Struts 2 来实现。（选做）

3. 实验步骤

(1) 按照 Web 三层软件结构和 MVC 设计模式进行分包设计

在 Web 工程中，webroot 文件夹就是 UI 层。src 里存放的是 Java 代码，具体分为业务逻辑层、数据访问层、实体层、控制层和公共类层。可以参照图 8-16 的分层示例。

(2) 为工程添加 Struts 2 的支持

单击菜单 MyEclipse→add Project Capability→add Struts Capability，如图 8-18 所示，这里选择 Struts 2.1 版本，其他默认选择，单击 Finish 按钮即可。

(3) 新闻/信息发布模块用 Struts 2 来实现

在本实验中，只需改动控制层和 UI 层即可。控制层使用 Action 来实现，不过需要在 struts 里进行配置。UI 层增加两个发布结果页面，一个是发布成功 admin/publish_suceess.jsp 页面，一个是发布失败 admin/publish_failure.jsp 页面。另外发布页面 admin/news_publish.jsp 也要稍做修改。

① 新建一个 Action，名为 controller/PublishAction.java，代码如下：

```
public class PublishAction {
    private News news;
public News getNews(){return this.news;}
public void setNews(News news) { this.news=news;}
public String execute(){
    if( new NewsManage().publish(news) ) return "success";
    esle return "failure";
}
}
```

② 在 Struts.xml 里添加如下代码，对 publishAction 进行配置。

```
<package name="admin" extends="struts-default">
    <action name="publish" class="controller.PublishAction " >
        <result name="sucess">/publish_sucess.jsp</result>
        <result name="failure">/publish_failure.jsp</result>
    </action>
</package>
```

③ 修改 admin/news_publish.jsp 页面。

在所有表单的 input 标记的 name 属性前增加一个前缀 news.，比如新闻标题由原来的 name="title" 改为 name="news.title"。把表单的 action 指向新的控制器 url，即 action= "publish.action"。其他无须任何改变。

④ 增加两个页面：发布成功页面 publish_success.jsp 和发布失败页面 publish_failure.jsp，显示成功消息或失败的消息。

习　题

1. 简述软件的二层结构和三层结构，试比较的它们的不同之处。
2. 为什么说软件的三层结构要比二层结构要好？
3. JSP 有哪些常用的设计模式？
4. 什么是 JSP 实现模式 1 和模式 2？
5. 简述 MVC 及其各层常用的实现技术。
6. MVC 有哪两种实现形式？
7. 简述 Struts 2 的体系架构和实现流程。
8. 如何配置 Struts 2 的 Action？
9. 简述 Action 的实现流程，试举例说明。
10. Action 层与表现层如何交换数据？
11. 为什么 Struts 2 比 Struts 1 与 Servlet API 的耦合性要少，更容易测试？

第 9 章

诚信电子商务系统

9.1 系统概述

当今互联网的高速发展,改变的不仅仅是我们的沟通方式,还有我们的生活方式。建立在互联网上的电子商务网站正是在这样的环境下孕育而生的。电子商务是在互联网的环境下,基于 B/S(浏览器/服务器)的应用方式,实现商品浏览、网上交易和在线支付的新型的商业模式。

诚信数码商城是基于 B/S 结构开发的,符合 Internet 特点的新型网络商城。该商城主要经营各类手机、MP3/MP4、数码相机、移动存储和数码配件,顾客能够方便地了解各类产品信息和安全地进行网络交易。

系统采用 MVC 架构设计,用 JSP、HTML、CSS 和 JavaScript 技术来实现视图层,用 Servlet 技术来实现控制层,采用 JavaBean 技术实现模型层,并对模型层进一步细分为业务层、数据库访问层、实体层和公共类层。

9.2 系统分析

9.2.1 需求分析

诚信数码商城期望提供基于因特网的音像产品交易服务,用户可以在因特网上浏览各类音像产品的信息。如果用户对某个产品感兴趣,则可以通过注册成为会员后订购该商品,系统能够在线产生相应的订单。会员提交订单后,可以查询自己的订单。诚信数码商城的员工会根据订单的情况给会员发货,完成交易。

通过以上分析,不难发现本系统涉及的用户类型主要有以下三类:

- 普通浏览用户;
- 诚信商城会员;
- 诚信商城管理员。

其中,需要为普通浏览用户实现的功能主要有:

- 查看公告信息;

- 浏览商品信息；
- 留言及查看留言。

需要为诚信商城会员实现的功能主要有：
- 会员注册与系统登录；
- 修改个人注册信息；
- 购物车功能，包括添加、修改、删除和收银台结账功能；
- 查询个人订单；
- 从系统中注销。

需要为诚信商城管理员实现的功能主要有：
- 商城公告信息管理，包括公告的增加、删除、修改操作；
- 商城商品信息管理，包括商品的增加、删除、修改操作；
- 处理会员的订单，包括订单的查看和执行；
- 留言管理，包括留言的回复和删除；
- 商品类别的管理，包括商品类别的增加、删除、修改操作；
- 会员管理，包括会员信息的查看、会员的冻结和解冻操作；
- 管理员的管理，包括管理员的查看、创建、删除、密码修改等操作。

9.2.2 业务实体说明

通过以上需求分析，诚信商城系统中的业务实体主要包括公告（notice）、商品类别（type）、商品（goods）、订单（order）、订单详情（order_item）、留言（message）、会员（member）、管理员（admin），下面详细介绍这些业务实体。

- 公告（notice）：代表一个公告实体，主要属性包括公告标题、公告内容、公告添加时间等。
- 商品类别（type）：代表一个商品类别实体，主要属性包括类别 ID、类别名称。
- 商品（goods）：代表一个商品实体，主要属性包括商品类别、商品名称、商品介绍、商品品牌、商品图片、商品市场价、商品会员价、是否新品、是否特价、浏览次数、商品添加时间等。
- 订单（order）：代表一个订单实体，包括订单概要信息和订单项列表，为一组合对象。订单概要信息的主要属性包括订单号、产品数、用户名、真实姓名、联系电话、联系地址、邮编、付款方式、运送方式、折扣、订货日期、是否执行和备注。
- 订单详情（order_item）：代表一个订单项，主要属性包括订单号、商品 ID、价格和数量等。
- 留言（message）：代表一个留言实体，主要属性包括留言人姓名、留言标题、留言内容、留言时间、留言回复等。
- 会员（member）：代表一个会员实体，主要属性包括用户名、真实姓名、联系地址、邮政编码、证件号、证件类型、联系电话、电子邮件、会员等级、会员积分等。
- 管理员（admin）：代表一个管理员实体，主要属性包括管理员名称、管理员密码。

一个会员可以下多个订单，一个订单也可以包括若干订单项。管理员可以对会员、订单、商品、留言、公告等进行各项维护工作。

9.3 总体设计

9.3.1 项目规划

诚信数码商城是基于B/S结构开发的网站项目,网站采用MVC(JSP+Servlet+JavaBean)设计模式,由前台商品展示部分和后台管理部分组成。

1) 前台商品展示部分

前台商品展示部分包括:商城公告、新品上架、特价促销、热卖排行、会员管理、查看订单、购物车、商品查询、用户留言等。

2) 后台管理部分

后台管理部分包括:公告管理、商品管理、订单管理、留言管理、类别管理、会员管理、管理员管理以及网站基本数据的维护。

9.3.2 系统功能结构图

诚信电子商务系统的功能结构如图9-1所示,前台包括商城公告、新品上架、特价促销、热卖排行、会员管理、查看订单、购物车和商品查询8个部分。后台包括公告管理、商品管理、订单管理、留言管理、类别管理、会员管理、管理员管理和网站基本数据维护8个模块。

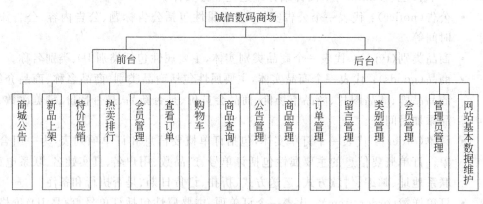

图9-1 系统功能结构

9.3.3 系统架构设计

本系统采用扩展的三层体系架构,分为表现层(网页)、业务逻辑层、数据访问层、实体层和通用类层。各层相对独立,某一层的改变不会影响到其他层的功能。业务实体负责实体状态保存和各层数据的传递,通用类库是一些通用的工具类。

在具体的实现上采用了Model 2 MVC的设计模式,视图用JSP技术实现,控制器用

Servlet 技术实现,模型用 JavaBean 技术实现。扩展的三层结构与 MVC 模式结合关系如图 9-2 所示。对应的系统文件架构图如图 9-3 所示。整个系统形成由表现层(视图层)、控制层、业务逻辑层、数据访问层和业务实体组成的多层体系结构。

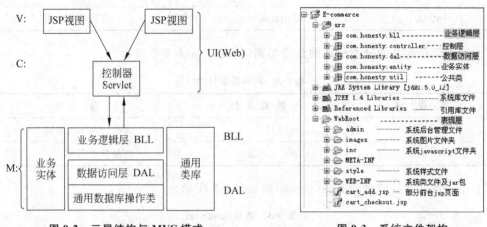

图 9-2　三层结构与 MVC 模式　　　　　图 9-3　系统文件架构

其中表现层为 Web 视图,用 JSP 网页实现,负责数据的显示和与用户的交互。控制层用来接收用户的请求,读取来自客户端的数据,保存到 formBean 中或其他 Bean 中,调用对应的业务逻辑层完成具体业务,并根据结果选择不同的视图返回客户端。业务逻辑层实现具体的业务逻辑,生成具体的业务实体,调用数据访问层完成业务实体的持久化或查询工作。数据访问层完成业务实体的持久化或查询等数据库访问工作。

在多层结构系统中,首先应定义好各层间的接口,在完成接口的定义后,开发人员可并行对各层进行设计和编码。在接口不变的情况下,各层的工作是互相独立的,这将大大缩短开发的进程。

9.4　数据库逻辑结构设计

对于一个系统来说,数据库的设计是必不可少的。在 9.2.2 节中介绍了业务实体,每个业务实体在数据库中都有对应的数据表,所以需要分别创建公告(notice)表、商品类别(type)表、商品(goods)表、订单(order)表、订单详情(order_detail)表、留言(message)表、会员(member)表、管理员(admin)表。

下面分别对这些表及其创建进行介绍。

用于保存商城的公告信息的公告(notice)表如表 9-1 所示。

表 9-1　公告(notice)表

字　段　名	数　据　类　型	备　　注
id	int(4)	公告编号
title	varchar(100)	公告标题

续表

字 段 名	数 据 类 型	备 注
content	text()	公告内容
intime	datetime	公告添加时间

用于保存商品的分类信息的商品类别(type)表如表 9-2 所示。

表 9-2　商品类别(type)表

字 段 名	数 据 类 型	备 注
typeid	int(11)	商品分类ID、主键
typename	varchar(20)	商品分类名称

用于保存商品信息的商品(goods)表如表 9-3 所示。

表 9-3　商品(goods)表

字 段 名	数 据 类 型	备 注
goodsid	bigint(4)	商品ID、主键
typeid	int(11)	商品分类ID
goodsname	varchar(100)	商品名称
introduce	text	商品简介
price	float	商品市场价格
nowprice	float	商品诚信网价格
picture	varchar(100)	商品图片
Intime	datetime	商品添加时间
newgoods	int(4)	是否新品
sale	int(4)	是否特价
hit	int(4)	浏览次数
quantity	int(11)	商品数量
brand	varchar(50)	商品品牌

用于保存订单信息的订单(order)表如表 9-4 所示。

表 9-4　订单(order)表

字 段 名	数 据 类 型	备 注
orderid	varchar(50)	订单号、主键
bnumber	int	商品数量
username	varchar(15)	用户名

续表

字 段 名	数 据 类 型	备 注
truename	varchar(15)	真实姓名
address	varchar(100)	联系地址
postcode	varchar(10)	邮政编码
tel	varchar(20)	联系电话
pay	varchar(10)	付款方式
carry	varchar(10)	运送方式
rebate	float	折扣
orderdate	datetime	订货日期
enforce	int(11)	是否执行
bz	varchar(20)	订单备注

用于保存订单详细信息的订单详情(order_item)表如表 9-5 所示。

表 9-5 订单详情(order_item)表

字 段 名	数 据 类 型	备 注
id	bigint(8)	订单详情 ID、主键
orderid	varchar(50)	订单号
goodsid	bigint(20)	商品号
price	varchar(20)	商品价格
number	int(4)	商品数量
goodsname	varchar(50)	商品名称

用于保存留言及回复留言的信息的留言(message)如表 9-6 所示。

表 9-6 留言(message)表

字 段 名	数 据 类 型	备 注
id	int(11)	留言 ID、主键
username	varchar(50)	留言人名称
title	varchar(50)	留言标题
content	text	留言内容
intime	datetime	留言时间
reply	text	留言回复

用于保存会员相关信息的会员(member)表如表 9-7 所示。

表 9-7 会员（member）表

字 段 名	数 据 类 型	备 注
id	int（11）	会员 ID、主键
username	varchar（20）	用户名
truename	varchar（20）	真实姓名
password	varchar(20)	登录密码
address	varchar(100)	联系地址
postcode	varchar(20)	邮政编码
cardno	varchar(20)	证件号
cardtype	varchar(20)	证件类别
grade	int(4)	等级
amount	float	消费额
tel	varchar(20)	联系电话
email	varchar(100)	电子邮件
freeze	int(4)	是否冻结

用于保存管理员信息的管理员（admin）表如表 9-8 所示。

表 9-8 管理员（admin）表

字 段 名	数 据 类 型	备 注
id	int（4）	管理员 ID、主键
administrator	varchar（30）	管理员名称
password	varchar（20）	管理员密码

诚信商城系统采用的是 MySQL 数据库，开发人员可以根据以上数据库逻辑结构在 MySQL 中直接创建，也可以用本书配套电子资源中的 shop_db.sql 文件直接运行创建。

9.5 公共模块设计

9.5.1 编程工具

1. 系统运行环境配置

本系统采用的开发工具是 MyEclipse6.0.1（此版本以上均可），采用的操作系统是 Windows XP，Web 服务器采用 Tomcat 6，开发工具包是 JDK5.0，数据库为 MySQL，浏览器为 IE 6.0。

2. 系统页面的设计

这部分静态页面工作属于美工部分,主要是系统的 HTML 或 JSP 界面的设计,采用 DIV+CSS 进行页面布局。首先采用绘图软件如 Photoshop 制作 PSD 效果图,然后用专业网页设计工具 Dreamweaver 对照效果图制作静态网页和 CSS 样式表文件,最后加入动态内容。

9.5.2 通用数据库操作类

电子商务系统是一个基于数据库的系统,系统中将有大量的数据库访问操作,包括连接的创建、访问操作(查询或更新)和关闭连接等步骤,创建一个通用数据库操作类 DBConn.java,来封装访问数据库的流程。这个类提供 getConnection()获取 Connection 对象、executeQuery(sql)接口查询数据库、executeUpdate(sql)接口更新数据库和 close ()接口关闭连接。这个类供其他需要访问数据库的类调用。接口定义如下,具体实现请参见第 8 章相关部分或本书配套电子资源。

```java
public class DBConn {
    private static String driverName="com.mysql.jdbc.Driver";
    private static String dbURL="jdbc:mysql://localhost:3306/userinfo";
    private static String user="root";
    private static String password="root";
    private Connection conn=null;
    private Statement stmt=null;
    private ResultSet rs=null;
    //获取数据库的连接(静态方法)
    public static Connection getConnection(){ }
    //查询接口 (封装了连接数据库、创建 Statement 对象、查询、异常处理等步骤)
    public ResultSet executeQuery(String sql){ }
    //查询接口 (封装了连接数据库、创建 Statement 对象、更新、异常处理等步骤)
    public int executeUpdate(String sql){ }
    //关闭连接,这个方法应在连接不再需要时调用,释放连接资源
    public void close(){}
}
```

9.5.3 实用工具类

实用工具类有编码转换类 ChangeEncoding.java、日期处理类 Dateutil.java、图片上传类 UploadImageinFile.java、分页类 Page.java。这里介绍分页类,其他工具类读者可参考配套电子资源中所附源码自行解读。

在系统中有很多地方都要用到分页的功能,这里把它做成一个工具类,供需要的地

方使用。分页类有四个成员数据项,分别为总记录数、总页数、每页显示记录数和起始位置。分页类提供一些方法来设置和获取这些分页数据,如根据结果集来计算、设置总记录数和总页数,根据当前页码来设置起始记录号。

```java
package com.honesty.util;
import java.sql.ResultSet;
public class Page
{
    private int totalRecord;                    //总的记录数
    private int totalPage;                      //总页数
    private int pageSize=5;                     //每页显示记录数
    private int startposition;                  //起始位置
    public Page(){}
    public int getPageSize()
    {   return pageSize;        }
    public void setPageSize(int pageSize)
    {   this.pageSize=pageSize;       }
    //总的记录数
    private void setTotalRecord(ResultSet rs)
    {
        int totalRecord=0;                      //总的记录数
        try{
            rs.next();
            totalRecord=rs.getInt(1);
            this.totalRecord=totalRecord;       //总记录数
        }
        catch (Exception e)
        {   System.err.println("得到总的页数时发生错误");     }
    }
    public int getTotalRecord()                 //返回总的记录数
    {   return totalRecord;     }
    public int getStartposition()               //返回起始位置
    {   return this.startposition; }
    //设置起始位置
    public void setStartposition(String goto_page)
    {
        int pageNumber=1;                       //页号从1开始
        try    {
            pageNumber=Integer.parseInt(goto_page);
            if (pageNumber <=0)     pageNumber=1;
            if (pageNumber >=totalPage) pageNumber=totalPage;
            this.startposition=pageNumber * this.pageSize-this.pageSize;
```

```
            }
        catch (Exception e)
        {System.err.println("字符串型向整型转换发生错误,或数据库有错");     }
    }
    public int getTotalPage()                        //返回总的页数
    {    return this.totalPage;     }
    public void setTotalPage(ResultSet rs)           //设置总的页数
    {
        setTotalRecord(rs);                          //设置总的记录数
        //求总页数
        if (this.totalRecord % this.pageSize==0)
            this.totalPage=this.totalRecord / pageSize;
        else this.totalPage=this.totalRecord / pageSize+1;
    }
}
```

9.6 系统前台主要功能模块设计

系统前台是面向用户的设计,主要有系统首页、新品上架页、特价促销页、会员注册页、客户留言页、查看订单页、购物车页、商品查询页等。这些页面可分为商品展示模块、用户登录注册模块、购物模块、公告显示模块。

9.6.1 系统前台公共页面

1. 系统前台首页

对于电子商务系统来说,首页极为重要,首页设计的好坏将直接影响到用户的情绪。在电子商务的首页中,应尽可能把整个系统最为重要的信息都有所体现,用户进入首页能一目了然,第一时间找到自己想要的信息。诚信电子商务网首页的效果如图 9-4 所示。

图 9-4 所示诚信电子商务网首页为一个综合页面,主栏目有商品模糊搜索、商品分类、新品上架、商城公告、会员登录、特价促销、热卖排行、广告和合作招商,详细代码请参见本书所附电子资源。

2. 系统二级页面结构

由于二级页面结构基本相同,为更好地体现代码的重用性,现把页面结构以图、表的形式给出,如图 9-5 和表 9-9 所示。

图 9-4 首页效果图

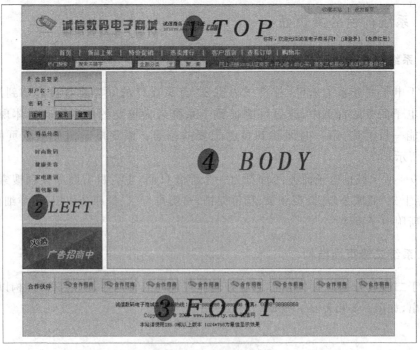

图 9-5 二级页面结构

表 9-9 二级页面说明

区域	名 称	说 明	相应文件
1	页面头部	包含页面 banner、搜索和导航部分	top.jsp
2	页面左栏目	包含会员登录、商品分类和广告	left.jsp
3	页面版权区	包含合作招商和版权区	foot.jsp
4	页面主体部分	二级页面的相应功能区	相应 JSP 页面

9.6.2 商品展示模块设计

商品展示模块主要用于展示商品信息,每个商品配有缩略图片、详细参数及"详细信息"和"购买"按钮,单击"详细信息"可进入 productdetail.jsp 页面查看商品详细信息,登录用户单击"购买"可将商品添加至购物车中。

1. 实体层 Goods.java

商品信息 javabean(Goods.java)封装了 Goods 所有属性的信息。

```
==========================Goods.java==========================
public class Goods implements java.io.Serializable
{       private Long goodsid;                   //商品 id
        private Integer typeid;                 //商品类别
        private String goodsname;               //商品名称
        private String introduce;               //商品参数介绍
        private float price;                    //商品价格
        private float nowprice;                 //商品诚信网价格
        private String picture;                 //商品图片
        private Date intime;                    //商品添加时间
        private Integer newgoods;               //是否新商品
        private Integer sale;                   //是否特价
        private Integer hit;                    //商品浏览次数
        private Integer quantity;               //数量
        private String brand;                   //品牌
        ……这里省略各属性的 getter()和 setter()方法,这些方法可由 MyEclipse 自动产生
}
```

2. 数据访问层 DAO_Goods.java

数据访问层 DAO_Goods.java 类封装了商品 Goods 实体的相关数据库操作,包括新增商品、更新商品信息、删除商品、列表查询、分类查询、个体查询和条件查询等。前台商品展示模块主要涉及各类查询操作,一般不涉及增、减、改等持久化操作。相关代码如下:

==========================DAO_Goods.java==========================
```java
public class DAO_Goods {
    static DBConn dbconn=new DBConn();
    public ResultSet rs=null;
    private Page page=null;
    //插入商品信息
    public int goods_insert(Goods goods){...}
    //修改商品信息
    public int goods_update(Goods goods) throws SQLException {...}
    //根据商品id删除商品信息
    public int goods_delete(int Goodsid)   {...}

//通过商品id获取商品的信息,返回商品实体。若没有或异常,则返回null
    public Goods getGoods(String id) {
        try {
            String sql="select * from goods where goodsid="+id
                    +" order by intime desc";
            rs=dbconn.executeQuery(sql);
            Goods goods=new Goods();
            while (rs.next()) {
                goods.setGoodsid(rs.getLong("goodsid"));
                ……省略了其他属性的设置
                goods.setBrand(rs.getString("brand"));
            }
            return goods;
        } catch (SQLException SqlE) {
            SqlE.printStackTrace();
            return null;
        } finally {
            dbconn.close();                       //关闭连接,释放数据库资源
        }
    }
    /* 综合分页列表查询 ListGoods()
    根据商品类别号、是否新品、是否打折、是否热销、页码、页面大小等查询商品,方法将根据这
些参数组合自动生成 SQL 语句。本方法将被首页、新品上架、热卖排行、特价商品、商品分类显示
页所调用,是商品展示模块的核心代码。*/
    /** @param typeid    string, 0 为所有类,其他为类 id
     * @param newgoods   int, 1 为新产品,
     * @param sale       int, 1 为打折商品
     * @param hit        int, 1 为热卖商品
     * @param goto_page,String 页码
     * @param pagesize   int,页面大小
     * @return Vector<Goods>
     */
```

```java
public Vector<Goods> listGoods(String typeid, int newgoods, int sale,
                               int hit, String goto_page, int pagesize)
{
    //根据参数生成 SQL 语句
    String wheresql="";
    String orderbysql="";
    if(typeid !="0") wheresql=wheresql+" where typeid='"+typeid+"'";
    if(newgoods==1)
        if(wheresql.contains("where"))
            wheresql=wheresql+" and newgoods="+newgoods;
        else wheresql=wheresql+" where newgoods="+newgoods;
    if(sale==1 )
        if(wheresql.contains("where")) wheresql=wheresql+" and sale="+sale;
        else wheresql=wheresql+" where sale="+sale;
    if(hit==1 )
        orderbysql=" order by hit desc, intime desc ";
    else orderbysql=" order by  intime desc ";
    Vector<Goods> vector=null;
    String sql="", sql2="";
//创建分页 Bean,通过合成的 SQL 语句,查询总记录数,利用结果集设置分页 Bean 的总页数、
//总记录数和起始记录数
    try{
        page=new Page();
        page.setPageSize(pagesize);         //设置分页大小
        //查询记录总数
        sql="select  count(*) from goods "+wheresql+orderbysql;
        rs=dbconn.executeQuery(sql);
        page.setTotalPage(rs);              //设置总页面数
        page.setStartposition(goto_page);   //设置开始的记录号

//分页查询,合成 SQL 语句,利用 limit(起始记录号、记录数)语句进行分页查询
        sql2="select  *   from goods "+wheresql+orderbysql
            +"  limit "+page.getStartposition()+", "+page.getPageSize();
        rs=dbconn.executeQuery(sql2);
//从结果集取出每条记录存储在商品实体 Goods 中,再把商品存入集合中,直至所有
//数据处理完毕
        vector=new Vector<Goods>();
        int i=0;
        while (rs.next())
        {   i++;
            Goods goods=new Goods();
            goods.setGoodsid(rs.getLong("goodsid"));
            ……省略其他属性数据的读取与设置
            goods.setBrand(rs.getString("brand"));
```

```
            //向 Vector 矢量中添加对象 goods
            vector.addElement(goods);
        }
    }
    catch (Exception e)
    {e.printStackTrace();}
    finally
    {dbconn.close();}
    return vector;
}
```

3. 业务逻辑层 ManagegoodsBiz.java

业务逻辑层完成各种业务逻辑,如商品分类显示、特价促销、热卖排行、新品展示等业务。这些业务逻辑比较简单,只是准备相关数据,然后调用数据访问层完成数据的操作,最后设置分页 Bean。相关代码如下:

```
========================ManagegoodsBiz========================
public class ManagegoodsBiz
{
//分页数据,在分页显示业务中将设置分页 Bean
    private Page page=null;
    public Page getPage() {
        return page;
    }
    public void setPage(Page page) {
        this.page=page;
    }
//获得所有产品列表
    public Vector<Goods>getProductinfo()
    {
        DAO_Goods dao_goods=new DAO_Goods();
        return dao_goods.list_goods();
    }
//新品上架分页显示
    public Vector<Goods>getNewProductinfo(int newgoods,String goto_page)
    {
        Vector vector=null;
        String typeid="0";      int sale=0 ;
        int hit=0 ;         int pagesize=10;
        DAO_Goods dao_goods=new DAO_Goods();
        vector=dao_goods.listGoods(typeid, newgoods, sale, hit, goto_page, pagesize);
        this.page=dao_goods.getPage();
        return vector;
```

```java
    }
//通过typeid获取该类指定页码的商品
    public Vector<Goods>getTypePoductInfo(String typeid,String goto_page) {
        DAO_Goods dao_goods=new DAO_Goods();
        Vector<Goods>vector=dao_goods.listGoods(typeid, 0, 0, 0, goto_page, 10);
        this.page=dao_goods.getPage();
        return vector;
    }
//特价商品分页显示
    public Vector<Goods>getSaleProductinfos(int sale,String goto_page)
    {……与新上架、分类显示类似        }
//热卖排行分页显示
    public Vector<Goods>getHitProductinfo(int hit,String goto_page)
    {……与新上架、分类显示类似        }
    {……}
//通过id获得商品详细信息
    public Goods getProductDetailInfo(String  productid)
    {
        Goods goods=null;
        DAO_Goods dao_goods=new DAO_Goods();
        goods=dao_goods.getGoods(productid);
        return goods;
    }
……省略了其他业务方法
}
```

4. 控制层

控制层用来接收客户端的请求，调用相应的业务逻辑进行数据处理，根据处理结果选择不同的视图返回给客户端。在商品展示模块中，主要有首页商品展示和分类分页展示（包括新品展示、特价商品、热卖商品、分类商品），因此控制层主要有两个 Servlet，首页控制器 index.java 和分类分页展示控制器 ListGoods.java。对应的 URL 分别为/index 和 ListGoods? method=…&page_goto=…，这两个 URL 为商品展示模块的入口。

1) 分类分页商品展示 Servlet：ListGoods.java

```java
==========================ListGoods.java==========================
public class ListGoods extends HttpServlet {
    public void doGet(HttpServletRequest request, HttpServletResponse response)
            throws ServletException, IOException {
/* 步骤1.首先，获取来自客户端的参数，method参数为显示为类型，如"TYPE"为分类显示、
"NEW"为新品上架、"HOT"为热卖商品、"SALE"为特价商品，goto_page为页码 */
        String method=request.getParameter("method");
        String goto_page=request.getParameter("goto_page");
```

```java
        if(goto_page==null || goto_page=="") goto_page="1";
        //根据method参数调用不同的业务逻辑
//分类显示
        ManagegoodsBiz goodsmanage=new ManagegoodsBiz();
        if(method.equalsIgnoreCase("TYPE") ){
            String typeid=request.getParameter("typeid");
//步骤2.调用业务逻辑,获得类型数据、商品数据、分页数据,并存入request作用域中,供视图
//层取出使用
            Type type=new TypeBiz().getTypeNameInfo(typeid);
            Vector<Goods>vector=goodsmanage.getTypePoductInfo(typeid, goto_page);
            Page pageObj=goodsmanage.getPage();
            request.setAttribute("vector", vector);
            request.setAttribute("type", type);
            request.setAttribute("pageObj",pageObj);
//步骤3.选择视图,将请求转发到该视图进行显示
            request.getRequestDispatcher("producttype.jsp").forward(request,
            response);
        }
//新品上架
        else if(method.equalsIgnoreCase("NEW")){
            int newgoods=1;
        Vector<Goods>vector=goodsmanage.getNewProductinfo(newgoods, goto_page);
            Page pageObj=goodsmanage.getPage();
            request.setAttribute("vector", vector);
            request.setAttribute("pageObj",pageObj);
            request.getRequestDispatcher("newproduct.jsp").forward(request,
            response);
        }
//特价商品
        else if(method.equalsIgnoreCase("SALE"))
            {……省略代码,与新品上架类似 }
//热卖排行
        else if(method.equalsIgnoreCase("HOT"))
            {……省略代码,与新品上架类似 }
        }
```

2)首页商品展示Servlet:index.java

```java
==========================index.java==========================
public void doGet(HttpServletRequest request, HttpServletResponse response)
        throws ServletException, IOException {
    //调用业务逻辑层,准备数据
    //商品分类数据
        TypeBiz typeBiz=new TypeBiz();
        Vector<Type>vector_type=typeBiz.getTypeInfo();
```

```
        request.setAttribute("vector_type", vector_type);
    //新产品数据
        ManagegoodsBiz manageGoodsBiz=new ManagegoodsBiz();
        int newgoods=1;
        Vector<Goods>vector_new=manageGoodsBiz.getNewProductinfo(newgoods,"1");
        request.setAttribute("vector_new", vector_new);
    //商城公告数据
        NoticeBiz noticeBiz=new NoticeBiz();
        Vector<Notice>vector_notice=noticeBiz.getNoticeinfo();
        request.setAttribute("vector_notice", vector_notice);
    //特价促销商品数据
        int sale=1;
        Vector<Goods>vector_sale=manageGoodsBiz.getSaleProductinfos(sale,"1");
        request.setAttribute("vector_sale", vector_sale );
    //热买商品数据
        Vector<Goods>vector_hot=manageGoodsBiz.getHitProductinfo(1,"1");
        request.setAttribute("vector_hot", vector_hot);
    //请求转发
        request.getRequestDispatcher("index_content.jsp").forward(request,
        response);
    }
```

5. 视图层

视图层的主要页面有：

index_content.jsp：首页，新品上架、特价促销、热卖排行、商品分类栏目显示商品相关信息。

discountproduct.jsp：特价促销页，展示特价商品信息。

hotproduct.jsp：热卖排行页，展示浏览次数最多的商品信息。

newproduct.jsp：新品上架页，展示最新出厂的商品信息。

producttype.jsp：商品分类页，按商品 goods 表中 typename 字段分类显示商品信息。

productdetail.jsp：商品详细页，显示特定商品的详细信息。

首页效果图见图 9-4，其他分类分页显示效果基本一致，这里仅以新品上架为例，说明视图层的实现。

新品上架 newproduct.jsp 采用模块化设计，分为头部 top.jsp、左部 left.jsp、主工作区和底部 foot.jsp。在视图文件中首先读取控制层传入的数据，然后按一定的格式显示。整个视图网页不涉及任何业务逻辑，只是负责把传入的数据进行显示，当视图改变时不用通知其他各层，从而实现了数据与显示的完全分离。

```
==========================newproduct.jsp===========================
<%@page language="java" import="java.util.*" pageEncoding="utf-8"%>
```

```jsp
<%@page import="com.honesty.bll.ManagegoodsBiz"%>
<%@page import="com.honesty.entity.Goods"%>
<%@page import="com.honesty.util.Page;"%>
<html>
//包含头部 top.jsp 和左部 left.jsp
<jsp:include page="top.jsp"></jsp:include>
<jsp:include page="left.jsp"></jsp:include>
//右边主工作区
<div id="right">
<div id="newproduct_show">
<div><img src="images/newproduct.jpg" /></div>
<div class="newproduct_showbody">
//读取由控制层传入相关数据
<%
Vector<Goods>vector=(Vector<Goods>) request.getAttribute("vector");
Page pageObj=(Page) request.getAttribute("pageObj");
int current_page=pageObj.getStartposition()/pageObj.getPageSize()+1;

//数据的显示
if (vector.size()==0)
    out.println("没有产品信息");
else{
  for (int i=0;i <vector.size();i++)
  {
    Goods g=(Goods) vector.get(i);%>
    <div class="product_show2" >
    <ul>
    <li class="product_pic"><img class="img_small"
        src="<%=g.getPicture()%>" alt="<%=g.getGoodsname() %>"/></li>
    <li class="product_name"><%=g.getGoodsname()%></li>
    <li class="product_price">
        市场价:<%=g.getPrice()%><br/>
        诚信价:<%=g.getNowprice()%></li>
    <li><a href="productdetail.jsp?id=<%=g.getGoodsid() %>">
        <img src="images/icon_detail.jpg" width="57" height="17" />
        </a> <a href="cart_add.jsp?id=<%=g.getGoodsid() %>">
        <img src="images/icon_buy.jpg" width="33" height="17" /></a></li>
    </ul>
    </div><%
  }//end for
}//end else    %>
</div>
</div>
```

```
//导航条
<div class="pageindex">共<%=pageObj.getTotalPage() %>页
    <a href="ListGoods?method=NEW&goto_page=
        <%=current_page<=1 ? 1:current_page-1 %>">上一页</a>
    <a href="ListGoods?method=NEW&goto_page=
<%= current_page >=pageObj.getTotalPage()?pageObj.getTotalPage():current_
page+1 %>">
下一页</a>    现在是第<%=current_page %>页
</div>
</div>
//包含页脚部分 foot.jsp
<jsp:include page="foot.jsp"></jsp:include>
```

新品上架商品展示效果 9-6 所示。

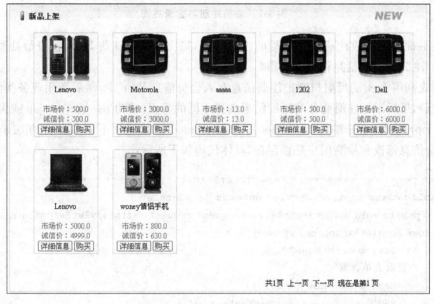

图 9-6　新品上架商品展示效果

9.6.3　会员注册与登录模块设计

诚信网前台中的会员模块主要包括会员注册、会员登录、会员资料修改三部分。由于会员资料修改与会员注册的实现方法类似，只是调用方法中的 SQL 语句有所不同，所以此处不详细介绍，请读者参见本书的电子资源，下面只介绍会员注册和登录。

1. 会员注册

1）注册视图

在电子商务网中，通常只有会员才可以购买商品，所以用户必须先注册成为会员。用户可以通过单击网站头部和网站左侧的注册按钮来进入注册与登录界面，如图 9-7

所示。

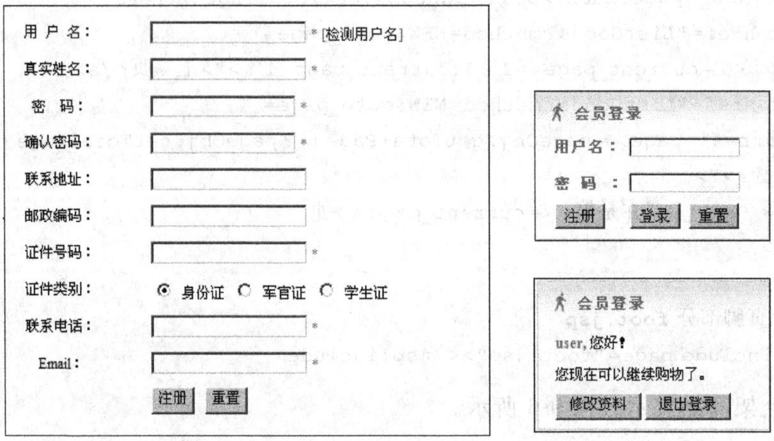

图 9-7　会员注册与登录界面

该页面用于接收注册用户填写的注册信息,提交后转到注册 Servlet 进行处理。

2) 注册与注册信息修改 Servlet

首先利用 Java 的反射机制把注册信息存入会员信息 Bean 中,然后调用业务类的 reg()完成注册,最后根据注册业务的返回结果选择不同的页面(成功 reg_success.jsp 或失败 reg_failure.jsp)返回给客户端。此 Servlet 可根据 method 参数调用不同的业务方法来完成注册、注册信息修改和检测用户是否存在,具体代码如下所示:

```java
========================RegisterServlet.java========================
public class RegisterServlet extends HttpServlet {
    public void doPost(HttpServletRequest request, HttpServletResponse response)
throws ServletException, IOException {
        String errorMsg="";
    //获取表单数据
        Member mem=new Member();
        Map map=request.getParameterMap();
        try{
            BeanUtils.populate(mem, map);
        }catch(Exception e)
        {   e.printStackTrace();    }
        String method=request.getParameter("method");   //要执行的操作
    //注册处理
        MemberBiz mBiz=new MemberBiz();
        if (method.equalsIgnoreCase("reg")) {
        //调用业务层的注册方法业务完成注册
            String msg=mBiz.reg(mem);                   //注册业务处理
            //选择注册,选择不同视图返回客户
            if(msg!="OK"){                              //注册不成功,返回失败页面
                request.setAttribute("errorMsg", errorMsg);
```

```
        request.getRequestDispatcher("/reg_fail.jsp").forward(request,
        response);
    }else                                              //成功,返回成功页面
        response.sendRedirect("/E-commerce/reg_success.jsp");
    }
//修改用户信息
    else if (method.equalsIgnoreCase("mod"))
    {……调用业务层的modify()完成信息修改,并返回结果页面          }
//如果为check 则检查用户名是否存在
    else if (method.equalsIgnoreCase("check")) {……}
}
```

3）注册业务逻辑层

注册业务分为两步,首先检测用户名是否存在。如果用户名已占用,则返回相关信息,否则写入数据库。方法最后将返回执行的信息。代码如下：

```
==========================MemberBiz.java=========================
public class MemberBiz {
    public String reg(Member mem)
    {
        String msg="OK";
        DAO_Member dao=new DAO_Member();
        if(dao.isExist(mem.getUsername())){
            msg="已经存在相同的用户名,请更换一个新用户名";
        }else    if(dao.regist(mem)!=true) msg="注册信息写入数据库出错！";
        return msg;
    }
……
```

4）注册相关数据访问层

注册业务的数据访问层负责检测用户是否存在和把会员注册信息写入数据库,根据执行情况返回 true 或 false。DAO_Member.java 中的相关代码如下：

检测用户是否存在 **isExist(name)**

```
==========================DAO_Member.java=========================
public boolean isExist(String name){
    boolean isExist=false;
    String sql="select * from member where username='"+name+"'";
    DBConn conn=new DBConn();
    ResultSet rs=conn.executeQuery(sql);
    try {
        if(rs.next()){
            isExist=true;
        }
    } catch (SQLException e) {
```

```java
            e.printStackTrace();
        }
        return isExist;
    }
//把注册信息写入数据的 regist(Member men)
    public boolean regist(Member mem){
        String sql="insert into "
        +"member (username,truename,password,address,postcode,cardno,cardtype,tel,email) "
        +"values ('"+mem.getUsername()+"','"+mem.getTruename()+"','"+mem.getPassword()+"','"+mem.getAddress()+"','"+mem.getPostcode()+"','"+mem.getCardno()+"','"
        +mem.getCardtype()+"','"+mem.getTel()+"','"+mem.getEmail()+"')";
        DBConn conn=new DBConn();
        int n=conn.executeUpdate(sql);
        conn.close();
        if(n==1) return true;
        else return false;
    }
```

2. 会员登录

1) 会员登录视图

普通用户登录到本网站后便可进行购物或者查看订单,用户可以通过网站头部或网站左部登录入口进行登录。图 9-8 为会员登录及登录验证后的效果。

图 9-8 会员登录视图

当用户在登录窗口中输入用户名和密码后,单击"登录"按钮,系统对输入的用户名和密码进行验证。如果用户输入的用户名存在并且冻结字段不为 1,则判断用户输入的密码是否正确。如果正确,则跳转到登录后的首页,即显示登录用户的用户名、"修改资料"按钮、"退出登录"按钮,否则跳转到未登录的普通用户首页。对于会员的各种操作都是先通过 JavaScript 获取会员的行为,如修改资料还是退出登录等;然后在 MemberServlet.java 中进行相应的处理。

2) 登录、注销 Servlet

此控制器负责上述两个视图客户动作的控制,用户动作可能为注册 REG、登录 LOG、修改资料 MOD 和退出登录 LOGOUT。对于注册 REG,只是重定向到注册页面;对于修改资料 MOD,则需调用关业务读出用户原有信息,再将请求转发给修改资料页面;对于登录 LOG,则需调用对应登录业务逻辑层进行登录验证,如果验证通过,需把相关用户信息记录在 Session 里,还要创建 Session 作用域的购物车,最后重定向到相关的页面。控制器 MemberServlet.java 中关键代码如下:

```java
================MemberServlet.java==============
public void doPost(HttpServletRequest request, HttpServletResponse response)
    throws ServletException, IOException
    {
        HttpSession session=request.getSession(false);
//获取用户动作参数,调用不同的业务方法
        String operateType=request.getParameter("Action");
        //登录验证
        if (operateType.equalsIgnoreCase("LOG"))
        {
            MemberBiz mBiz=new MemberBiz();
            //获取登录用户名和密码
            String username=request.getParameter("username");
            String pwd=request.getParameter("password");
            //登录验证——验证通过
            if (mBiz.login(username, pwd))//验证成功
            {
                Member member=mBiz.getMemberInfo(username);
                if(member.getFreeze()==1){ //账号冻结
                    response.sendRedirect("/E-commerce/index.jsp");
                }
                //正常账号,保存用户信息,创建购物车,重定向
                else{
                    session.setAttribute("username", username);
                    session.setAttribute("member", member);
                    Cart cart=new Cart();//新建购物车
                    session.setAttribute("cart", cart);
                    response.sendRedirect("/E-commerce/index.jsp");
                }
            }
            //登录验证——验证失败
            else{//登录失败
                response.sendRedirect("/E-commerce/register.jsp");
            }
        }
//用户注册,重定向到注册页面
        else if (operateType.equalsIgnoreCase("REG"))
        {   response.sendRedirect("/E-commerce/register.jsp?method=");
        }
//修改注册信息,读取原有信息,请求转发到修改页面
```

```java
        else if (operateType.equalsIgnoreCase("MOD"))
        {......}
//注销
        else if (operateType.equals("LOGOUT"))
        {
            session.removeAttribute("username");
            response.sendRedirect("/E-commerce/index.jsp");
        }
    }
}
```

3）登录业务层

登录注册业务为会员管理 MemberBiz.java 的一部分，登录验证 login() 方法调用数据访问层验证用户的合法性，代码如下：

```java
==========================MemberBiz.java==========================
public boolean login(String name,String password)
{
    DAO_Member dao=new DAO_Member();
    boolean result=false;
    result=dao.isExist(name,password);
    return result;
}
```

4）登录数据访问层

访问数据库，验证用户名和密码的正确性，代码如下：

```java
==========================DAO_Member.java==========================
public boolean isExist(String name,String pwd){
    boolean isExist=false;
    String sql="select * from member where username='"+name
            +"'and password='"+pwd+"'";
    rs=conn.executeQuery(sql);
    try{
        if(rs.next()){     isExist=true;     }
    } catch (SQLException e) {e.printStackTrace();     }
    return isExist;
}
```

9.6.4 购物车模块设计

电子商务系统中的购物车和实际生活中的购物车功能基本一致，都是用于暂时存放挑选的商品。购物车功能主要包括添加所选商品，查看购物车，去收银台结账等。用户登录后，单击商品展台中的"购买"按钮，可以将对应的商品添加至购物车，购物车会保存其商品编号、商品名称、单价、数量、金额等属性，并计算总金额。

在查看购物车页面中,单击"退回"下的删除图标可以从购物车中移去指定商品;单击"继续购物",可返回上一页继续购物;单击"去收银台结账",可进行订单处理,生成相应订单。

1. 购买商品

购买商品主要是将商品信息暂时存放到购物车中。本例中专为购物车编写了一个 Cart 的 JavaBean 类,用于购物车商品的存取和计算。详细代码如下。

```java
package com.honesty.entity;
import java.util.Collection;
import java.util.HashMap;
import java.util.Iterator;
public class Cart
{
    private HashMap<Long, Goods>map;
    public Cart()
    {    map=new HashMap<Long,Goods>();    }
//向购物车中添加商品
    public void add(Goods goods)
    {   //原来的数量
        int previouQuantity=0;
        //如果购物车中已经有商品了,则应将数量加1
        if(map.containsKey(goods.getGoodsid())==true)
        {
            previouQuantity=map.get(goods.getGoodsid()).getQuantity();
            System.out.println("已经存在这个商品");
            map.remove(goods.getGoodsid());              //删除商品
            goods.setQuantity(   previouQuantity+1);    //数量加1
            map.put(goods.getGoodsid(),goods);           //添加商品
        }
        else{                                            //将新商品添加到购物车
            goods.setQuantity(1);                        //将商品数量置1
            map.put(goods.getGoodsid(),goods);
        }
    }
//根据商品 id 删除商品
    public void remove(Long goodsid)
    {
        map.remove(goodsid);                             //由键得到对值
    }
//清空购物车中的商品
    public void clearCart()                              //清空购物车中的商品
    {    map.clear();      }
```

```java
//获得总金额
    public double getTotalSum()                              //获得总金额
    {
        double sum=0.0;
        Collection<Goods>collection=map.values();
        Iterator<Goods>iterator=collection.iterator();
        while(iterator.hasNext())
        {
            Goods goods=iterator.next();
            sum+=Double.valueOf(goods.getNowprice());
        }
        return sum;
    }
//其他方法
    public HashMap<Long,Goods>getMap()
    {    return map;    }
    public void setMap(HashMap<Long,Goods>map)
    {       this.map=map;       }
    public int  size()
    {   return map.size();    }
    public Collection<Goods>getAllGoods()
    {       return    map.values();           }
}
```

商品购买页主要用于向购物车中添加所选商品,关键代码如下。

```jsp
=========================cart_add.jsp=========================
<html>
  <head>   <title>购买商品信息页面</title>
    <link rel="stylesheet" type="text/css" href="styles.css">
  </head>
<body>
   <%
    if (session.getAttribute("username") !=null)
    {
        //得到购物车
        Cart cart=(Cart)session.getAttribute("cart");
        //商品信息
        String productid=request.getParameter("id");
        if (    productid !=null && productid !="")
        {
            ManagegoodsBiz manageGoodsBiz=new ManagegoodsBiz();
            Goods goods=manageGoodsBiz.getProductDetailInfo(productid);
            //将商品添加到购物车中
            cart.add(goods);
```

```
        }%>
        <script language="javascript">
            window.alert("商品添加到购物车中成功");
            history.go(-1);
        </script><%
    }else{
        //跳转到用户登录页面
        response.sendRedirect("userlogin.jsp");
    }%>
</body>
</html>
```

2. 查看购物车

为了让用户能更为方便地查看购物车的情况,在网站的导航条中加入了"购物车"项,登录用户单击该项即可查看购物车内的所有商品信息。该页的设计效果如图 9-9 所示。

图 9-9 查看购物车界面

查看购物车模块首先要知道用户是否登录。如果用户没有登录,则不能查看购物车。显示购物车信息是将保存在 session 中的购物车信息列出。查看购物车的详细代码如下所示:

```
==========================cart_see.jsp==========================
<div class="notice_top">您的购物车</div>
<table class="car_see" border="0" cellspacing="0" cellpadding="0">
    <tr><td style="height:6px;" colspan="7"></td>    </tr>
    <tr>
        <td>编号</td><td>商品编号</td><td>商品名称</td><td>单价</td>
        <td>数量</td><td>金额</td>      <td>退回</td>
    </tr><%
    String username=(String)session.getAttribute("username");
    if (username==null || username=="")
        out.println("<script language='javascript'>
            alert('请先登录!');window.location.href='index.jsp';</script>");
    else{
        //得到购物车
        Cart cart=(Cart)session.getAttribute("cart");
```

```jsp
            if(cart==null || cart.size()==0){
             out.println("<tr><td colspan=7><b>你还没有购物!</b></td>   </tr>");
            }else{
                Collection<Goods>collection=cart.getAllGoods();
                Iterator<Goods>iterator=collection.iterator();
                int i=0;
                while (iterator.hasNext())
                {
                    i++;
                    Goods goods=iterator.next();          %>
                    <tr style="color:#666;">
                        <td><%=i %></td>
                        <td><%=goods.getGoodsid()%></td>
                        <td><%=goods.getGoodsname() %></td>
                        <td><%=goods.getNowprice() %></td>
                        <td><%=goods.getQuantity()%></td>
                        <td><%=goods.getNowprice()%></td>
                 <td><a   href="./servlet/RemoveProduct?id=<%=goods.getGoodsid
                              () %>">
                        <img src="images/del.jpg" width="18" height="18" />   </a></td>
                </tr>   <%
            }//end while
             out.println("<tr><td>  合计总金额:"+cart.getTotalSum()+"</td></tr>" );
            }//end else(cart!=null)
        }//end else(username!=null) %>
        <tr><td style="height:6px;" colspan="7"><a href="cart_checkout.jsp">去
            收银台结账</a>
            <a onclick="history.back(-1)">继续购物 </a></td></tr>
</table>
<div id="car_see">
```

9.6.5 订单模块设计

如同现实购物一样,将商品保存到购物车后并未完成购物,到收银台结账后才算一次购物完成。本节介绍结账和查看订单。

1. 收银业务模块

1)订单实体对象

订单实体为复合对象。一个订单除订单概要信息外,还有一个或多个订单项实体。就是说订单实体有一个订单项列表属性,订单与订单项之间的关系为组合关系,订单实体对应数据库中的订单表和订单项表。订单实体设计如下:

==========================Order.java========================

```java
public class  Order implements java.io.Serializable
{
    private String orderid;                 //订单编号
    private int bnumber;                    //货物种类
    private String username;                //用户名
    private String truename;                //真实姓名
    private String address;                 //联系地址
    private String postcode;                //邮政编码
    private String tel;                     //联系电话
    private String pay;                     //付款方式
    private String carry;                   //运送方式
    private float rebate;                   //打折折扣
    private String  orderdate;              //订货日期
    private Integer enforce;                //是否执行
    private String bz;                      //备注
    private List<OrderItem>orderItems;      //订单项列表,组合对象
    //……省略各属性的 Setter 和 Getters 方法
}
```

2) 收银台结账页面

前面所有的功能都是为最后生成一个用户满意的订单做准备。生成订单时,不仅要保存用户订单中所购买的商品信息和订单信息,同时还要生成一个可供用户随时查询的订单号。本系统订单号由当前提交时间加随机数构成,该页的设计效果如图 9-10 所示。

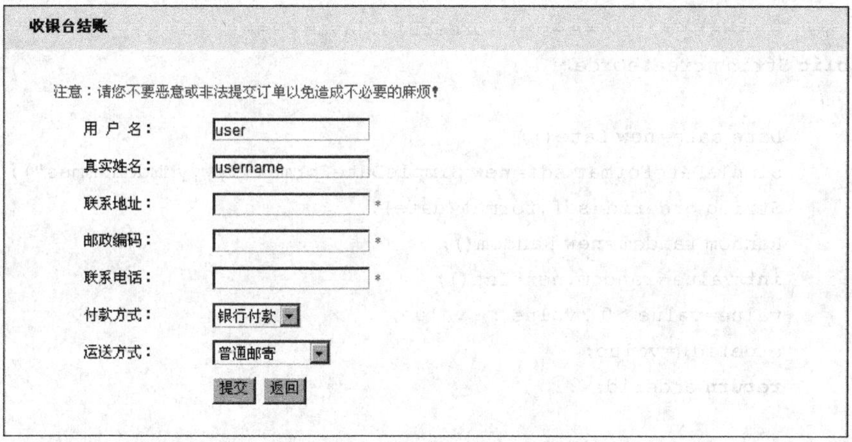

图 9-10 收银台结账界面

在收银台结账页面中,首先判断用户是否已经购物,然后判断用户是否登录。如果用户没有购物或是没有登录,都将给予提示,否则显示填写订单信息的表单。

3) 控制器——收银 Servlet

用户在收银台页面填写订单信息后,单击"提交"按钮由 Checkout_Servlet 将订单信

息分别保存到订单主表和订单明细表中。详细代码如下。

```java
====================Checkout_Servlet.java====================
public void doPost(HttpServletRequest request, HttpServletResponse response)
    throws ServletException, IOException
    {
        //获取收银表单数据与购物车
        Order order=new Order();
        Map map=request.getParameterMap();
        try{
            BeanUtils.populate(order, map);
        }catch(Exception e){
            e.printStackTrace();
        }
        Cart cart=(Cart) request.getSession().getAttribute("cart");
        //调用业务层,创建并保存订单(包括订单概要和订单详细信息)
        OrderBiz orderBiz=new OrderBiz();
        if (orderBiz.createAndSave(order,cart)==true)
            response.sendRedirect("../order.jsp");
        else
            System.out.println("下单失败");//下单失败
    }
```

4) 业务层——收银业务(订单建仓与保存业务)
//生成订单号,订单号格式：年月日时分秒

```java
=========================OrderBiz.java=========================
public String createOrderid()
    {
        Date date=new Date();
        SimpleDateFormat sdf=new SimpleDateFormat("yyyyMMddhhmmss");
        String orderid=sdf.format(date);
        Random random=new Random();
        int value=random.nextInt();
        value=value>0 ?value : -value;
        orderid+=value;
        return orderid;
    }
```

创建和保存订单,步骤如下：
(1) 根据收银表单传入数据创建新订单,完善订单号、日期、品种、状态。
(2) 访问会员信息和折扣表来计算折扣。
(3) 根据购物车中的货物生成订单项列表,最终形成一个完整的订单实体。
(4) 调用数据访问层(持久层),把订单实体保存到数据库中。
(5) 更新会员消费、等级等信息,清空购物车。

```
==========================OrderBiz.java========================
public boolean createAndSave(Order orderform,Cart cart)
    {
```

(1) 生成订单,填充数据

```
Order order=orderform;                          //来自收银表单的数据
order.setOrderid(createOrderid());              //订单号
order.setOrderdate(Dateutil.getDate());         //订单日期
order.setBnumber((short)cart.size());           //品种数
order.setEnforce(0);                            //执行状态
```

(2) 计算折扣

```
Goods goods=null;
MemberBiz memBiz=new MemberBiz();
int grade=memBiz.getMemberInfo(order.getUsername()).getGrade();
DAO_Rebate dao_debate=new DAO_Rebate();
float debate=dao_debate.getByGrade(grade).getRebate();
order.setRebate(debate);                        //折扣
```

(3) 生成订单项列表

```
float nowprice= (float)0.0;
float sum= (float)0.0;
float totalsum= (float)0.0;
Collection<Goods> c=cart.getAllGoods();
Iterator<Goods> it=c.iterator();
List<OrderItem> orderitems=new ArrayList(); ;
while(it.hasNext() ){
    goods=it.next();
    OrderItem orderitem   =new OrderItem() ;
    orderitem.setGoodsid(goods.getGoodsid());
    orderitem.setGoodsname(goods.getGoodsname());
    orderitem.setNumber(goods.getQuantity());
    orderitem.setOrderid(order.getOrderid());
    nowprice=goods.getNowprice() * debate;
    sum=nowprice * goods.getQuantity();
    orderitem.setPrice(nowprice);
    totalsum+=sum;
    orderitems.add(orderitem);
}
order.setOrderItems(orderitems);                //添加订单项列表
```

(4) 调用 DAO 保存订单

```
DAO_Order dao_Order=new DAO_Order();
dao_Order.store_order(order);
```

(5) 调用会员管理业务层更新客户消费信息，清空购物车

```
memBiz.updateConsumptionInfo(order.getUsername(), totalsum);
    cart.clearCart();//清空购物车
return true;
}
```

5）持久层——订单持久化操作

```
========================DAO_Order.java=====================
public boolean store_order(Order order)
{
    boolean result=false;
    try
    {
        Connection conn=DBConn.getConnection();
        boolean defaltCommit=conn.getAutoCommit();
        conn.setAutoCommit(false);          //事务处理,不自动提交
        Statement stmt=conn.createStatement();
        //生成 SQL 语句
        String sql="insert into 'order'  values('"+order.getOrderid()+"','"
        +  order.getBnumber()+"','"+  order.getUsername()+"','"+order.getTruename()
        +"','"+order.getAddress()+"','"+  order.getPostcode()+"','"+order.getTel()+"','"
        +order.getPay()+"','"+order.getCarry()+"','"+order.getRebate()+"',"
        +order.getOrderdate()+"',"+order.getEnforce()+"','"+order.getBz()+"')";
        stmt.executeUpdate(sql);
        Iterator<OrderItem>iterator=order.getOrderItems().iterator();
        while (iterator.hasNext())          //当还有数据
        {
            OrderItem orderitem=iterator.next();
            sql="insert into 'order_detail'(orderid,goodsid,price,number,goodsname) "
              +values ('"+order.getOrderid()+"','"+orderitem.getGoodsid()+"',"
              +orderitem.getPrice()+"','"+orderitem.getNumber()+"','"
              +orderitem.getGoodsname()+"')";
            stmt.executeUpdate(sql);
        }
        conn.commit();                      //事务提交
        conn.setAutoCommit(defaltCommit);
        result=true;
        stmt.close();
        conn.close();
    }
    catch (Exception E)
    {
```

```
            E.printStackTrace(); return false;
    }
        return result;
}
```

2. 查看订单

1) 订单列表

登录用户结账后,单击导航栏中的"查看订单"项即可查看该会员的相关订单,该页的设计效果如图如下所示。

图 9-11　查看订单界面

查看订单调用业务类 orderbiz 的 getOrderList 方法显示所有订单,关键部分代码如下所示:

```
Member member=(Member) request.getSession().getAttribute("member");
OrderBiz orderbiz=new OrderBiz();
List<Order>list=orderbiz.getOrderList(member);
```

2) 订单明细表

由 OrderDetail Servlet 控制器接收请求,调用业务层得到订单实体对象,然后请求转发到视图 order_detail.jsp 进行显示。

OrderDetail.java 的关键代码如下:

```
=========================OrderDetail.java=======================
String orderid=request.getParameter("orderid");
OrderBiz orderBiz=new OrderBiz();
Order order=orderBiz.getOrderByOrderid(orderid);
if(order!=null){
    request.setAttribute("order", order);
    request.getRequestDispatcher("../order_detail.jsp").forward(request,response);}
```

订单明细表 order_detail.jsp 获取传入的数据,进行显示。

9.7　系统后台设计

系统后台是面向管理员的设计,主要有商品管理、公告管理、订单管理、留言管理、会员管理、管理员管理等。

9.7.1 系统管理员登录模块设计

系统管理员具有最高权限。系统管理员登录后可对系统所有信息进行管理。管理人员通过输入正确的账户名和密码即可登录到网站后台。当用户名或密码为空时,系统调用相应 JavaScript 进行判断并提示,否则由 AdminServlet 调用相应方法进行处理。

管理员操作包括管理员列表、管理员创建、管理员删除、管理员登录验证和管理员退出登录功能,限于篇幅在此只介绍登录部分。图 9-12 为后台登录页的设计效果图。

AdminServlet 包含管理员的删除、登录验证和创建功能,关键代码如下所示。

图 9-12 登录界面

```
========================AdminServlet.java========================
public void doGet(HttpServletRequest request, HttpServletResponse response)
    throws ServletException, IOException {    //get 方法为删除用户调用
  response.setContentType("text/html");
  PrintWriter out=response.getWriter();
  request.setCharacterEncoding("utf-8");
  String id=request.getParameter("id");
    //删除管理员
  if (id !=null) {
    AdminBiz adminBiz=new AdminBiz();
    adminBiz.deleteAdminById(id);
    response.sendRedirect("/E-commerce/admin/admin_list.jsp");
  }
}
public void doPost(HttpServletRequest request, HttpServletResponse response)
    throws ServletException, IOException {
  HttpSession session=request.getSession(false);
  //获取操作类型
  String operateType=request.getParameter("Action");
  //管理员登录
  if (operateType.equalsIgnoreCase("LOG")){
    String admin=request.getParameter("admin");
    String pwd=request.getParameter("pwd");
    DAO_Admin dao_admin=new DAO_Admin();
    boolean isExist=dao_admin.isExist(admin, pwd);
    //验证成功
    if (isExist) {
```

```
            session.setAttribute("admin", admin);
            response.sendRedirect("/E-commerce/admin/admin_index.jsp");
        }else   response.sendRedirect("/E-commerce/admin/admin_login.html");
    }
    //用户注册
    else if (operateType.equalsIgnoreCase("CRE"))
        response.sendRedirect("/E-commerce/admin/admin_add.jsp?method=1");
    else if (operateType.equalsIgnoreCase("MOD"))
        response.sendRedirect("/E-commerce/admin/admin_edit.jsp");
}
```

为了增强网站的安全性,需要为网站后台设计一个safe.jsp页面用于验证用户身份。只要在每个后台页面中加入<jsp:include page="safe.jsp"/>即可引用。safe.jsp代码如下:

```
======================admin/safe.jsp===========================
<%@page language="java" import="java.util.*" pageEncoding="utf-8"%>
<%if (session.getAttribute("admin")==null){
    out.println("<script language='javascript'>alert('您还没有登录!');
        window.location.href='../admin/admin_login.html';</script>");
}%>
```

9.7.2 商品管理及商品分类管理模块

诚信电子商务网的商品管理模块实现对商品信息的管理,包括分页显示商品信息、添加商品信息、修改商品信息、删除商品信息等功能,商品分类管理和商品管理模块的实现基本一致,不再详细介绍。下面重点对商品管理进行介绍。

1. 分页显示商品信息

后台的商品分页显示与前台的商品分页显示的业务逻辑是完全一致的,只不过是同一业务逻辑层对应不同的表现层而已。后页的商品分页显示视图不再是为了购物,而是为了对商品进行管理,因而不需图形化显示商品,只需列表显示即可,但要添加商品"修改"和"删除"入口链接。商品管理的首页product_list.jsp设计效果如图9-13所示。

2. 添加、修改商品信息

在商品信息列表页中单击"添加商品信息"即可进入到添加商品信息页面product_add.jsp。添加商品信息页面主要用于向数据库中添加新的商品信息。添加商品信息页面的设计效果如图9-14所示。

在添加商品信息页面单击"添加"按钮触发action事件,通过AddOrEditProduct servlet调用相应业务类进行验证并写入。

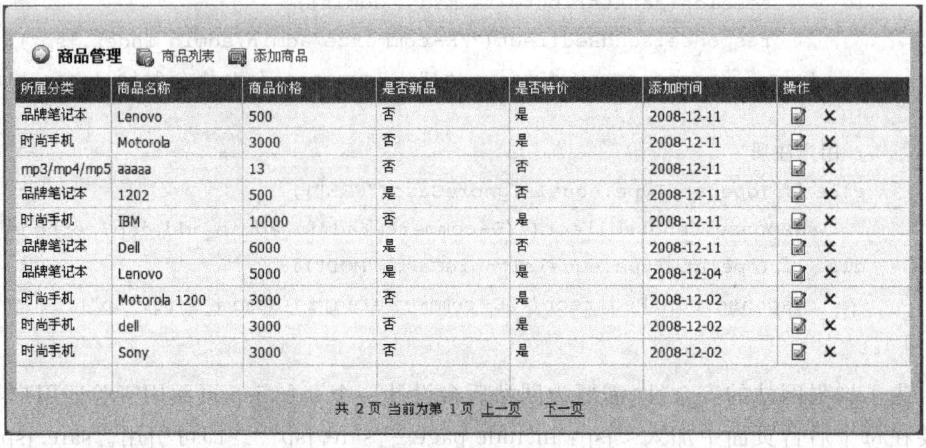

商品管理 商品列表 添加商品

所属分类	商品名称	商品价格	是否新品	是否特价	添加时间	操作
品牌笔记本	Lenovo	500	否	是	2008-12-11	
时尚手机	Motorola	3000	否	是	2008-12-11	
mp3/mp4/mp5	aaaaa	13	否	否	2008-12-11	
品牌笔记本	1202	500	是	否	2008-12-11	
时尚手机	IBM	10000	否	是	2008-12-11	
品牌笔记本	Dell	6000	是	否	2008-12-11	
品牌笔记本	Lenovo	5000	是	是	2008-12-04	
时尚手机	Motorola 1200	3000	否	是	2008-12-02	
时尚手机	dell	3000	否	是	2008-12-02	
时尚手机	Sony	3000	否	是	2008-12-02	

共 2 页 当前为第 1 页 上一页 下一页

图 9-13 商品管理首页

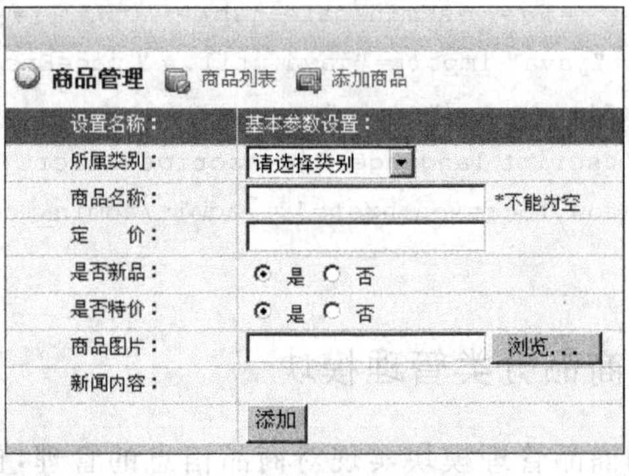

图 9-14 添加商品信息页面

修改商品与添加商品的界面基本一致，不同的是修改界面要先读入原来商品的数据并填充到表单的输入框中，具体代码请参见本书的配套电子资源。表单提交后与添加商品一样都转入到 AddOrEditProduct. java 的 Servlet 中。AddOrEditProduct 关键代码如下所示：

```
==================AddOrEditProductServlet.java====================
    public void doPost(HttpServletRequest request, HttpServletResponse response)
        throws ServletException, IOException {
        ManagegoodsBiz mBiz=new ManagegoodsBiz();
        UploadImaginFile upLoad=new UploadImaginFile();
        String picturePath="";
        //获取参数
        String type=request.getParameter("classname");
        String goodsName=request.getParameter("goodsname");
        String sale=request.getParameter("isNewPrice");
        String price=request.getParameter("price");
        String isNewgoods=request.getParameter("isNewgoods");
```

```
        //获得图片的绝对路径
        String imgPath=request.getParameter("imgPath");
        Goods goods=new Goods();
        //如果有修改图片信息,则上传图片
        if (!imgPath.equals("") && !imgPath.equals(null)) {
            //上传图片到文件夹中
            upLoad.loadFileToDirectory(imgPath);
            //获得图片的相对路径
            picturePath=upLoad.relativePath;
//数据暂存到商品实体 Bean 中,然后将实体对象写入数据库
        goods.setGoodsname(goodsName);
        goods.setTypeid(Integer.parseInt(type));
        goods.setSale(Integer.parseInt(sale));
        goods.setPicture(picturePath);
        goods.setNewgoods(Integer.parseInt(isNewgoods));
        String goodsid=request.getParameter("goodsid");
        //判断是修改还是添加商品;如果 goodsid 为空,则为添加,否则为修改
        if (goodsid.equals("") || goodsid.equals(null)) {
            goods.setPrice(price);         //设置商品的原价
            goods.setNowprice(price);
            mBiz.addProducts(goods);
        } else {//如果为修改,则设置 goodsid 的值
            goods.setGoodsid(Long.parseLong(goodsid));
            goods.setNowprice(price);      //设置现在商品的价格
            mBiz.updateByGoodsid(goods);
        }
        response.sendRedirect("/E-commerce/admin/product_list.jsp?method=1");
}
```

增加商品和更新商品的业务层非常简单,只是简单调用数据访问层来插入数据或更新数据,这里不具体介绍。数据访问层负责数据插入、更新和删除,相关的代码如下:

```
=========================DAO_Goods.java=========================
public int goods_insert(Goods goods){
    try {
        String sql="insert into goods  "
            +" (typeid,goodsname,price,nowprice,picture,intime,newgoods,sale)
            values('"
            +goods.getTypeid()         +"','"   +goods.getGoodsname()    +"','"
            +goods.getPrice()          +","     +goods.getNowprice()     +",'"
            +goods.getPicture()        +"','"
+ (new SimpleDateFormat("yyyy-MM-dd hh:mm:ss").format(new java.util.Date()))
+"','"
            +goods.getNewgoods()       +"','"   +goods.getSale()+"')";
        int i=dbconn.executeUpdate(sql);
        return i;
```

```java
        } catch (Exception E) {
            E.printStackTrace();
            return 0;
        } finally {
            dbconn.close();
        }
    }

    //修改商品信息
    public int goods_update(Goods goods) throws SQLException {
        try {
            String sql="update goods set goodsid="+goods.getGoodsid()
                +",typeid="+goods.getTypeid()+",goodsname="
                +goods.getGoodsname()+","+",introduce="
                +goods.getIntroduce()+",price="+goods.getPrice()
                +",nowprice="+goods.getNowprice()+",picture="
                +goods.getPicture()+""+",intime="+goods.getIntime()
                +",newgoods="+goods.getNewgoods()+",sale="
                +goods.getSale()+",hit="+goods.getHit()+"";
            int i=dbconn.executeUpdate(sql);
            return i;
        } catch (Exception E) {
            E.printStackTrace();
            return 0;
        } finally {
            dbconn.close();
        }
    }
```

3. 删除商品信息

在商品管理列表页中单击想要删除的商品信息后面的删除图标即可将该商品 id 传入 DeleteGoodsServlet，然后通过调用业务类 ManagegoodsBiz 的 deleteByGoodsid() 方法删除相应数据。DeleteGoodsServlet 关键代码如下。

```java
====================DeleteGoodsServlet.java-====================
public void doGet(HttpServletRequest request, HttpServletResponse response)
        throws ServletException, IOException {
    String goodsid=request.getParameter("goodsid");
    ManagegoodsBiz mBiz=new ManagegoodsBiz();
    int i=mBiz.deleteByGoodsid(goodsid);
    response.sendRedirect("/E-commerce/admin/product_list.jsp?method=");
}
```

在业务层的 deleteByGoodsid(goodsid) 方法中，只是简单地调用数据访问层的 goods

_delete(**int** Goodsid)来删除数据库,访问层的 goods_delete(**int** Goodsid)方法实现如下:

```
==========================DAO_Goods.java==========================
public int goods_delete(int Goodsid)  {
    try {
        String sql="delete from  goods where goods_id='"+Goodsid+"'";
        int i=dbconn.executeUpdate(sql);
        return i;
    } catch (Exception E) {
        E.printStackTrace();
        return 0;
    } finally {
        dbconn.close();
    }
}
```

9.7.3 订单管理模块设计

单击后台左侧导航中的"订单管理"即可进入到订单信息管理列表页。对于订单的管理主要是执行订单和查看订单的详细信息,但不能修改订单。订单管理列表页的设计效果如图 9-15 所示。

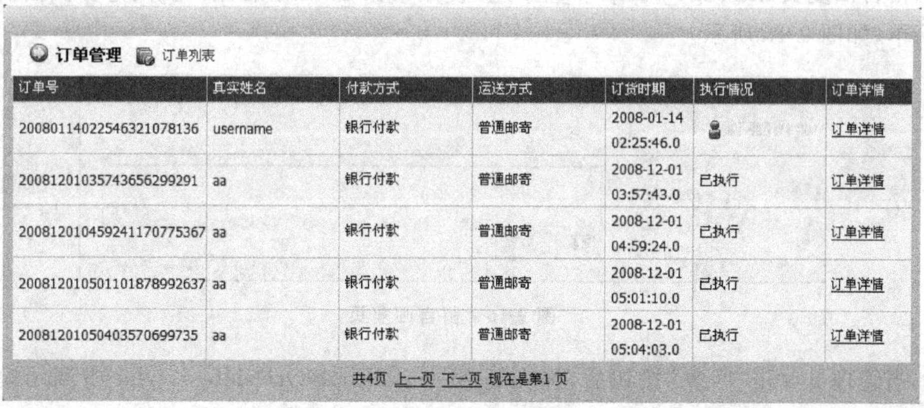

订单管理 订单列表

订单号	真实姓名	付款方式	运送方式	订货时期	执行情况	订单详情
20080114022546321078136	username	银行付款	普通邮寄	2008-01-14 02:25:46.0		订单详情
20081201035743656299291	aa	银行付款	普通邮寄	2008-12-01 03:57:43.0	已执行	订单详情
20081201045924117077536 7	aa	银行付款	普通邮寄	2008-12-01 04:59:24.0	已执行	订单详情
20081201050110187899263 7	aa	银行付款	普通邮寄	2008-12-01 05:01:10.0	已执行	订单详情
20081201050403570699735	aa	银行付款	普通邮寄	2008-12-01 05:04:03.0	已执行	订单详情

共4页 上一页 下一页 现在是第1 页

图 9-15 订单管理列表页

上述订单列表和查看订单详情的实现与前台基本一致,只不过显示的样式稍有不同,这里不再详述。在后台主订单管理中,除查看订单外,还多了一个执行订单的功能。下面对执行订单的功能详细介绍。

会员在系统前台购物并到收银台结账生成订单后,还需要执行订单。订单已经执行,则表示会员所购物品正在处理中。在订单主表中有一个用于标识订单是否执行的字段 enforce。该字段的默认值为 0,代表没有执行;若其值为 1,代表订单已经被执行。因此,执行订单时只需要将其 enforce 字段值修改为 1 即可,关键代码如下。

```
public void doGet(HttpServletRequest request, HttpServletResponse response)
throws ServletException, IOException {
    String id=request.getParameter("id");
    OrderBiz mgBiz=new OrderBiz();
    mgBiz.enforceById(id);
    response.sendRedirect("/E-commerce/admin/order_list.jsp");
}
```

业务层执行订单的方法 enforceById(id)将直接调用数据访问层的 enforce(id)方法来更改订单的执行状态,代码如下:

```
==================DAO_Order.java======================
public void enforce(String id) {
    String sql="update 'order' set enforce="+1+" where orderid='"+id+"'";
    dbconn.executeUpdate(sql);
}
```

9.7.4 留言管理模块设计

留言管理模块用于对用户的留言进行操作,包括留言的查看、回复和删除等。用户留言列表页及留言删除实现与商品管理中的列表及删除基本相似,此处不再详述。

留言回复页 message_reply.jsp 用于回复用户留言,如解答用户提问等。页面设计比较简单,如图 9-16 所示。

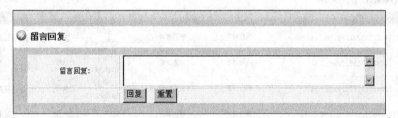

图 9-16 留言回复页

当管理员单击"回复"按钮后,提交到 MessageReplyOrDelete servlet 中调用模型层Message 类的 set 属性将保存留言。保存及删除留言关键的代码如下所示:

```
===================MessageReplyOrDelete.java======================
public void doPost(HttpServletRequest request, HttpServletResponse response)
throws ServletException, IOException {
String opd=request.getParameter("operate");
//获得操作的类型是删除留言还是回复留言
        String id=request.getParameter("id");     //获得留言的 id 号
        MessageBiz mBiz=new MessageBiz();
if (opd.equalsIgnoreCase ("RPY")) {//如果为 RPY,则执行回复操作
    String replyContent=request.getParameter("replyContent");
        Message msg=new Message();
```

```
                System.out.println("id"+id);
                msg.setId(Integer.parseInt(id));
                msg.setReply(replyContent);
                mBiz.reply(msg);
            }
        else if(opd.equalsIgnoreCase("DEL")){//如果为 DEL,则执行删除操作
                mBiz.delMessageById(id);
            }   response.sendRedirect("/E-commerce/admin/message_list.jsp?method=1");
    }
```

9.7.5 公告管理模块设计

单击后台左侧导航中的"公告管理",即可进入公告管理列表页。对于公告管理的操作主要是查看公告信息、添加公告信息、修改公告信息和删除公告信息。公告管理列表页设计效果如图 9-17 所示。

图 9-17 公告管理列表页

公告管理和商品管理的实现基本一致,用于处理的 DealNoticeServlet 控制器将调用业务层的相关方法完成操作。

9.7.6 会员管理模块设计

会员管理模块用于对会员进行管理,包括会员的列表、会员详细信息、会员的解冻和冻结等。会员管理列表页设计效果如图 9-18 所示。

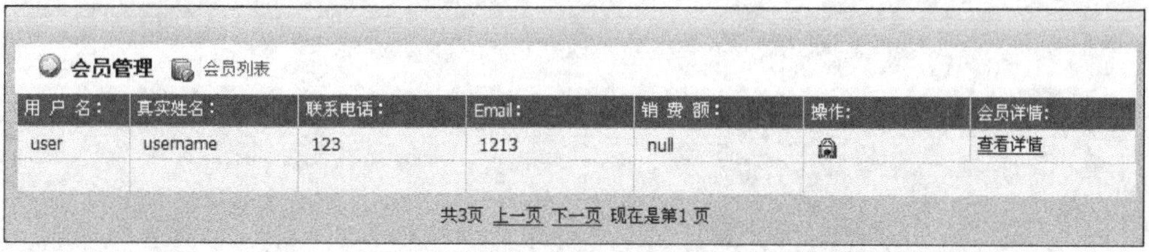

图 9-18 会员管理列表页

会员的列表、会员详细信息与订单管理中的列表及详细信息的实现基本类似,此处不再详述。

习　题

1. 什么是需求分析？需求分析的主要工作有哪些？
2. 在总体设计阶段，如何设计系统的功能结构图？
3. 在采用三层软件结构和 MVC 设计模式的情况下，如何在 Web 工程中进行分包设计？软件结构的层与包结构如何对应？
4. 为什么要设计通用的数据库访问类？这样设计有什么好处？
5. 如何采用 DIV+CSS 进行页面的布局？
6. 会员登录模块是怎样实现权限控制的？
7. 购物车模块的实现原理是什么？购物车模块的实现要点是什么？
8. 订单对象能否保存到一个数据库表中？如何实现订单对象的数据库设计？
9. 在 MVC 模式中，前台主要是视图层，它是如何从后台获取数据的？数据如何从模型层传到视图层？
10. 如何实现数据的增、删、改、查操作？
11. 在订单管理、留言管理、公告管理和会员管理中都涉及数据的增、删、改、查等操作，并且操作的流程基本一致。能否采用 Java 的泛型设计，设计一个通用的增、删、改、查的数据操作的通用类？

参 考 文 献

[1] 杨选辉. 网页设计与制作教程(第三版). 北京:清华大学出版社,2014.
[2] 杨学全. JSP 编程技术(第二版). 北京:清华大学出版社,2015.
[3] 石志国,刘翼伟,王志良. JSP 应用教程(修订本). 北京:清华大学出版社·北京交通大学出版社,2008.
[4] 张银鹤,冉小旻,刘治国. JSP 完全学习手册. 北京:清华大学出版社,2008.
[5] 俞东进,任祖杰. Java EE Web 应用开发基础. 北京:电子工业出版社,2012.
[6] 王晓军,田中雨,刘跃军. JSP 动态网站开发基础教程与实验指导. 北京:清华大学出版社,2008.
[7] 印旻,王行言. Java 语言与面向对象程序设计(第 2 版). 北京:清华大学出版社,2011.
[8] 范立锋,林果园. Java Web 程序设计教程. 北京:人民邮电出版社,2010.
[9] 青岛英谷教育科技股份有限公司. Java Web 程序设计及实践. 西安:西安电子科技大学出版社,2016.
[10] 明日科技. Java Web 从入门到精通. 北京:清华大学出版社,2012.
[11] 马月坤,赵全明. Java Web 程序设计与开发. 北京:清华大学出版社,2016.
[12] 申吉红,廖学峰,余健. JSP 课程设计案例精编. 北京:清华大学出版社,2007.

参考文献